现代建筑与抽象

MODERN ARCHITECTURE AND ABSTRACTION

张燕来　著

中国建筑工业出版社

图书在版编目（CIP）数据

现代建筑与抽象/张燕来著.—北京：中国建筑工业
出版社，2016.3
（建筑文化与思想文库）
ISBN 978-7-112-19081-2

Ⅰ.①现…　Ⅱ.①张…　Ⅲ.①建筑理论－研究
Ⅳ.①TU-0

中国版本图书馆CIP数据核字（2016）第028723号

责任编辑：何　楠　陈　桦
书籍设计：张悟静
责任校对：陈晶晶　张　颖

建筑文化与思想文库
现代建筑与抽象
张燕来　著

＊

中国建筑工业出版社出版、发行（北京西郊百万庄）
各地新华书店、建筑书店经销
北京京点图文设计有限公司制版
北京中科印刷有限公司印刷

＊

开本：787×1092毫米　1/16　印张：19　字数：390千字
2016年6月第一版　2016年6月第一次印刷
定价：**58.00**元
ISBN 978-7-112-19081-2
　　　（28300）

抽象性是现代建筑的一个基本特征。本书从抽象问题在现代建筑中的显现和发展开始，结合全球化的时代背景和建筑图像化的现实背景，阐明了现代建筑抽象性的缘起与演化、脉络和特质，并对现代建筑抽象性的类型进行了理论研究。本书主要由以下内容构成。

理论梳理：在界定基本概念的基础上，从大量艺术、自然和建筑中的抽象理论入手，探讨了抽象之于现代建筑的演化过程。着重研究了以抽象绘画为代表的抽象艺术对现代建筑的影响，并将之概括为"抽象性绘画—抽象性建筑"和"绘画性抽象—建筑性抽象"两组并行、对位的关系。

体系研究：以现代建筑作为一个整体的"面"展开研究，从现代建筑空间起源的代表性抽象原型入手剖析了现代建筑抽象性的发展脉络，从现代建筑语言的角度分析了现代建筑抽象性基于绘画性和哲学性的几个特点，并结合大量建筑案例分别从建筑的表现性和建筑性两个不同的角度对现代建筑抽象性的类型进行了剖析性体系研究。

案例分析：以现当代建筑师为"点"，展开对特定建筑师的设计手法和建筑作品中的抽象性的研究。研究的建筑师既有现代建筑奠基人之一的密斯·凡·德·罗，还有新一代建筑师彼得·埃森曼和丹尼尔·里伯斯金。此外基于日本文化的抽象特征，着重研究了八位日本现当代建筑师，并对东西方建筑师的抽象性特征进行对比研究。

教学应用：由于抽象问题在现代建筑中的发展是和现代建筑教育的发展同步的，因此本书研究和分析了抽象问题在现代建筑教育体系中的发展以及在具体教学过程中的介入方式和具体形式。

抽象是艺术的本质特征之一，抽象性是现代主义的产物。以抽象性为出发点的研究，是全球化背景下的基于传统和现代的建筑学当代思考。现代建筑抽象性的核心在于：形式来自原则，结构来自逻辑；对于现代建筑学研究而言，抽象问题并不是"不可言说"、"大象无形"的，而是可以研究的，是"纵横有象"的。

目录

绪论

抽象（abstract）是一个西方翻译的概念。在 14 世纪的拉丁语中最早出现"抽象"这一词汇，抽象的词源来自于中世纪拉丁语 abstractus，abstractus 来自拉丁语的过去分词 abstrahere，意为拉开、拽出，其中前缀 abs-，指离开，trahere 是指拉、拽。根据《现代汉语词典》的解释，作为动词的"抽象"，是"从众多的事物中抽取出共同的、本质性的特征，而舍弃个别的、非本质的属性，是形成概念的必要手段。"**❶**《牛津大学辞典》在解释"抽象"这一词时，引用了 17 世纪的一种说法：我们越是抽离（脱离）肉体就越能洞察神的光辉。同时，"抽象"（abstraction）亦可以作为名词，是指一种积极的心理活动，在心理学理论中，"抽象"经常被用来表示为一种特殊的心理加工过程——它以具体的感性材料为基础，最后又完全脱离，把它们整个抛弃。从这个角度讲，所有的艺术都有抽象的因素，因为所有的艺术都表现为对现实的认识，而不是现实本身。

事实上，这一点可谓是整个 20 世纪文学艺术观的根本所在：19 世纪以前是一种自然主义和现实主义相结合的"反映论"的文艺观，而进入 20 世纪以后，文学家和艺术家普遍意识到生活是无序的、没有本质的，没有什么中心思想，甚至是荒诞的，或者正如符号学大师罗兰·巴特说的那样："（文学）就是用语言来弄虚作假和对语言弄虚作假。"**❷** 文学和艺术不再仅仅是对生活、现实和历史的某种本质的反映，它还是文学家和艺术家的想象和虚构。因此整个 20 世纪以来的艺术具有两个显著的特点：一是"虚构"成为艺术的内容和艺术本身，二是人性和个性成为现代艺术的强烈追求。对这个艺术史背景的认识和理解可以有助于我们透过千变万化的建筑形式和现象本身来理解现代建筑的内涵和外延。

"抽象"一词并没有我们想象的那么高深莫测、晦涩深奥。赫伯特·里德早说过："所有艺术本来就是抽象的。因为审美经验除去附带的装饰与联想之外，也只不过是人体和人脑对虚构或自在的和谐的一种反应罢了。艺术有其内在的秩序，艺术有赖于数的运动，艺术是受尺度制约的体块，是一种探求生命节奏和捉摸不定的东西。"**❸**

一般认为，抽象艺术的代表是音乐和建筑，H·H·阿纳森在《西方现代艺术史》中认为："在亚里士多德的古典传统时期，文字、绘画和雕塑不是按照视觉艺术，而是被当成模仿的艺术来看待的。至少到了 19 世纪中叶，艺术家才有意无意地倾向于这样一种绘画概念，即绘画是自身存在的一个实体，并不是对别的什么东西的模仿。"**❹** 直到现在，很多人仍然相信，为了使一个概念达到真正的"抽象"，就必须抛弃任何感性的成分，不受它们的约束和干扰，如果带有感性成分，就会被认为不纯。

"我们称一幅画为抽象，主要是我们在这幅画中无法辨认出构成我们日常生活的那种客观真实……任何自然的真实性，不论它向前发展转变到何种程度，它总是具象的；然而，在作品中任何为具象服务的出发点（联

❶ 中国社会科学院语言研究所词典编辑室，《现代汉语词典》，商务印书馆，1983，p.151。

❷ 转引自吴晓东，《从卡夫卡到昆德拉——20 世纪的小说和小说家》，三联书店，2004，p.7。

❸ 赫伯特·里德，王珂平译，《艺术的真谛》，中国人民大学出版社，2004，p.22。

❹ H·H·阿纳森，邹德侬、巴竹师、刘珽译，《西方现代艺术史》，天津人民美术出版社，1986，p.25。

想和暗示）都不存在。"❶ 以此绘画中的"抽象"定义作为类比，建筑的抽象性所要排除的"真实性"在建筑（建造）中一般包括以下几点：建筑材料、建筑构件、结构形态、建筑功能、场地条件等（笔者在本书中将现代建筑中的抽象类型概括为表现性抽象和建筑性抽象两个大类）。建筑（建造）上的抽象便是抽去上述真实性，回填以概念化的形体及其构成关系，回填以数学、光/影和幻象。作为物质化的建筑而存在的这些"真实性的替代品"对应着"抽象"所追求的纯粹、精确、诗意和梦境。

❶ 米歇尔·瑟福，王昭仁译，《抽象派绘画史》，广西师范大学出版社，2002，p.6-7。

一、研究背景与研究动因

1. 现实背景——现代建筑的困惑

　　进入 21 世纪，建筑学在数字化和全球化的现实世界中似乎进入了一个崭新的时代，一个机遇和挑战并存的时代。但是在把握机遇和迎接挑战之前，更多的建筑师和建筑学家感到的是一如既往的困惑和迷茫：在这个新的时代，建筑还有没有意义？建筑该如何来表达新的意义？……建筑理论和建筑设计面临着同样的困惑，正如日本新锐建筑评论家五十岚太郎所感叹的，当代建筑的理论问题"已经不是一个人能够书写的通史了"。❷当代建筑实践是多元和庞杂的，当代建筑学理论更是在某种程度上被分解为由众多关键词和标签构成的学术篇章：历史被稀薄化，理论被轻量化。

❷ 五十岚太郎，谢宗哲译，《关于现代建筑的 16 章》，田园城市，2009，p.20。

❸ 李翔宁、倪旻卿，《24个关键词：图绘当代中国青年建筑师的境遇、话语与实践策略》，《时代建筑》2011/2，p.31。

　　2011 年，同济大学李翔宁教授发起了一个关于当代建筑关键词的计划，通过调查和访问获得了 24 个关键词，这些关键词分为四个类别：现象与诉求（Phenomena & Appeals）、操作框架（Operational Frameworks）、话语工具（Theoretical References）和实践策略（Pratical Strategies）。❸这些紧密联系当下中国建筑现状的关键词包括了"新奇"、"空间政治"、"日常"、"权宜"、"形式主义"等很多混杂甚至对立的内容，也证明了目前建筑设计界整体上的混沌、多元与困惑。在笔者看来，当代建筑学，尤其是对于中国的建筑设计与学术界而言，目前主要面对两大困惑。

　　（1）建筑图像化、媒体化的危险

　　从 1990 年代至今，是一个数字技术飞速发展的年代，数字技术越来越多地介入有关形式设计和影像生成的艺术门类。随着数字技术的出现，建筑越来越图像化，这一方面与计算机效果图、三维建筑动画等技术密切相关，另一方面也和当代社会文化媒体化的特点有关，媒体化（平面媒体、视觉媒体）的发展使建筑成为公众关注的一个新焦点，如 CCTV 大楼和北京奥运场馆分别被称为"大裤衩"和"鸟巢"、"水立方"等都是这一时代背景下图像化、媒体化甚至"口水化"的一个缩影。

　　2011 年，MVRDV 在韩国中标的高层住宅项目"浮云"（the cloud）

惹来了美国民众的众怒,仅仅是因为这个"云空间"的造型引起了对"9·11"事件中飞机冲撞大楼的联想。由此可见,在图像化和媒体化的时代,建筑对于非专业人士而言越来越成为一种视觉上的"具体"形象。在中国,很多建筑设计方案的决策者还停留在对"豪华、气派"或者所谓的形式"隐喻"的追求上;对于建筑专业人士而言,很多时候建筑设计就是造型设计,1990年代中国建筑界曾经讨论的"抄与超"的问题至今悬而未决,但形式模仿确实充斥了大多数城市的街头,只是今天的形式模仿已开始由低级的建筑造型模仿升级到空间模仿、建构模仿等,不一而足。笔者认为,由图像化和媒体化造成的建筑"危险"的一个基本原因是建筑学领域缺乏对于建筑的"抽象"思考,缺乏对于建筑本质和设计本源的有关抽象性思想的研究和探讨。

(2)当代建筑:艺术的灵感,还是技术的炫耀?

当代文化和当代艺术的一个特征便是"波普文化"(pop culture)的盛行,波普本身并没有错,波普本身的确是社会和文化的缩影和反映,但以"波普"来消解或替代关于人类生存和思想领域的所有深刻思考和精神领悟则是一个时代的误区。在这种时代背景之下,建筑往往沦为两个方向的表现之物:一是艺术的灵感,认为那些外表新颖的建筑仅仅是建筑师通过灵感闪现的构思获得的一个所谓的"艺术创作"成果;一是技术的炫耀,要么强调表现现代建筑可以达到的夸张跨度、建造难度,要么不分场合地使用最新的建筑材料和建造技术来设计"表皮"和经营"建构"。

笔者作为一名建筑设计教师,在日常的教学中也常常感到这一点给学生带来的困惑。一般情况下,如果一个学生的设计没有所谓的"想法"或"构思",没有技术上的挑战和新意,学生和指导老师都会觉得不太满意。同时大多数学生,尤其是低年级学生会在阅读一些相对"晦涩"的建筑大师如阿尔多·罗西、阿尔瓦罗·西扎、彼得·卒姆托的作品时常常感到"看不懂",而对一些相对"直观"和"视觉化"的建筑师,如哈迪德、BIG等则比较容易接受。笔者认为这一点或许是我们当前建筑教学中的一个忽视点,即对于隐藏于具象的建筑和具体的建筑问题之后的有关建筑的抽象构成和抽象思维缺乏必要的重视。

2. 学术背景——国内外相关研究

纵观现有的国内外关于"抽象"的诸多研究成果,主要从以下几个角度出发。

①从美学角度出发的研究,其中也涵盖一定的艺术哲学方向的研究。

②从现代艺术及现代艺术史角度出发的关于抽象的研究,主要包括"抽象艺术"(Abstract Art)和"抽象表现主义"(Abstract Expressionism)两大支流,这两大支流实际上构成了现代艺术中关于"抽象"这一概念的

大多数研究和实践。

　　③从与当代文化关系的角度来理解和探讨"抽象"，这部分的研究最初由20世纪初期的抽象艺术家、艺术批评家发起，如克莱门特·格林伯格❶被认为是直接推动抽象表现主义的批评家。后期像梅洛-庞蒂、罗兰·巴特等艺术史家和哲学家也参与进来。

　　无论是从美学还是从艺术学角度出发的对于抽象和抽象性的研究，都不可避免地涉及绘画、雕塑、建筑和视觉艺术。纯粹地、系统性地研究建筑中的抽象性的研究成果并不多见，"抽象"大多为其他建筑学研究中的涉及点或以某一研究要素的形式出现。

　　值得一提的是，在诸多的关于"抽象艺术——建筑（空间）设计"的研究中，尤其在国内的相关研究文献中，明显存在着资料较为陈旧、视野不够开阔的缺点。在国内建筑界关于抽象艺术对现当代建筑的相互影响和促进的大量论文中，抽象艺术家往往仅仅集中于早期的蒙德里安、康定斯基、马列维奇等已"盖棺定论"的抽象艺术家身上，而对于第二次世界大战以后出现的众多的抽象表现主义大师，如德库宁、波洛克、罗斯科、曼高德等缺乏足够的重视和研究。这个研究现状也说明了国内建筑设计与理论界的弊端之一：一味声称建筑是艺术，设计是创作，但是对现代艺术的关注大多仅仅限于可以"拿来"的造型设计的模仿和搬用，而缺乏对于现代艺术深层语言和思想的探究。❷基于此，笔者在本书的写作中，尽力展开对现代艺术全方位的探讨和深层次的挖掘。

　　（1）20世纪以来的关于抽象的理论和著作

　　在西方的艺术史语境中，抽象有着两条发展线索：一条是格林柏格定义的回到二维平面的形式自律的抽象；一种是罗杰·弗莱提出的理性的结构所产生的结构抽象。这个关于抽象的基本认识也构成了1980年代以来的中国文化和艺术启蒙的基点。

　　2006年12月在北京今日美术馆召开的"当代艺术中的美学叙事——有关中国'抽象'艺术问题的探讨"的研讨会是近年来国内艺术界的一次以"抽象"为主题的重要学术活动，研讨会的发起人为美国匹兹堡大学艺术史及建筑史系教授高名潞博士。本次研讨会的着眼点是"叙事方式"，这和我们经常涉及的建筑的叙事方式有很多不谋而合之处，同时本次研讨会的一些基本论点，如抽象主义是西方现代主义的产物、中国抽象艺术的极多主义特点……都对从建筑学角度研究"抽象"有一定的引导和借鉴价值（图0-1）。

❶克莱门特·格林伯格（Clement Greenberg，1909-1994）是20世纪下半叶西方最重要的艺术评论家。由于他的主要观点代表了现代主义艺术理论的法典化，他便成了现代主义与后现代主义的分水岭。

❷当代艺术家对建筑师个人创作的影响是全方位的。卒姆托、赫尔佐格和德梅隆在多个场合公开承认深受德国行为艺术家约瑟夫·博伊斯（Joseph Beuys）思想的影响。另一位德国艺术家哈德·里希特（Gerhard Richter）则影响了以石上纯也为代表的日本新一代建筑师。

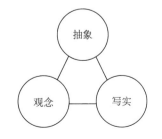

抽象：再现理念
观念：质询艺术本体
写实：模拟可视现实三者相互排斥

图0-1　西方现代艺术的三个范畴

2007 年 7 月，北京德山艺术空间和四川美术学院高名潞现当代艺术研究所共同主办了题为"现代性与抽象"的专题研讨会。来自哲学、文艺、视觉艺术领域的专家学者，以及多年从事抽象艺术创作的艺术家共聚一堂，从不同的角度阐述了对现代性、美学叙事和抽象艺术的看法。"现代性与抽象"是本次研讨会的核心议题，也就是说本次研讨会不仅仅将研讨对象停留在现当代艺术的表现层面，还从现代艺术的观念层面和本质含义中进一步探讨了"抽象"的现代性价值，这一观念的提出对笔者的研究具有一定的启发性。

20 世纪以来关于抽象研究的著作众多，其中具有代表性的著作有：W·沃林格（Wilhelm Worringer）的成名作《抽象与移情》（1907 年）、哈罗德·奥斯本（Harold Osborne）所著《20 世纪艺术中的抽象和技巧》、康定斯基（Wassily Kandinsky）的《艺术中的精神》（1921 年）以及《点线面——抽象艺术的基础》（1923 年）等（本书的第一章将对以上著作做一定分析，在此不做赘述）。

（2）国内外有关"建筑—抽象"的研究现状、成果和重要文献

位于纽约布鲁克林的布拉特建筑学院（School of Architecture，Pratt Institute）在 1985 年曾经出版过一本《建筑与抽象》（Architecture and Abstraction）专辑，这本专辑是三十年来的第一本关于"建筑与抽象"问题的讨论专集。专辑涵盖了当时的诸多建筑学家，如詹姆斯·维因斯（James Wines）、约翰·克内斯（John Knesl）等，并有对约翰·海杜克和 20 世纪抽象音乐大师约翰·凯奇（John Cage）的专访，詹姆斯·维因斯（SITE 事务所建筑师）在专辑里写了一篇题为《新建筑：心灵的对话》的文章将建筑的抽象性提到了一个心智与心灵的高度。专辑中还记录了一场由布拉特建筑学院主办的"建筑与抽象"专题研讨会，参会者包括莱蒙德·阿布汉姆（Raimund Abraham）和丹尼尔·里伯斯金等建筑学家和建筑师。❶

❶ 详见附录笔者译文。

这本专辑的主题思想是：首先，对于"抽象"这一概念的认识和理解不仅是掌握建筑体验和建筑意义的基础，还是让我们真正了解今天建筑文化中有关观念和行为对话的一种工具；其次，抽象的过程，是通过记忆、设计、想象建立起一个基本的人类的状态，它是人类生存的本质。而艺术作为一种独特的人类行为，可以让我们能够通过表达和解答来传递和超越我们的生存本身，因此可以说所有的艺术都是抽象的。所以建筑与抽象的核心关系问题在于：虽然抽象的形成过程涉及诸多方面，但其核心问题是介于个人与世界、知觉与现实之间的一个解读过程，是一个艺术家与艺术品之间的表达过程，是一个建筑产品与社会人类的交流的过程。

近年来，随着国内建筑界视野的逐渐拓宽，"建筑·艺术·媒体"成为一个较新的研究角度。同济大学建筑与城市规划学院殷正声教授在 2007

年全国建筑教育大会上提交的论文《工科院校建筑系艺术教育中需要加强的一课——20世纪初的抽象艺术对建筑的影响》是国内明确提出"抽象"作为建筑教育的重要环节的论文。论文针对工科院校传统建筑教育的缺点——侧重传统的绘画训练而忽视培养学生对现代艺术观念的理解，强调了艺术观念和视觉语言对建筑创作思维的重要性，认为对抽象艺术的深入认识是全面理解现代建筑和建筑思潮的一把钥匙。该论文对20世纪初的抽象艺术观念和视觉语言进行了剖析，并以此为基础阐述了现代主义建筑的"设计观念还原"和抽象艺术对建筑的影响所存在的两条路线。这个观点的提出也证明，"抽象"既影响了现代建筑的发展，也影响了建筑教育的内涵。

著名自由撰稿人刘东洋先生近年来以"城市笔记人"的笔名（网名）在专业杂志和网络上发表了一系列有关城市规划、建筑设计、建筑教学的文章，其中有相当篇幅涉及"抽象"问题。在题为《抽象，抽走了什么？》的文章中，作者以现代建筑教育中的抽象思想为线索，深入浅出地阐述了建筑由形式的抽象、加工过程的抽象、意义的抽象一步步走向空间的抽象的必然；在另一篇文章《自言自语："抽象"的喜与忧》中，作者从狭义上的指向数学、物理学、形而上学的"抽象"定义出发，慢慢指向绘画性抽象以及与此密切相关的建筑性抽象。刘东洋先生关于抽象问题的观点可以概括为：人类的所有社会里的各个时期的智者都有抽象思考的能力，现代绘画和现代建筑以及现代艺术，在很多时候是以概括和提炼的目光在事物之间提炼关系，并企图抵达事物的本质和结构。

笔者认为刘东洋先生系列文章的重要性在于重新发现了"抽象"问题对于建筑研究的重要性，并且将建筑中的"抽象"问题在两个维度进行了拓展：一是拓展到场地设计和规划设计的广度，一是从现代艺术的角度再次定义了建筑中的"抽象"问题本质上是一个艺术的基本问题，也就是定义了现代建筑应有的"抽象深度"。

3. 研究动因——全球化的时代背景与建筑学的新动向

（1）全球化的时代背景

①全球化给当代建筑界带来的影响及现状

毋庸置疑，建筑设计（尤其在实践领域）在进入21世纪以来的全球化步伐可谓惊人。翻开众多当代建筑师的作品集，可以发现他们的设计实践基本上都不是纯粹本土化的。今天红极一时的哈迪德在1990年代中期之前几乎没有建成的建筑作品，但是短短的15年之后，作品遍布全球，从欧美到亚洲、从发达国家到发展中国家；建于1998年的维特拉家具公司会议中心是安藤忠雄在欧洲的第一座真正意义上的建筑（1992年的塞维利亚世博会日本馆只是一个临时性建筑），但现在几乎每年安藤都不断有作品在欧美竣工；连丹麦的 BIG 这样的年轻事务所在 1999 ~ 2010 年 12 年间完成的近 200 项设计任务中竟然涉及 20 多个国家。更不要说巨大的中国建筑设计市场，库哈斯、哈迪德、福斯特、霍尔、西扎、安藤忠雄等接连亮相，许多跨国的设计机构也纷纷在华设立分公司。据统计，同济大学建筑与城市规划学院 2000 年以来每年的学术讲座达到 100 场以上，其中主讲者绝大多数为国外建筑师和建筑学家。这些数据都是全球化时代的一个缩影。

②"抽象"作为超越文化身份的艺术基点在全球化时代具有天然优势

在建筑学领域，全球化时代进一步加剧了不同文化间的交往、互动与合作，具有未来意识和发展意识的建筑师和建筑学者开始探求一种超越文化身份的新建筑文化的可能性。文化的差异性和共同性预示着这种新的"大同文化"将是建立在审美共识的基础之上的，从"抽象"的本质性这一点展开联想，"抽象"作为超越文化身份的艺术基点在全球化时代具有天然优势。在笔者看来，这种审美共识，将成为建筑学领域对抽象的关注的理论基础。

根据传统美学，审美与个人趣味有关，是一个难以达成共识的领域。但是在今天看来这种说法只适合于某种文化共同体内部，当前国际美学和艺术领域中的最新研究认为：在统一文化内部共识越弱的方面，反而在不同文化之间越容易达成共识，也就是说，具有不同文化背景的人们在审美判断上最容易达成共识。鉴于这一点，全球化时代需要一种跨越国界和文化的艺术特征作为时代建筑的共性和基点，而抽象性作为建筑语言中的一个纯粹特征，具有毋庸置疑的先天优势。所以为了适应全球化时代，当代美学家、艺术家和建筑师无论"向上"还是"向下"发掘的审美共识，都在抽象艺术中寻求灵感并进一步挖掘艺术作品的抽象性❶。其实建筑学上的这一点早已在全球化的过程中得到了验证，安藤忠雄几何抽象的理性空间和哈迪德抒情抽象的浪漫形体早已在全球得到大家的一致认可就是一个最好的说明。

（2）近年来建筑学界的一些新动向都涉及"抽象"问题

"抽象"问题事实上并不是现代建筑的一个新兴课题，抽象问题是建筑学的一个本质上的内在性问题，在现代建筑的产生和发展的过程中，"抽象"也有着重要的作用和地位。但是由于"抽象"本身的一些不可避免的先天性不足，当代建筑学的研究对之曾经有过一段时间的"冷淡"或者忽视，但是近年来建筑设计、建筑研究和建筑教育领域又开始重新认识"抽象"，一些学术研究的动态也表明对"抽象"的最新一轮讨论与研究也正在展开。

①文艺作品中的"日常"倾向和当代建筑的"平常"表情

2000 年以来，几乎是同时在摄影、电影、文学领域出现了一些有关"日

❶ 荣格所说的"集体无意识"可谓是一种"向下"的探索，而作为乌托邦的审美共识则是一种追求"绝对"的"向上"的超越。或者更简单地说，就像荣格的集体无意识说支持波洛克的热抽象，布拉瓦兹基夫人的神智学支持蒙德里安的冷抽象一样，不同的审美共识是可以一起支持全球化时代的抽象艺术的。

常叙事"倾向的作品，如抽象摄影的崛起，以德国的贝歇夫妇❶为代表的类型学摄影和无表情摄影（deadpan aesthetics photography）的兴起（图 0-2），中国作家韩东坚持的"日常化、现实化的虚构小说"的创作，韩国导演洪尚秀❷的一系列反映日常生活的"文艺闷片"屡获大奖并被影迷誉为"日常的神话"，这一切文艺现象表面上似乎和当代建筑无关，但当我们阅读瑞士建筑事务所 Deiner & Deiner❸（图 0-3）的作品集，或者阅读日本建筑评论家五十岚太郎的文章时，常常会获得建筑世界的"日常化"联想。中国艺术家艾未未将他所从事的建筑实践称为"普通建筑"（ordinary architecture），近年来日本建筑师坂本一成作为日本"抽象流"鼻祖筱原一男的继承人也以"日常的诗学"的系列建筑作品获得了国际和国内建筑学术界的关注。笔者认为，这一贯穿于文艺作品和建筑作品中的共同主线就是"抽象"这一主题。

❶ 德国摄影家贝歇夫妇，伯恩·贝歇（Bernd Becher，1931–2007）和希拉·贝歇（Hilla Becher，1934–）的摄影可以被认为是一种观念艺术、类型学的研究、拓扑学的纪实文本。他们的作品可以联系到 20 世纪 20 年代新客观主义运动，这对夫妇的工业构成摄影延续了 40 年的历史，成为一种独立的客观摄影。他们最为重要的贡献就是以其关键词"工业考古学"为建筑摄影创建了完全不同风格的类型学。

❷ 洪尚秀，韩国导演。他被誉为韩国作家电影第一人，是目前韩国最具实验精神的独立电影导演。他是韩国第一代留学导演，善于将国外学到的实验电影精神融会贯通到本民族的电影之中。代表作品有《猪堕井的那天》《生活的发现》《懂得又如何》等。

❸ Deiner & Deiner，瑞士建筑事务所。作品在平实、简单中流露出对环境和空间的极端细腻的处理。

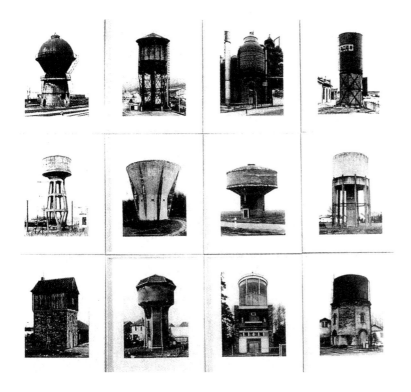

图 0-2 德国贝歇夫妇的"基本形式"（basic form）摄影尽显抽象摄影的类型学本质，也让人不禁联想起柯布西耶《走向新建筑》一书中出现的大量工业建筑照片

图 0-3 瑞士建筑事务所 Diener & Diener 的作品达成了一种"无表情"的城市建筑效果

②关于约翰·海杜克的"往事重提"

约翰·海杜克（John Hejduk，1929-2000）事实上从来没有离开过我们，但是必须承认我们的确有点淡忘了这位 20 世纪不多见的建筑诗人和建筑哲学家。2001 年 9 月，在海杜克去世之后，一批海杜克的忠实拥趸在荷兰的龙林根建起了海杜克 1970 年代设计的"墙宅 2 号"，吸引了不少评论家的目光，也掀起了一股新的对海杜克的研究热潮；日本的建筑杂志《A+U》2009 年第 12 期的主题为"重印海杜克"（John Hejduk，Reprint），将 1991 年海杜克专辑进行了重印，杂志的前言既有新加坡国立大学建筑系教师埃尔文·J·S·魏莱（Erwin J. S. Viray）撰写的《重印海杜克的由来》一文，还有对海杜克执教时期的库珀联盟毕业生日本建筑师坂茂进行的访谈，坂茂回顾了自己在库珀联盟的学习历程和海杜克的"九宫格"以及诗歌书写等抽象练习对自己建筑观的终身影响。

对海杜克的"重温"应该是一个信号——在相对繁杂、迷茫的现代建筑的表象之下，以海杜克为代表的与"抽象"思想相联系的一些现代建筑形成以来的建筑思想和建筑方法，也许是解决当前学术和思想困惑的一剂良药。

③建筑教学中对抽象性练习的重视

建筑教育和建筑实践本质上是一个平行的概念，20 世纪末随着全球化和数字化技术的兴起，当代建筑实践领域出现了很多新的内容和研究课题，这些都必然要求当代的建筑教育作出相应的反应。近年来，在以英国的 AA、瑞士的苏黎世联邦理工学院（ETH）、美国的库珀联盟建筑学院、哈佛大学设计学院为代表的建筑学科的前沿代表纷纷推出的新的教学体系中，"概念化设计"和"抽象化练习"是一种常见的教学内容。随着我国建筑学科国际化交流的加深，这些思想开始渗透并影响到国内的建筑学教学，以香港中文大学、同济大学、东南大学、南京大学为代表的一些国内建筑院校也纷纷开展了一种有别于传统建筑学教学方式的教学模式。这种新的教学模式强调建筑学科的体验性，在具体的教案设计中也以"空间转换"、"案例分析"、"基本设计"、"概念设计"等展开教学。在这些以新型教学方式进行的建筑学研究中，"抽象"是一个明确的主线之一。

二、概念界定与研究范围

1. 概念界定

"抽象"在英文中，有两种意思：Abstract 和 Abstraction，前者是开始时就不为具体形象的观念所影响，完全凭直觉和想象创作；后者是指从具体的形象出发，发展到抽象的行为。本书研究的抽象主要为后者，主要指建筑学概念中对作为物质的建筑和作为概念的建筑都存在一个建立在具体形象和具体经验基础上的抽象。

由于"抽象"在现实使用中派生词众多，如抽象性、抽象化、抽象行为等，笔者在此认为有必要对本书出现的相关概念做必要的界定。

● "抽象"，抽象可以同时作为名词、动词而存在，也可以作为形容词。本书涉及的抽象主要指：

认知过程，关于事物的态度，属于思维领域；

方法系统，关于事物的体系和构成要素，属于操作领域。

● "抽象性"，抽象性是作为一种事物的特性而存在。它可以是事物的状态，也可以是对事物认知的一种方法。

● "抽象化"，抽象化是一种将观念抽离原本客体的思想过程，是一种对概念和事物的操作手段。

2. 研究范围

"抽象"是一个内涵和外延都极其宽广的概念，在哲学、艺术、科学（数学）、设计、心理学等众多学科和领域中都有着关于"抽象"的定义。本书的研究主要着眼于艺术和设计领域关于"抽象"的定义及研究，其中也涉及部分艺术哲学（如现象学）中关于抽象及抽象性的研究。

三、研究框架

本书共四章，前两个章节为基础理论研究部分；后两个章节为实例研究和实践（教学）部分，是理论的应用阶段。

第一章为现代建筑抽象性的缘起、演化和脉络。本章从现代抽象理论的缘起入手，继而研究抽象理论在现代建筑之中的演化，重点研究和分析现代抽象观念和抽象艺术与现代建筑的关系，并将之概括为"抽象性绘画—抽象性建筑"和"绘画性抽象—建筑性抽象"两组平行、对位的关系。接着从现代建筑的代表性的抽象原型入手剖析现代建筑抽象性从原型背景到流派构成的发展脉络。

第二章为现代建筑抽象性的语言特质、类型和反思。本章首先从现代建筑语言的角度分析现代建筑抽象性基于绘画性和哲学性的几个特点，接着结合建筑案例分别从建筑的表现性和建筑性两个不同的分类角度对现代建筑的抽象性的类型进行剖析研究。最终对现代建筑抽象性进行了一定的概括性反思。

第三章为现代建筑师与抽象。本章主要揭示和研究现代建筑师对于"抽象"这一"武器"的运用和表现。从第一代建筑大师密斯到埃森曼、里伯斯金不同的抽象来源，到东方的（日本）抽象与西方的抽象的同与异……以建筑师及其作品作为本章的研究内容和研究线索，期望从个案研究中找到"抽象"的一般思路、共性和个性。

第四章为抽象介入的建筑教学。"抽象"在现代建筑中的发展和现代建筑学教育的发展是同步的，因此本章重点研究"抽象"在现代建筑学教育体系中的发展以及在具体的教学过程中"抽象介入"的方式和特点，并将具体的建筑教学过程根据其特点加以总结。

附录是 1985 年在美国布拉特建筑学院举行的"建筑与抽象"研讨会的译文。

第一章

现代建筑抽象性的缘起、演化和脉络

对于"抽象"问题的产生、发现和研究有着诸多的历史因素、文化理论和社会背景。从现代建筑与抽象的互动关系中，也可以清晰地发现一个现代建筑抽象性的演化过程。现代主义建筑师在理论和实践的探索过程中建立了一些基本的抽象原型并在随后的发展中孕育了演化和派生，这一切都反映在现代建筑抽象性的发展脉络之中。

1.1　缘起——关于抽象的理论生成

1.1.1　定义：何为建筑的抽象性？

一般说来，"抽象"的本源包含了如下几个层面：与具体事实无关的，如"抽象物体"；不易把握的，隐晦的，如"抽象问题"；与具体物体无关的一种属性，如"诗歌是抽象的"；从抽象的视角处理主题之意；非个人的、中立的之意；除了形式本体之外，基本没有主题或叙事内容。从这个观点出发并结合绪论关于"抽象"的定义，可以发现，抽象是一个特定的"抽离"和"提取"的过程：抽离了形式与功能，提取出结构、秩序、机制和本质。而抽象性则是事物的一种特性，必须注意到这种抽象性是双向的：一方面，如果一件事物（一个建筑）如果具有了上述"抽离"和"提取"的抽象因素，就可以看成是具有抽象性的事物；另一方面，人们普遍认为现代艺术的倾向是否定艺术再现的重要性，来突出元素和心灵的纯抽象本质。因此，所有的艺术都是抽象性的，都表现为对现实的认识或者"虚构"，而不是现实本身。

回到现代建筑这个本体，建筑和建造本身就是一个抽象的转换过程：从概念到构思，从构思到图纸，从图纸到建筑。建筑师自己也处于转型的过程中，因为他不可避免地处于抽象与现实、自然与人造、时间与空间、现在与未来的不同位置上。正如约翰·海杜克所说："艺术源自于现实而终止于抽象，而建筑作品则相反，源自于抽象概念，形成于现实，然而，一个好的建筑师应能让建成的作品尽量接近原始设计概念。"[1]

从这个抽象的定义出发，作为学科的建筑学也可以理解为被抽象化的人与他所存在的世界的一种关系。尤其随着 20 世纪"宇宙爆炸说"的创立，科学家又一次坚信他们找到了认识宇宙起源和演化的关键。值得注意的是，人与世界的关系在近年来又一次受到挑战，很多建筑师和理论家也主张应将新的科学发现、新的科学思想和世界观引入建筑学领域，以最新科学观为起点发展建筑学科。这种建立在新的科学观基础上的建筑学认识其实可以视为我们在当代重新认识和研究"建筑抽象性"的基点。

1.1.2　历史：从神智论到抽象性

要了解历史，就必须从抽象、抽象性和抽象艺术的起源谈起。

[1] 转引自贾倍思《型和现代主义》，中国建筑工业出版社，2003，p.153。

在 18 世纪之前，艺术、科学、哲学、宗教等是被视为各自独立的领域而存在的（身为哲学家和社会学家的康德是这一观念的主要提出者），真正出现将不同领域进行糅合的潮流始于 19 世纪初，而宗教和艺术的结合是其中最为明显和强烈的一股力量。在科学方面，无论是物理学、化学的新发明，还是生物学、天文学的新发现，再加上传统数学领域的已有成果，人们已经开始意识到隐藏在不同科学学科之间的"神秘代码"，如螺旋模型、黄金分割比等。同时人们在古典建筑中也发现了这些或隐或现的"神秘代码"，如帕提农神庙中的黄金比例，随后一些建筑师也开始在建筑中引用和发展这些密码，可以说柯布西耶的"模数"就来自对达·芬奇的"维特鲁威人体"的间接模仿，而这些"密码"本身就是一系列跨越了学科的抽象图式和抽象概念。

在宗教方面，弗莱瑟（Hilary Fraser）在回忆历史时认为："英国维多利亚时期出现了很多宗教—审美理论，它们试图将基督教的主张与美学和艺术调和起来。"❶ 艾略特对这一现象进行概括时认为："在那个时期，思想的分化，艺术、哲学、宗教、伦理和文学之间的相互分隔，被来自各个方面的试图达到一种无法实现的综合的空想中断了。"❷ 因此可以认为，文化运动和艺术启蒙在 20 世纪初的一个重要成就就是通过艺术与宗教的融合而最终形成了艺术对宗教的某种取代，或者也可以说艺术中开始融入更多的宗教思想。这一点在艺术史中早已得到明证：蒙德里安、康定斯基、马列维奇等第一批抽象艺术的实验者和先行者曾经都是布拉瓦兹基夫人创立的神智论（Theosophy）的狂热追随者，而包豪斯时期的伊顿（Johannes Itten）是类似于神智论的拜火教的一员，安藤忠雄则沉迷于美国震教派（Shaker）❸ 的"纯粹"之中。神智论作为一种哲学性宗教团体，认同并主张人类的一种绝对性存在，而艺术、科学和哲学则是让人类接近于这个绝对性存在的重要途径。正如蒙德里安所言："尽管艺术有自身的目的，但它与宗教一样是我们借以认识宇宙的工具。"❹ 当然，蒙德里安随后也进一步认识到作为宗教的神智论的不足，从而走向了用艺术来取代宗教，用纯粹来取代宗教的抽象艺术之路。但是我们依然可以看出，神智论引导下的抽象艺术（当时主要是抽象绘画）开始强调精神运动的力量和意义，同时既然是作为精神领域创造的抽象艺术，从 20 世纪初开始就必然表现为在抽象形式中体现纯粹性和精神性的审美创造。

柯布西耶宣称："在自然界，最小的细胞决定着整体的合理与健全。"❺ 事实上，柯布西耶的建筑是围绕着奥菲主义（Orphism）哲学建立的。奥菲主义是一种源于毕达哥拉斯的柏拉图的信仰，认为宇宙通过数字结合在一起，几何与比例可以用来实现与自然的和谐，这一过程通过阴阳之间的平衡来协调。柯布西耶对奥菲主义的兴趣引发了一系列主题出现在他的谈话、绘画和建筑中，如禁欲苦行与统一性、身体的召唤、抽象与表达、光

❶ Hilary Fraser, Beauty and Belief: Aesthetics and Religion in Vitorian Literature, Cambridge:Cambridge Press, 1986, p.1.

❷ T.S.Eliot, "Arnold and Pater", in Selected Essays, New York: Harcourt, Brace & World, 1964, p.442.

❸ 震教是戒律森严的贵格教派（Quaker）的其中一支，18 世纪后半叶由创始者安·李所建立，是一个持续过着和世俗完全隔绝、完全自给自足禁欲生活的宗教狂热团体。

❹ Piet Mondrian, The New Art-the New Life:the Collected Writings of Piet Mondrian, Da Capo Press, 1986, p.42.

❺ 勒·柯布西耶著，陈志华译，《走向新建筑》，陕西师范大学出版社，2004，p.45。

❶ "有意味的形式"最早来自于贝尔（Clive Bell）在 1914 年出版的《艺术》一书，尽管该书常常被认为是后印象派理论的著作，但其中的很多观点同样适用于彼时刚刚兴起的抽象艺术。

明与黑暗、太阳与水、路径与仪式等等。

也就是说，从 19 世纪末 20 世纪初开始，在大众的意识中，艺术不再仅仅是对客观世界的主题性再现，还成为一种如贝尔所定义的"有意味的形式"❶（significant form）。什么是形式中的"意味"？具有了这种意味的"形式"又是什么？从历史的角度来看，它是一种形而上的"物自体"或"终极实在"——既是宗教的对象，又是艺术的对象，而所有对象的共性就是现代性的抽象意识和抽象性。从这一点上来看，建筑可谓是所有艺术门类中最为合适的一个载体：既有真实的物体性、建造性、功能性，更有对"意味"和空间上的精神诉求。

1.1.3 理论：艺术与自然中的抽象

对于 20 世纪的艺术家来说，对艺术的抽象语言的理解和运用可谓他们面对的最大挑战。同时，艺术是一种演化的结果，而不是革命的结果，是一种数千年来由艺术家积累起来的具有延续性价值的结果。因此研究现代建筑与抽象就必须避开那些混乱的流派、运动和思潮，而把整个建筑艺术的经历看作人类的一种富有意义的行为结果。20 世纪以来在有关抽象研究的领域，西方出现了不少具有历史价值的研究成果，这些研究成果往往从自然中的抽象现象出发，以艺术和艺术史为研究对象，探索有关现代抽象概念的起源、特点和构成要素，这些研究对象涉及大量的绘画、雕塑、文学、音乐和建筑实例。

1.1.3.1 威廉·沃林格——抽象与移情：从抽象冲动到艺术意志

沃林格（Wilhelm Worringer，1881-1965 年），德国艺术史家、美学家。1920 年起担任波恩大学、库尼斯堡大学和哈里大学教授。沃林格的主要著作有《抽象与移情》（1907 年）、《哥特艺术的形式问题》（1912 年）、《埃及艺术》（1927 年）等。其中最著名的便是《抽象与移情》，这本书在德国表现主义发展中成为决定性的文件。

《抽象与移情》的主旨是要提供一种解说艺术风格样式的理论，沃林格推出了艺术中的抽象原则，并进一步从艺术风格角度用抽象和移情去具体界定"艺术意志"。在沃林格看来，人类的"抽象冲动"起源于对变化无常的世界的恐惧，进而期望通过抽象的形式达成永恒。这种"抽象冲动"具体界定了所谓"艺术意志"，所以他认为人类的艺术意志不只是呈现为移情冲动，人类的艺术意志还具体呈现为抽象冲动。沃林格甚至认为艺术始于具有抽象装饰的创造物，他在《抽象与移情》一书中对整个装饰艺术的考察旨在证明艺术活动的出发点就是线性的抽象。所以，沃林格进而指出，抽象冲动在艺术的起点上已经表现出来，它构成了艺术真正本质之所在。

　　"基于这样一种心理状态的抽象冲动，艺术在总体特征上必然表现为：摆脱现实的对象，超越现实的自我，从而最终摆脱理性达到本能的自我。"❶从建筑发展的角度来审视，这种最初的抽象冲动打破了古典建筑和传统建筑中的固定性和规律性的倾向，最终是现代建筑开始获得抽象的表现。正如沃林格所指："人类凭借其理性认识对外物的了解以及与外物的联系越少，人类赖以谋求那种最高级的抽象之美的可能就越大。"❷

❶ W·沃林格．王才勇译，《抽象与移情》，金城出版社，2010 年，p.14。

❷ 同上，p.16。

❸ 同上，p.15。

　　值得注意的是，在《抽象与移情》一书中，沃林格提出了艺术作品在抽象冲动的背景之下表现出的两个特征：一是以平面表现为主来抑制对空间的表现，二是以几何形式为主来抑制具象的物体。从建筑的角度来分析，第二点不难理解，而第一点似乎是和现代建筑的立体空间特点背道而驰的，但是联想到沃林格对这一点的阐述："艺术意志主要的并不在于去感知外物，而在于联想，在于对外物获得一个联想的整体，正是这种打破现实世界的具象秩序，由抽象所构成的联想整体，才能给观赏者以栖息的意识。"❸再联系到他在撰写这一著作的时代背景，可以认为在此沃林格笔下的"空间"定义是和现代建筑的空间定义有一定区别的，但沃林格所追求的物体的整体艺术印象事实上是和现代建筑起源之初的抽象追求一脉相承的。

　　沃林格对抽象冲动艺术意志的阐述，不仅在历史上冲击了当时只把眼界限制在古希腊和文艺复兴的美学理论，而且他对艺术中的抽象原理的肯定性分析具有超时代的意义，他深刻揭示了艺术中所固有的、在 20 世纪的艺术历程中越来越明显的抽象原则。因此我们可以说，沃林格当时虽然是通过对古代艺术的分析推出了艺术中的抽象原则，但从客观上，他为 20 世纪以来西方艺术中的现代派运动提供了一种解释模式，这一理论构成了《抽象与移情》一书的最精彩之所在。20 世纪以来的西方现代艺术的每一个历程，都用实践证明了沃林格所阐述的抽象原则的生命。第二次世界大战后，民主德国（东德）最杰出的人物阿尔多诺（Theoder Wiesengrund Adorno 1903-1969 年）在分析现代艺术的过程中，也离不开沃林格所揭示的抽象原则的理论模式，尽管阿尔多诺用了"异样事物"这个词来描述现代艺术的美学特征，但这个词的主要内容与沃林格所说的抽象冲动是一致的。因为异样事物作为现代艺术所追求的最高原则，其核心内容就是指艺术所表现的对象要异于其原型，把对自然原型的再现表现成在自然形态上有别于原型的型，这其实就是沃林格所讲的抽象。

　　《抽象与移情》一书的中文版最早出版于 1987 年，2010 年在再版的序言中，译者王才勇在 23 年后，以"再回顾"的视角写道："众所周知，自 19 世纪中叶萌发的现代艺术，指向的恰是走离古希腊、文艺复兴以来的传统，也就是说走离移情。结果自然是走向变形、解体，也就是由具象走向抽象。所以，19 世纪中叶至第一次世界大战爆发时期，西方现代艺术的核心问题就是：一步步告别具象，一步步走向抽象。抽象也就必然赋

❶ W·沃林格，王才勇译，《抽象与移情》，金城出版社，2010 年，译者序。

予形式独立意义，所以形式主义也就成为这一时期艺术的总体倾向。沃林格的研究虽然着手于古代，但是落脚点却指向现代。他指明了抽象物特有的表现力和美学价值，使得正待迸发的现代艺术毫无顾忌地沿着抽象和形式化道路大胆向前。"❶ 当然，第二次世界大战后，从具象走向抽象或形式化已不再成为现代艺术的核心问题，但是抽象已经深入到现代艺术的内里，成为现代艺术不可或缺的基本要素，直至今天，现代艺术依然没有走出抽象或形式化的框架，现代建筑的抽象倾向也一如既往。

在现代建筑历史中，19 世纪末比利时设计师与理论家亨利·凡·德·费尔德（Henry van de Velde）可谓深受沃林格抽象学说影响的先驱，在《现代建筑：一部批判的历史》一书中，弗兰姆普敦以"亨利·凡·德·费尔德与移情的抽象"为题，用专门一个章节描述了费尔德的建筑中的抽象启蒙。费尔德深受艺术史家阿罗瓦·里格尔（Alois Riegl）和心理学家西奥多·里普斯（Theodor Lipps）美学理论影响，前者强调个人"艺术意志"在创作中的首要地位，后者则提出了用"移情"使创作自我"神秘性"地渗入艺术对象中去，这些观点明显地受到《抽象与移情》一书的影响。"凡·德·费尔德勤勉地研究了沃林格的文章，发现他自己的作品似乎正是沃林格文化模式的两个对立面——一方面是中枢心灵状态的'移情'表达冲动，另一方面是通过抽象达到超验性的倾向，这两个方面神奇地组合在一个单体之中。"❷

❷ 肯尼斯·弗兰姆普敦著，张钦楠等译，《现代建筑：一部批判的历史》，三联书店，2004，p.100。

1.1.3.2 内森·卡伯特·黑尔——艺术与自然中的抽象要素

自艺术形成"语言"的那一天起，艺术已经进入到了一个"抽象"的阶段，即由对自然的描摹到对自然根源的探究阶段。美国艺术理论家内森·卡伯特·黑尔（Nothan Cabot Hale）的《艺术与自然中的抽象》（1981年）一书以剖析组成艺术抽象语言的七种基本因素为起点，用循序渐进的方法帮助我们理解抽象的含义、抽象概念的演化以及学习抽象语言的基本原理，并力图通过对大自然中各种抽象因素及其表现形式的剖析，使我们对抽象概念有更透彻的了解，并最终使其成为艺术表现中使用的工具。

正如人类的发展一样，艺术的抽象因素语言也是逐渐发展的。黑尔认为，抽象语言不仅仅是 20 世纪的产物，三千年前，西方文明中的七个艺术抽象因素中的每一个都已出现并成为人类文化财富的一部分。这些因素是：①线，②形体—形状—体积，③图式，④规模—比例—空间，⑤分析—解剖，⑥明—暗，⑦色彩。当我们明白了这七种抽象元素的力量时，我们才能学会尊重"抽象"这一文化遗产。

同时，艺术的这些抽象因素不是互相孤立的，而是一种自然的分类和顺序，正是这种分类和顺序创造了图式和逻辑，而艺术和建筑中的抽象因素就是类别本身——把存在于大自然中的东西加以分类的方法。这些抽象因素能使艺术家、建筑师把自然的真实性或者自然在内心创造的感觉传达到作品上，不管作品是忠实的现实主义的还是完全抽象的，不管作品是镜子似地反映自然还是内心的幻觉，艺术的抽象因素始终是艺术家和建筑师使用的工具。

在《艺术与自然中的抽象》一书中，黑尔以"形、形状和体积"为标题的章节重点揭示了形体抽象的起源及其特点。他认为人类具有一种"本能的几何意识"，即艺术家发展了几何定律的意识，继而对形状、角距的关系和比例产生了一种本能的意识和感觉。"一棵树可以被看成是一个卵形物顶在躯干中心轴心的顶端，一块巨石可以看作一个矩形或椭圆形。" ❶ 艺术家在内心简化这些形以便它们可以置于与平面的重力与线的浮力的空间联系之中，一旦这样做了，他就能把更多的时间花在分析和绘出"真实"的形上。在不涉及自然界的完全抽象的几何形艺术中，这些形状是靠抽象的意识产生的，这种艺术也是对真实物体的处理。在这种艺术中，形状和方位出现于艺术家的内心几何意识和对平衡、方向、重量的感觉之中，例如在阿尔博斯和蒙德里安的绘画中，通过几何抽象主义画家的作品，使人类获得了对内在几何学的理解，这种理解毫无疑问地被应用到现代主义建筑中。

从保罗·塞尚（Paul Cezanne）到勒·柯布西耶都做了很多陈述来引证大自然中的一切都能够归纳为圆柱体、球体和立方体。就一个艺术家或建筑师如果没有这种强烈的内心的几何学观念就不会有所成就这一点而言，这是正确的。但是，这些几何形状只能在认识更多未被发现的大自然所创造的形状的过程中作为暂时的栖身之处，因为艺术和建筑最有意义之处是个性及其表现力，为了使几何学产生活力，就必须增加其他的要素，这些其他要素正是每一位现代建筑师面临的难题和困境，也正是这些要素最终形成了现代建筑和现代建筑历史。

1.1.3.3 哈罗德·奥斯本——抽象技巧的产生

哈罗德·奥斯本（Harold Osborne）是第二次世界大战后甚为活跃的英国美学家、艺术史家，《英国美学杂志》创始人，长期担任英国美学学会主席，一生著作颇丰，《20世纪艺术中的抽象和技巧》是他晚年的力作。

奥斯本认为，要真正了解艺术，特别是20世纪艺术，一方面要把注意力集中在艺术家们一直在认真思索和探求的问题上，认真研究艺术家们有关艺术的见解，以及他们的作品所表现出来的特点；另一方面，要把艺术作品作为人们之间交流交往的一种人工制品来加以理解。不能仅仅用伦理的和社会的标准来谈论艺术和艺术作品。只有这样，才能真正了解20世纪的艺术，了解它在做什么，以及试图做什么。

艺术作品最重要的特点在于它的"形象性"和"虚幻性"。"形象性"在于：它只传达关于它本身的信息；所谓"虚幻性"是指感觉可以直接理解，但不能被科学地证实的一种性质。对艺术技巧的否定是20世纪艺术的主要倾向之一，其目的在于消除"虚幻性"来减少艺术与生活之间的差

❶ 内森·卡伯特·黑尔著，沈揆一、胡知凡译，《艺术与自然中的抽象》，上海人民美术出版社，1988，p.37。

❶哈罗德·奥斯本著,阎嘉、黄欢译,《20世纪艺术中的抽象和技巧》,四川美术出版社,1987,p.3。

❷ 同上, p.4。
❸ 同上, p.5。

异。对此,奥斯本尖锐地指出:"对虚幻性的否定意味着对一切传统的和大多数20世纪艺术的否定,因为虚幻性对于发展至今的艺术观念是必不可少的。"❶在此基础上,奥斯本提出现代西方艺术的另一个主要特征就是抽象以及各种不同的抽象方式。

奥斯本认为在20世纪艺术中"抽象"概念有着双重含义:"其一是指再现性艺术作品所传达的关于外在世界的信息不完整,消除了某些细节,或夸大了某些特征,在这种意义上,'抽象'相当于不完整的说明;另一种意义上的'抽象'通常被当作一种总结性的描述性术语,用来指称那些不传达,或意在不传达外在世界信息的艺术作品。"❷实际上,这两类艺术作品是完全不同的,它们的美学原则不同,而且对待艺术创作的态度也截然不同。因此,笼而统之地用"抽象"来说明它们,是很不恰当的,特别是用来说明非再现性艺术更不适宜。奥斯本认为在艺术理论中,必须对这两类抽象加以严格区分,并为此创造了"语义抽象"(the Semantic Abstraction)和"非传统抽象"(the Non-iconic Abstraction)这两个术语:"'语义抽象'是指对自然外观不完全的或有限的描述的再现性艺术,而'非传统抽象'则是指那些以描述自然外观无关的艺术类型。"❸虽然在现实中两者有时是相互交错的,但是并不能因此而忽视两者在原则上的区别。

在笔者看来,奥斯本的关于"语义抽象"和"非传统抽象"的定义实际上是和20世纪的艺术史语境中关于抽象的两条线索完全平行的,即"语义抽象"类似于格林伯格所概括的"形式的抽象",是一种显性的抽象、可视的抽象、再现的抽象;而"非传统抽象"则对应着罗杰·弗莱提出的"结构的抽象",是一种隐性的、内省的抽象、关于意义的抽象。现代艺术有别于传统艺术的一个重要特征正是超越了传统"形式"意义之上的关于"意义"的探索。

现代建筑是一种结合了形式和意义的存在物。因此,对照现代建筑发展的过程以及20世纪以来现代建筑出现的大量实例,可以发现奥斯本定义的"语义抽象"对应着现代建筑中的以对建筑元素、建筑形体进行抽象、重组、变形为主的这些操作手法,如埃森曼的"卡纸板建筑"、海杜克的"墙宅"以及理查德·迈耶的"几何抽象"等;而奥斯本描述的"非传统抽象"似乎更接近于现代建筑中对建筑和空间整体形象上的抽象追求,这些建筑可以以矶崎新、哈迪德的作品为代表,它们整体上的抽象性很难用建筑元素层次上的分析来理解和把握,更多表达地是一种作为建筑物的物体在结构和意向等多层次的抽象性。奥斯本的有关"语义抽象"和"非传统抽象"的划分应该说是完全可以借鉴和引入到有关现代建筑抽象性的研究之中的,或者说,本书对现代建筑和抽象的研究重点也正是建立在对现代建筑这种类似性质的"语义抽象"和"非传统抽象"的界定和研究基础上的。

1.1.3.4 康定斯基——外在性抽象与内在性抽象：抽象艺术的基础

瓦西里·康定斯基（Wassily Kandinsky）是 20 世纪初抽象主义的代表艺术家之一，他所著的《点、线、面——抽象艺术的基础》（1923 年）是格罗皮乌斯主编的包豪斯丛书中的一册，是他继《论现代艺术中的精神》❶（1921 年）一书之后完成的又一部关于抽象艺术的理论专著。在观念上，他自认为本书的核心在于"抽象观念"，即从物象形态的客观限制中独立出来理解艺术。

康定斯基首先认为每一种现象都可能以两种方式体验，这两种方式不是随意的，而是与现象有关——它们取自现象的本质，取自同一现象的两种特征：外在性和内在性。所谓外在性就是我们研究事物的方式，内在性则是指事物本身（原理、本质和规律），在建筑中我们可以把这两个特性类推为我们体验、研究建筑的方式（外在性）和建筑本身的逻辑（内在性），这两点可以视为建筑作为抽象事物的两个特点。

其次，康定斯基把绘画和建筑、音乐进行了对比表述。他认为绘画在所有艺术中具有特殊的地位，而建筑由于本质上是与实用目的相关联的，所以建筑在一定程度上需要以科学知识为前提；音乐虽然没有实用的目的，但音乐长期以来具有自身的理论，故既和科学沾边，也有自身发展。因此建筑和音乐站在各自相对的位置上都具有一种科学的基础。同时，康定斯基把这些艺术中的"要素"与"元素"做了比较明确的概念区分，他认为要素为寓于形之中的张力，而元素则是这种张力的形的意义。因此，要素是抽象的，形本身也是抽象的，所以可以说，抽象的绘画元素和抽象的建筑元素、抽象的音乐元素一样保留着自身的特性。

当然，这本书中最重要的部分是康定斯基通过还原找到了点、线、面、色彩这些最简单、最基本的形式要素。他写道："点是绘画的第一要素，线是与点相对的结果，严格地说它可以称为第二要素，面就是由第一要素和第二要素共同派生出来的，为了创造纯粹的形体，我们必须把自然的形态转变为永恒的形态要素。"❷这种被康定斯基称为"纯粹的形体"的物体不仅是实用的、理性的，同时还要指向纯粹而完美的环境。无疑，康定斯基的形式要素被引用到现代建筑分析和研究的领域中，在现代建筑的抽象层次上，一般可以把空间限定要素抽象为三种极端的构件：体块、板片和杆件，它们分别对应着空间意义上的点（杆件）、线（板片）和面（体块）（图 1-1）。

1.1.4 认识：抽象是现代主义的产物

建筑上的现代性是从 1920 年代的艺术运动中出现，反映那个时代的技术创新。它的定义是对于抽象、空间和透明性的关怀。

——理查·魏斯顿 ❸

❶ 学者刘东洋认为这本书应该译为《论现代艺术中的精神性》更合适，因为从"精神"到"精神性"，康定斯基在这个过程中发生了人生信仰上的一次心灵蜕变。

❷ 瓦西里·康定斯基著，罗世平译，《点·线·面——抽象艺术的基础》，人民美术出版社，1988，p.39。

❸ 理查·魏斯顿著，吴莉君译，《改变建筑的 100 个观念》，脸谱出版（台湾），2012，p.126。

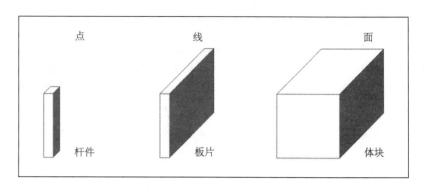

图 1-1　空间限定的三种抽象构件：杆件、板片和体块

西方抽象艺术的产生是跟现代性有着非常密切联系的，或者说，在艺术中，抽象作为一种真正的独立性的艺术语言，是现代主义的产物。

奥地利建筑师奥托·瓦格纳（Otto Wagner）是第一个将"现代"与"建筑"联系在一起的建筑师，1896 年他出版了题为《现代建筑》的著作，在瓦格纳看来，建筑和其他视觉艺术一样，要将现代性充分表现出来，而抽象作为一种表现手法，可以剥除掉过时的风格样式，将建筑物简练成"纯粹"的建筑语言。

现代主义（modernism）和现代性（modernity）是两个相关又有区别的概念，现代性不是线形时间概念，而是一种价值观和一个时代、一个文化区域未来发展的内驱力。它如同一种原理，这种原理能带动或引导一个文化区域，并对其他文化进行整合以适合其发展。而现代主义有其具体的文化意识形态、流派、艺术运动等，是在现代性内驱力推动下所产生的具体的、物化的文化艺术现象。或者可以说，现代主义有其特定的文化形态，相对比较具体，而现代性则是抽象的、哲学化的和原理化的。

在抽象的思想背景和社会进步史来看，20 世纪初的三大事件直接推动了西方艺术朝现代主义方向迈进，其结果是西方艺术变得更加抽象化，同时现代建筑的抽象语言日渐丰富。

第一个重大事件是西格蒙德·弗洛伊德的《梦的解析》（1900 年）的出版，该著作揭示了人类的潜意识、无意识和下意识与做梦的关系，再加上两次世界大战的残酷现实，使艺术家开始更多地探讨内心世界，试图通过废除传统的浪漫主义美学来创造新的视觉艺术。

第二个重大事件是爱因斯坦在 1905 年发表的《狭义相对论》。相对论提出了"时间和空间的相对性"，以及"四维空间"和"弯曲空间"的概念，使得科学家能够更加抽象地描绘宇宙，证明人的透视观念十分狭隘，颠覆了文艺复兴以来传统的单一透视观念，也直接促成了立体派绘画和雕塑的形成。

第三个重要事件是 1917 年的俄国"十月革命"。它废除了沙皇政体，使得俄国国内外的许多左派艺术家的精神为之一振。随后以马列维奇、罗德钦科为代表的艺术家主导至上主义和构成主义风格，将现代艺术带入一个全新的领域。

1.1.4.1　艺术的自我解放是现代主义产生的标志

首先，只有在 19 世纪末、20 世纪初，艺术（以绘画为主）才获得了从文学性内容和再现真实的要求当中解放出来的可能性，这个可能性的获得正是由于西方所经历的社会性现代性"突变"。这个突变实际上又是和两个时代背景联系在一起的，"一个是传统价值观的崩溃（'上帝死了'），也就是传统观念的崩溃，或者说在现代社会的突变中，个体感到了一种精神危机。另一个背景是工业革命带来的对于科技的浪漫情怀。"❶

抽象作为一种"抽取"和"提取"的过程，也是一个从表象到理念，从现实到哲理，从物质到精神的概括过程，这个过程的核心在于逻辑性和进化性，这两个特性也是现代主义的内在秩序。因此可以说作为观念的"抽象"以及随之产生的现代文化的"抽象性"是西方现代启蒙主义以来的产物，抽象是人类思维进化的标志。

1.1.4.2　艺术的形式和内容的分离是 20 世纪现代主义艺术的特点

其次，因为这种背景的突变，造成了艺术发展方向，也就是艺术家探索方向上的突变。艺术在获得解放的可能性的同时，也获得了新的一种探索方向，这就是形式语言的独立性。形式和内容的分离是 20 世纪艺术的一个重要突变，正如马奈说的"为艺术而艺术"，而不是以前的"为政教服务的艺术"。也正是在这个时期，建筑语言作为一种独立性的语言正式引起了建筑师和建筑学家的研究，因此这个方向的突变跟现代性的关系是一目了然的。

从艺术语言上看，从以往非常具象的、写实的模拟真实空间的艺术返回到对于画面平面性的追求，同时也返回到对于原始绘画或者原始艺术的表现语言的重视；对于建筑而言，则是"形式追随功能"还是"功能适应形式"的争论的最早发源，而且直接导致了随后的"少就是多"（Less is More，密斯）和"少就是厌烦"（Less is Bore，文丘里），乃至进入 21 世纪后的"是就是多"（Yes is More，BIG）的各种关于建筑形式和建筑精神的争论。

1.1.4.3　平面性和纯粹性是现代性视觉的基本特征

艺术方向的突变造成了形态的突变，这种形态的突变，既是对古典主义的批判，又是对工业社会、对新的视觉关系的直接体现。艺术史家李格尔在一百多年前就提出：艺术没有盛衰而是永远进化的，艺术永远表现一种时代精神和意志。同时，李格尔认为视觉艺术有一个从早期的"触觉性"（tactile）向晚期的"视觉性"（optical）发展的趋势。

这种现代性视觉的基本特征就是平面性和纯粹性。柏拉图首先提出了

❶ 高名潞、赵珣《现代性与抽象》，三联书店，2009，p.118。

❶ 高名潞主编,《美学叙事与抽象艺术》,四川出版集团、四川美术出版社,2007, p.11。

"理念说"和"影子说"理论,即平面化的二维形式对现实的"再现"能力比三维写实更真实、更本质。随后格林伯格将之表述为"绘画就是绘画本身"并在此基础上建立了现代抽象主义的理念模式(图1-2)。从这一意义上讲,"二维形式(抽象)是对三维形式的(具象)的超越和革新,它是对整个世界的概括,如马列维奇的红方块、黑方块和蒙德里安的格子,抽象的形式里凝固着整个乌托邦世界。"❶

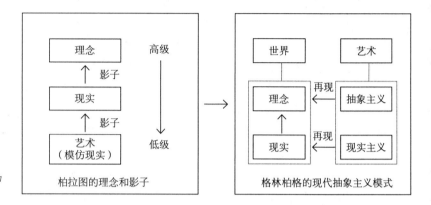

图 1-2 从柏拉图到格林伯格的抽象模式

总体来看,现代艺术中的抽象,绘画也好,建筑也罢,实际上是对平面、性质、功能、形式不断深化或者不断改造的历史。当然,正如学者李陀在"现代性与抽象"研讨会(2007年)上所言"艺术家、批评家、艺术史学家对于抽象艺术提出了各种各样的定义,而追寻这些定义则又是另一部历史。"❷例如:印象派实现了"去文学化"的抽象;毕加索和立体派达成了"去空间化"的抽象;康定斯基则开始操作"去形式化"的抽象;然后"极少主义"把平面(绘画)和物质(建筑)的物质性减少到极限;最后,波普艺术和解构主义、后现代主义则把画面和建筑物本身彻底"消解"掉了。笔者认为,隐藏在这个历史的进步和发展过程中的是背后的三个"动力":一是进步主义,即相信艺术的进步,相信创新的力量;二是科学和技术的进步带来的动力和压力;三是"形而上学"的问题,即哲学自康德以后,不仅在物质世界中寻求统一,在精神世界和现实社会中也在寻找统一性。也就是说,以上三个动力都来自"现代性"这个根本的核心问题。

❷ 高名潞、赵珣主编,《现代性与抽象》,三联书店,2009, p.98。

1.2 演化——抽象与现代建筑

关于"抽象"在现代建筑中的演化,可以从以下两个方面来加以分析和理解:一是抽象艺术对现代建筑的影响,这一点是毋庸置疑的,当然从历史的进程来看，这种影响并不是单向的，因为事实上，在现代建筑的发源初期，"抽象"作为一种新的主题和思想，在艺术（主要是绘画和雕塑）上是和在建筑中同时发生和发展的；一是现代绘画的思维与现代建筑抽象性的共生关系，在这一点上，现代绘画和现代建筑一起从平面和空间语言上展开了几乎是平行的对"抽象"这一元素和思想的追逐和演化。

1.2.1 概念的出场——抽象艺术对现代建筑的影响

1.2.1.1 现代抽象艺术简述

抽象艺术自古有之，其完整系统的观念成熟于 20 世纪。

在现代艺术发展的过程中，存在着三种相互交织的潮流：第一种是强调艺术家主观情感表达的表现主义（Expressionism）潮流；第二种是专注于表现艺术家内心的想象中的事物的幻想（Fantasy）的潮流；第三种也是最重要的就是抽象（Abstraction）的潮流。一般说来，抽象艺术就是指在第三种潮流中出现的拒绝对自然进行再现的艺术形式，它不等于艺术创作中从自然或对象中进行抽象和概括的过程，而是一个有着完全独立的美学基础的纯现代现象。

抽象艺术的形成和发展受到多种因素的影响。首先 19 世纪末、20 世纪初人种学博物馆的开放为艺术家展示了其他文化和文明的艺术形式，促使艺术家将自己从传统的再现方式中解放出来，如日本艺术影响了印象主义和后印象主义画家，非洲原始艺术影响了立体主义；其次，19 世纪德国的唯心主义哲学对艺术家的影响，如康定斯基、库普卡和蒙德里安都在神智学的基础上发展出自己的抽象绘画；最后，19 世纪科学理论的成就也影响了艺术家的思想和表现方式，数学和科学的抽象特点被运用于艺术创作中。

（1）抽象艺术定义

人类的精神艺术往往被物质发明所推动，19 世纪照相术的问世给风行一时的古典主义、印象主义绘画带来了灾难性的打击，而追求心灵诉求的抽象艺术借机突起并最终在 20 世纪的艺术史中占据着重要的地位。《不列颠百科全书》对"抽象艺术"（Abstract Art）的定义为："指 20 世纪的非具象的绘画、雕塑以及类似手法的艺术。集中体现了现代艺术否定再现的重要性的倾向，突出强调形、色、线、面的纯抽象本质。"[1]一般认为，德国画家荣格（P.O.Runge）是最早在艺术领域使用"抽象"一词的艺术家，俄国画家康定斯基创作于 1910 年的水彩画《无题》（图 1-3）则是第一幅抽象艺术绘画。巴尔（Alfred H.Barr）1936 年为"抽象艺术和立体主义"展览绘制了一个较为详尽的图表，从该图表可见现代建筑位于由抽象艺术展开的现代主义运动的核心地位（图 1-4）。

[1] 美国不列颠百科全书公司《不列颠百科全书》中文版第 1 卷，中国大百科全书出版社，1999，p.31。

图 1-3 康定斯基《无题》(1910 年)

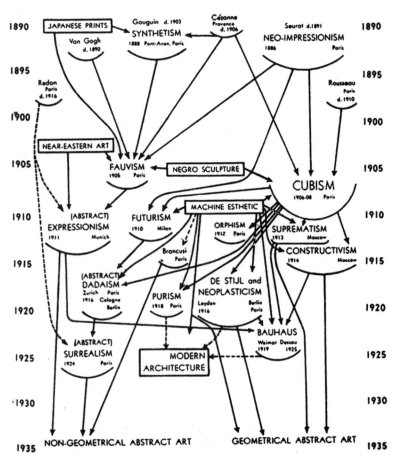

图 1-4 "抽象艺术和立体主义"
图表

（2）抽象艺术分类

现代抽象艺术大体可分为两大类：

一是从自然外貌的客体抽取形象来表现独立自主的美感，此类抽象有时是完全舍弃自然对象的，因此也被称为"纯抽象"（Pure Abstraction）。这种抽象模式是以个别或特殊事物为对象来创造形式、色彩的独立构成。

一是消除事物的特性和偶然的面貌，来提取、提炼对象的最基本的形象，也被称为"模糊抽象"（Ambiguous Abstraction）。这一观念与叔本华的主张有关，他认为艺术应该依从柏拉图的观念，以"理解"到的事物为依据，而不是仅仅依据事物的外貌。

（3）抽象艺术特征

包括抽象艺术在内的 20 世纪艺术的最显著的特征在于创作完全没有语义信息的艺术作品，并以作品的内在结构和内在特性作为创作的焦点。抽象艺术旨在激发人类的内在反应和内在经验，而非描述或再现自然，抽象艺术家通过创作来传达自己所确信的唯一真实——内在经验（inner experiences）的真相（表 1-1）。

写实绘画与抽象绘画的对比　　　　　表1-1

	色　彩	形　象	空　间	线　条	题　材
写实绘画	描绘的、光学的、依附自然或物相的自然色，而忽略色彩本身的特质	描述对象的皮相外貌，故其形象是具有可辨识性	体现透视学的远近与物理的空间，受维度限制	勾勒对象的轮廓，是外在的	再现自然外貌为主旨
抽象绘画	表现的、光学的，色彩能独自构成画面及主题，发挥本身的特质功能，具精神性	和外在世界脱离关系，是画家内在的生命感性记录，体现"无可名之形"的精神性	不受物理空间制约（无维度制）的自律空间，具有精神性及主观性	表 现 的，能独立存在，是 内 在 的，是色区间的分界线	创作因舍弃自然题材及文学性，将绘画基本元素还原

抽象艺术首先具有召唤性和自由性：正如康定斯基所言，抽象艺术追求的是"内在的必然性"（inner necessity），即借助绘画元素来显现感性，把不可见的内在世界表现为可见的视觉存在，因此抽象艺术的一个特点必然是召唤的（evocative）；同时，抽象艺术极力摆脱形象和色彩的束缚来追求绝对的、更广阔和更纯粹的自由，在形式上不受任何约束，在内容上则可以做任何寄托，任意探索普遍性、国际性。在技巧和媒介上也十分自由，不受传统的羁绊。

抽象艺术还具有纯粹性和精神性：抽象艺术如同现代诗歌，完全摆脱了写实主义绘画的文学叙事性，因此是视觉的隐喻（visual metaphor），这种隐喻从根本上看是纯粹的和精神的。黑格尔在《艺术哲学》一书中认为："艺术的最大功能，一如哲学与宗教，都在表现神性或绝对的精神。" ❶

❶ 转引自陈正雄著，《抽象艺术论》，清华大学出版社，2005，p.13。

因此受此观念影响的抽象艺术不但是"造型"的，也是"精神"的一种艺术，而色彩与形象等基本艺术元素本身就具有独特的精神性，它们可以成为表达"精神"的符号。

抽象艺术的特征还在于对于"抽象过程"的意义追求。艺术作品承载着意义，也承载着关于意义的探求过程，20世纪50年代以美国艺术家波洛克、德库宁为代表的"行动绘画"（action painting）可谓将抽象作为创作过程介入艺术行为的作品。❶

1.2.1.2 抽象艺术与建筑抽象形态

抽象艺术与现代建筑的抽象形态紧密相连。20世纪初，继承了修拉和塞尚的观念，胡安·格里斯（Juan Gris）首先采用"色面的建筑"观念来研究绘画，而库普卡（Frantisek Kupka）则认为绘画具有一种"建筑品质"的原则，"形态学的基本图像就是按照这一原则被组成有机的整体。"❷

一般认为，与建筑形态直接相关的抽象艺术表现形式有：棱角的形式（立体主义、风格派），结构的形式（构成主义和至上主义），弯曲的形式（表现主义）。

（1）棱角的形式——立体主义和风格派

西方探讨抽象艺术之造型之观念，可以追溯到立体主义（Cubism），许多抽象艺术之先驱，如蒙德里安、马列维奇、塔特林等，均由立体主义转向抽象主义。

20世纪初萌芽的诸多现代艺术流派中，立体主义可谓是一个分水岭。"它在艺术创作的观念、技法与媒体的使用上，均有重大的发现与突破，具有激烈的革命性，这在艺术史上是空前的，呈现出文艺复兴时期的朝气。"❸立体主义承袭了塞尚后期绘画的抽象视觉分析，以及"新画家之父"库尔贝（Gustave Courbet）的物质主义理念，并融合了非洲原始艺术反自然主义的表现手法。因此，以塞尚的"自然的一切均可用圆锥形、圆筒形和球形来处理"的理论为基础，将"幻觉"、"透视片"、"物象"和"题材"摒弃，将物体加以分解，并借助造型的元素将单纯化的形象重新组合，而不再重现自然。毕加索说："立体主义的艺术旨在处理形象，当形象处理得宜，就有生命力。"❹所以形象重组是立体主义绘画的命脉。

立体主义对同时期的艺术风格有着先锋的意义，它的抽象原理直接影响了蒙德里安的几何抽象、塔特林的抽象巨构和胡安·格里斯的色彩还原。在建筑界，柯布西耶在《走向新建筑》（1923年）中倡导"纯净的形式"，认为建筑师应该注重构成建筑自身的平面、墙面和形体等元素，并在整合它们的相互关系中创造纯净与美的形式（图1-5）。追求形式的纯净和清晰、逻辑与秩序以及对于机器美学的热爱是他这一时期的建筑主张，这与他纯粹主义绘画的艺术原则是一致的，立体主义和纯粹主义绘画实际上为柯布西耶的现代主义建筑提供了一个视觉范本，绘画中的形体关系、比例关系、

❶ 作为二战以后（1940-1950年代）的抽象艺术的两个重要流派，一是以巴黎为基地的抽象印象主义（abstract impressionism），一是以美国现代艺术为代表的抽象表现主义（abstract expressionism）。前者是欧洲的表现主义绘画的抽象化发展，后者则更多地引入行为和媒介的多样化。

❷ 阿尔森·波里布尼著，王端廷译，《抽象派绘画》，金城出版社，2013，p.44。

❸ 陈正雄著，《抽象艺术论》，清华大学出版社，2005，p.19。

❹ 转引自陈正雄著，《抽象艺术论》，清华大学出版社，2005，p.19。

空间关系完全可以套用到他的
建筑中去。❶

　　立体主义至少在两个方面
影响了柯布西耶的建筑设计：
首先是提供了一种新的形式语
言，客观地说，大多数情况下
绘画的手法是不能直接应用于
建筑设计中的，但是柯布在绘
画与建筑之间却神奇地找到了
切入点，从而使他的建筑带有

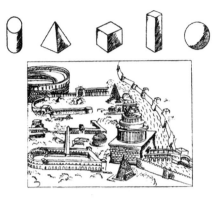

❶ 关于纯粹主义和立体主义的异同：纵观纯粹主义的艺术实践，虽然具有反立体主义的倾向，但除了形式更加几何化和秩序化外，并未跳出立体主义的范畴，更多的只是对立体主义的补充和扩展。纯粹主义绘画中图形与背景之间的紧张感实际上来自于立体主义空间模糊性的理解，纯粹主义可以视为使用"科学词汇"进行绘画的立体主义的一个分支。

图 1-5　柯布西耶在《走向新建筑》中展现的对几何形式的崇拜

一种很强的"绘画表现性"，尤其是在建筑的平面设计这一点上尤为突出，
以曲线为例，那些在他的绘画中时常出现的神秘曲线同时在莫斯科中央工
会大楼、印度艾哈迈达巴德联合大楼、奥利维地计算机中心等多项设计作
品中出现（难怪妹岛和世 1978 年的毕业论文以《关于勒·柯布西耶的曲
线的手法和意义》为题）。再者，立体主义提供了一种新的绘画的空间概
念直接影响了他的空间构成，立体主义者提出了动态的、连续的、多方位
的空间观念，这种观念就是建筑中的"第四度空间"和"同时性"问题，
也是柯布提出的"空间漫游"概念的理论基础。

　　1917 年，凡·杜伊斯堡和蒙德里安共同创办《风格》杂志，介绍新
造型主义的美学理念，并形成"风格派"（De Stijl）。蒙德里安的新造型
主义的美学理念和理论哲学成为风格派的观念基础，他们将自然的形象概
念化，以臻抽象之境。风格派从一开始就把抽象绘画和建筑组合在一起，
因此它的成员也包括了里特维德、欧宁等建筑师，并对密斯的建筑理念产
生了重要影响。他们的建筑形式是使传统的封闭空间走向开放和流动，延
伸至四周来制造无垠的空间，这种空间的理念再现了蒙德里安的规则：运
用水平线、垂直线以及三原色的平坦面来形成空间的界限（图 1-6）。

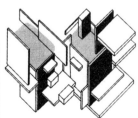

图 1-6　风格派代表人物凡·杜伊斯堡的绘画和构成原型以及风格派建筑师里特维德就此设计的施罗德住宅（1923 年）

　　蒙德里安和凡·杜伊斯堡的艺术思想对现代建筑设计的观念形成起到
了重要的作用。建筑师开始意识到：建筑形式是可以以单纯性和客观化的
几何逻辑构成的，而建筑空间也依此成为可以进行几何化操作的立体构成。

由风格派建筑师里特维德设计的施罗德住宅可以视为蒙德里安抽象绘画的三维版本：立方体的静止空间被打破，界面独立于功能而存在，界面成为一种逻辑上可以产生运动的建筑元素。这种关于界面和元素的理解与运用在理查德·迈耶和彼得·埃森曼的早期作品中也大量出现。其次，蒙德里安的抽象绘画也使"抽象构成"成为现代主义建筑师的设计自觉，从密斯早期的砖砌住宅到斯蒂文·霍尔的西雅图大学教堂再到 SANAA 的金泽 21 世纪美术馆，无论是平面形式还是立面构成，处处可以发现这种抽象的母题元素。

（2）结构的形式——构成主义和至上主义

构成主义（Constructivism）和至上主义（Supermatism）可谓俄国十月革命前后的两大前卫艺术思潮。构成主义抛弃了传统的用于个人情感表现的绘画颜料，转而改用非传统性绘画材料，如铁丝、玻璃、木材、石头等。1921 年塔特林、佩夫斯纳在《构成主义宣言》中宣称："谋求造型艺术成为纯时空的构成体，使雕刻、绘画均失其特性，用实体代替幻觉，构成为既是雕刻又是建筑的造型，而且建筑的形式必须反映出构筑的手段。"❶ 因此，构成主义可以视为是艺术、雕塑、建筑和设计的结合体，它在强调形式构成的合理性、逻辑性的同时也重视功能制约的必要性、关联性，这一点对于现代建筑设计中艺术与科学、形式与功能的结合尤其具有启发性。此外，构成主义提出的材料观念对于现代建筑中关于建造、建构的理论也有着一定的影响（图 1-7）。

❶ 阿尔森·波布尼著，王端亭译，《抽象绘画》，江苏美术出版社，1993，p.56。

图 1-7　左：李斯兹基构成主义绘画（1923 年），右：马列维奇《至上主义》（1915 年）

1913 年由俄国画家马列维奇在莫斯科首创的至上主义，是纯粹几何抽象的绘画运动。马列维奇认为立体主义与未来主义仍停滞在形象表现及视觉性的层次上，而未能完全终止与具象世界的关系，为了突破这一不足，马列维奇把画面所有再现的元素去除，而以单纯的基本几何形来构成纯粹知性的画面。马列维奇在《非具象艺术世界》一书中指出："至上主义摒弃了对自然物象的描述，并寻找到一种新象征符号来描述直接的感受，因为至上主义对世界的认知并非来自观察或触摸，而是去感觉。"❶

❶ 转引自陈正雄著，《抽象艺术论》，清华大学出版社，2005，p.26。

在至上主义的观念中，最具现代感的造型是四边形，而非西方长久以来认为的三角形，四边形是所有可能的雏形，是立方体、球体的原始。因此，所有至上主义的几何元素的组合，均由四边形所衍生，这些在至上主义中出现的四边形、十字形及圆形等几何图形均具有饱和纯粹的特点，但它们并不存在于自然中，因此是"非存在性的"。至上主义的艺术观念对现代建筑师的影响是巨大的：哈迪德在 AA 的毕业设计题为"马列维奇的建构"，矶崎新直接运用了至上主义的"还原观念"，斯蒂文·霍尔在 2008 年的俄罗斯之旅中则专门拜祭了马列维奇的墓地……

（3）弯曲的形式——表现主义

在整个艺术的发展过程中，艺术家对指示内在的情感甚于描绘外在的面貌，这种艺术被定名为"表现的"。表现主义（Expressionism）与抽象主义和立体主义所确定的那种相对"清晰"的抽象性是有一定区别的，但作为 20 世纪初重要的艺术思潮之一的表现主义，对现代建筑的影响是长久和深远的，尤其对于 20 世纪初的塑性建筑以及 21 世纪以来的非线性建筑有着极其重要的影响。

兴起于 1920 年代德国的表现主义的哲学基础主要涉及两位哲学家：一是德国新康德主义哲学家康拉德·费德勒（Kanrad Fiedler 1841–1895 年），他将艺术看做是艺术家的一种"内在需要"；二是利普斯（Theoder Lipps 1851–1914 年），他从心理学出发认为观赏者面对艺术品时所产生的"内模仿活动"是审美享受和评价的基础。表现主义艺术家认为感情的力量将最终决定艺术作品的本质，由此可见，表现主义艺术最重要的可能就是对感情的抽象表现（图 1-8）。

图 1-8　表现主义绘画与受其影响的门德尔松设计的爱因斯坦天文台草图（1924 年）

在表现主义时期的建筑实验中，表现主义对于情感世界的抽象挖掘以及对于主观意志的肯定造就了这一时期德国两位著名的建筑师——门德尔松和波尔齐格，他们设计的爱因斯坦天文台和柏林大剧院都是表现主义的经典之作。"在表现主义产生的年代，现代建筑至少存在着三种可

❶ 万书元，《当代西方建筑美学》，东南大学出版社，2001，p.331。

能性：一种是格罗皮乌斯和密斯的现代主义；还有一种是门德尔松的表现主义；一种是胡德的新古典主义和传统主义。"❶ 表现主义正好处于格罗皮乌斯和胡德之间，既包含了艺术、文化和科学，即现代主义的革命性（反偶像、反语言），又具有传统主义的历史情节。也可以这样说：表现主义建筑对"塑性"形式的追求不仅是对混凝土材料可塑性的试验，更是对建筑的生命感和表现力的刻意追求。或者说，塑形建筑的表现力不仅体现在曲线的表皮与曲面的空间中，更体现在塑形建筑所营造的三维空间对"平面化空间"和箱形空间的反叛和消解。所以，塑形建筑一方面是表现的，另一方面更是抽象的。从这个特点出发，我们可以清晰地整理出随后的从盖里到哈迪德再到 UN Studio 的系列性的具有表现主义色彩的塑形建筑的发展脉络。

1.2.1.3　建筑抽象形态的特征

具备抽象精神的现代建筑在营造具体形式的同时也在追求空间的抽象价值。现代建筑的发展一方面与技术进步和观念革新的抽象化有很大关系，另一方面也和体现效率与效果、追求速度和精度的社会发展目标相吻合。现代建筑的抽象形态特征主要包含两个方面的内容：一是"抽离"，对建筑形式和功能的抽离，这一点反映的是现代建筑形式自律的抽象；一是"提取"，对建筑本体的结构、秩序、机制和本质的提取，这一点强调的是现代建筑物体结构的抽象。因此基于"抽离"和"提取"的现代建筑在整体形态上主要展现为简洁性与形而上两个特征。

（1）简洁性——形式与功能的抽离

❷ 转引自香山寿夫著，宁晶译，《建筑艺匠十二讲》，中国建筑工业出版社，2006，p.202。
❸ 在香山寿夫看来，所谓还原主义（reductionism），就是希望通过利用单纯的原理重新对待复杂的整体局面，然后对于这个整体的局面进行彻底的解决。
❹ 香山寿夫著，宁晶译，《建筑艺匠十二讲》，中国建筑工业出版社，2006，p.202。

现代建筑以简洁、抽象的几何构成，避免对具象形态的直接运用作为形象特征。正如凡·杜伊斯堡所言："新建筑是反立方体的，所有的功能空间都呈放射状，从立方体的内部空间向外发散，这样建筑表现出的就是漂浮的状态。"❷ 日本建筑学家香山寿夫认为这种主张暗含了 19 世纪发展起来的还原主义，❸ 而还原主义、还原思想的一个重要特点就是将条件进行抽象化和单纯化，"通过排除空间、支撑体、场所等这些条件因素进行思考，然后将所形成的新构成形式应用于所有的领域中。"❹

现代建筑对于形式和功能的"抽离"特征直接导致了现代建筑的简洁性，这种"抽离"又可以从两个方面来理解：一个是对形式和功能的分别抽离，另一个是对形式和功能两者关系的抽离。形式上的抽离特点在现代建筑诞生之日便初现端倪，阿尔道夫·路斯的"装饰就是罪恶"就是最好的明证，而 1898 年建成的维也纳分离派美术馆以造型上的直线和大片光面和简单的立方体宣告一种新的建筑形式产生，也可以视为抽象形态建筑的诞生标志。阿尔道夫·路斯还说过一句话"只有陵墓和纪念碑才是真正的建筑"。在此路斯把建筑的功能性进一步抽离，唯有死亡和精神永恒不变，从而把建筑的抽象性抬高到了至高无上的地位。至于形式和功能的关系问题，并不是一句简单的"形式追随功能"就能概括的，最好的实例还是密斯的建筑，密斯的建筑形式向来是简洁的：几何、光洁、通透，但是这种形式上的简洁有时是有着功能的对应关系的，如巴塞罗那馆、柏林美术馆，但有时却也是和功能有着"抽离"的脱节关系的，如玻璃之家（范斯沃斯住宅）中缺失的私密性和伊利诺伊工学院建筑系馆中略显"大而无当"的开敞空间。但正因为此，现代建筑的形式与功能之间的"纠葛"才能长久地成为现代建筑创作的主题；也正因为此，抽象性才成为现代建筑的一个基本特征。

值得注意的是，现代建筑抽象形态的"简洁性"这个特点后来继续发展，成为"极少主义"建筑的一个重要渊源，代表建筑师有阿尔贝托·坎波·巴艾萨（Alberto Campo Baeza）、约翰·鲍森（John Pawson）等，巴艾萨、鲍森的作品在极少主义的造型之下其实也蕴含着极其丰富的抽象思想（这一点将在下文具体剖析），由此也可见"抽离"作为一个现代建筑重要构思基点的重要性。

（2）形而上——结构与本质的提取

维特鲁威在《建筑十书》中把建筑分为三个类型：结构（firmititas，原意为力量）、功能（utilitas）和设计（venustas，原意为优雅），即使在今天看来，这依然是一个简洁和精确的定义。事实上，19世纪末以来，人们发现不仅可以观察建筑空间，还可以体验和思考建筑设计，这样的转变也发生在物理学、心理学和社会学的研究上，即科学、艺术和建筑在一定程度上由可见的感性上升到思维的逻辑理性，这种理性主义直接促成了现代主义建筑理论体系的建立。

路易斯·康说过："秩序是创造力，生长是一种建构。"[1] 因此，如果说康的建筑布局是通过秩序的概念和它的次图形的组合结合成一个整体来实现的话，那么在他的建筑的具体设计和实施过程中，无论是整体还是局部都在用抽象的几何形体来表现出具有远古特征的同样的秩序的重要性。这种秩序性是形而上的，其之所以形而上，便在于对建筑的结构本质的提取，而这个提取的过程无疑是抽象的。

现代建筑对建筑结构与本质的提取往往以空间的逻辑性和空间的原型作为特点，空间的逻辑性主要为一种建筑内在的数学的、几何的、物理的或思维的逻辑性，或者说可以概括为科学上的逻辑性和审美上的逻辑性，日本建筑师藤本壮介的建筑作品被称为"新几何派"便是源于他的作品中流露出的对建筑结构和本质的不断提取、更新，甚至质疑。因此，也可以说现代建筑的一些建筑在特定空间处理方式和形式构成手法上的"反逻辑"，也可能成为抽象构思和建筑抽象性的一个特点，从这个意义上看，逻辑和反逻辑并不是本质矛盾的东西，而是可以相互并存的。所

[1] 路易斯·康，《Order is》，第一次发表于耶鲁大学建筑杂志《perspecta》第三期，1955，p.59。

以对建筑原型的提取和对建筑原型的质疑同时存在也就不足为奇了，因为正是现代建筑"概念化"的特点构成了现代建筑抽象形式的总体上的"形而上"。

1.2.2　表面的深度——现代绘画的思维与现代建筑的抽象性

❶ 转引自方振宁，《绘画和建筑在何处相逢？》，《世界建筑》，2008/3，p.25。

柯布西耶说过："我的建筑是通过绘画的运河达到的。"❶ 事实上，绘画和建筑从古典时期以来就如影相随，从米开朗琪罗到列杜，从柯布西耶到海杜克。在这些代表性的人物身上，有时候我们甚至分不清他们究竟是画家还是建筑师，是他们的绘画影响了他们的建筑，还是他们的建筑成就了他们的绘画。

但是分析之下，绘画与建筑却是两种有着明显差异的空间，绘画是在二维的平面空间内经营空间，建筑则是利用具体材料建造出真实的三维立体空间。如果说在现代抽象绘画出现以前，借助于透视法则在二维的画面上创造出三维的深度空间的视错觉是绘画的一大特点的话，那么立体主义则革命性地提出了多视点、多方面观察对象的可能性和必要性，以及将这些对象的认知片段表现在一幅画面中。这个新的绘画观念必然导致对画面空间组织的新思维、新探索，透视法得到革新，深度的空间可以扁平，扁平的空间可以立体。在此基础上，一种从现代绘画出发的新的空间组织的视觉法则也应运而生。

亨利·罗素·希区柯克（Henry-Russell Hitchcock）的《绘画走向建筑》（1948 年）一书是最早将 1911 年以来的抽象绘画与 1920 年代以来的现代建筑并置在共同的时代背景之下进行比较研究的著作。书中提到了弗兰克·劳埃德.赖特、勒·柯布西耶、格罗皮乌斯、蒙德里安、保罗·克利和米罗等建筑师和画家，并特别提到了 1920 年代的巴黎艺术家、风格派和包豪斯（图 1-9）。

图 1-9 《绘画走向建筑》一书的封面以及书中出现的部分抽象绘画与建筑

希区柯克指出："就与现代建筑的关系而言，无论是绘画还是雕塑，抽象艺术的核心意义和基本价值就在于其所提供的造型研究的成果，而这些研究是不可能在建筑的尺度上进行的。"❶ 也就是说，抽象艺术能够使一种塑性的探索成为现实，而这在当时的整个建筑学领域中几乎不能实现。在此基础上，他进一步指出对抽象艺术的研究不仅能够帮助我们更好地理解现代建筑的形式是如何出现的，而且抽象艺术本身也为建筑学后续的发展提供了足够的动力——抽象绘画拒绝再现外部世界，以平面空间的抽象形式要素的构图作为研究的核心；现代建筑空间的组织几乎又重现了抽象绘画的诸多策略。这些共同策略被希区柯克归纳为分割、界定、占据、重叠、透明、负形、图底两可、调节等八种。

在文艺复兴时期，空间的几何深度就引起人们的注意，虽然在日常生活它是隐匿的，但当时的艺术家认为它是可以通过艺术作品来表现和再现的。19世纪下半叶开始，受进化论思想的影响，艺术史学家开始以发展、进化的观念来解释视觉艺术的历史进程和自然发展，这个时期的李格尔和沃尔夫林（Heinrich Wolfflin）等人形成的所谓"艺术科学学派"开始主张将艺术门类和科学门类进行类比研究，从而将最强烈的个人差异并存的共性概括为抽象的基本概念。这一理念以沃尔夫林的《艺术史的基本概念——后期艺术中的风格发展问题》为代表，在这一著作中沃尔夫林将绘画、雕塑与建筑放在一个平行的状态下，从"平面和纵深"、"封闭的形式和开放的形式"、"多样性和同一性"、"清晰性和模糊性"等角度展开了对比研究，这一著作为建筑史的研究开拓了广阔的局面，也直接导致了塞尚以来的艺术家对"画面深度"和"物理视觉"的直接关注。这个关于抽象绘画的空间的探索和思考过程，则是和现代建筑的发展和革新过程紧密联系的。

值得注意的是，大多数情况下，当我们谈及建筑中的"抽象"时，往往只留意抽象性（派）绘画对建筑的影响，这其实还是一个以具象的（图像化的）建筑来思考问题的方式，因为绘画本身所包含的抽象性对现代建筑的影响也是另一个重要内容。理解这二者之间的区别，将有助于我们区别"建筑的抽象性"与"抽象性的建筑"，从而从绘画与建筑的互动中来真正了解和运用"抽象"。

1.2.2.1 抽象性绘画与现代建筑

（1）从立体主义到现代建筑

立体主义（绘画）是20世纪抽象和非具象绘画风格的重要来源。作为一种绘画流派的立体主义，其产生的重要背景是一种具有现代性的抽象思想；作为一种现代艺术革命的立体主义，其不仅是一次关于艺术风格的革命，还是一次关于绘画语言的革命。英国艺术史家、小说家和画家约

❶ Henry-Russell Hitchcock, Painting toward Architecture, New York, Duell, Sloan and Pearce,1984,p.54.

❶ 参见约翰·伯格著，连德诚译，《毕加索的成败》，广西师范大学出版社，2007，p.71-75。

翰·伯格（John Berger，1926- ）在《毕加索的成败》一书中具体阐述了立体派绘画中所展现的三个方面的现代性：题材、材料和"看的方式"，笔者认为这一观点可以借鉴到现代建筑的"现代性"的研究之中，现代建筑具有如下三个基点：❶

①题材的选择——建筑功能的多样化

立体主义绘画的题材取自现代都市的日常生活，但不像印象派画家，立体派画家很少画自然的景象——塞纳河、公园等。立体派画家大多画手边的、日常的事物：咖啡厅的桌子、廉价的椅子、报纸、玻璃瓶、烟灰缸等等——对象的选择强调所有物的凡俗性，这是一种新的凡俗性，因为那是廉价、大量制造的结果，最重要的它们也是人造物。在此，立体派画家似乎想要歌颂一种以前从未被艺术认可的价值：制造物的价值。

对于现代建筑，首先面临的一个挑战就是建筑类型的新型化带来的建筑功能的多样化，建筑不仅仅限于提供传统意义上的居住、宗教和集会等功能要求，还要提供工业生产、商业交易、文化教育和体育设施等多种多样的满足现代生活方式的功能要求。或者说，在这一点上，现代建筑和立体主义绘画一样，题材变得前所未有的丰富，建筑表现的对象也随之丰富。

②材料的应用——建筑材料和技术的发展

除了画纸、墨水、颜料和画布，立体派画家应用一种新的技术与材料：利用模板来书写文字、模仿油漆匠来制造特殊效果等等，他们混杂各种技巧，这种实验本身就是现代的。由此可见，一方面他们向传统的认为艺术是某种优美的、有价值的东西，像珠宝一样应该珍爱的观念发起挑战，另一方面他们主张艺术家应该有一种新的自由。

现代建筑科学和技术的进步和发展给现代建筑提供了前所未有的建造方式，大跨度、大悬挑、框架结构的自由平面等都是这个时期建筑的革命性形式。同时大量新型建筑材料的出现也进一步丰富了建筑形式的可能性，如新型加工石材、玻璃幕墙等。

③观看的方式——现代空间意识

赫伯特·里德说："整个艺术史是一部关于视觉方式的历史，关于人类观看世界所采用的不同方法的历史。"❷ 伯格认为："画作的主题与材料有多少深思熟虑的朴实，立体派艺术家的想象就有多少哲理上的复杂性。"❸ 与传统艺术家的观念有异，现代艺术家认为绘画不仅仅是关于"视觉"的艺术，还是关于"意识"的艺术，绘画可以从视觉中适当解放出来而获得一定的"心灵性"——这种观念的变革就是一种具有现代意识的艺术思维。

立体派画家在对象呈现这一问题上继承了库尔贝，即通过所应用材料的真实性来表达对描绘对象的真实呈现，如用真实的报纸来再现报纸，用模仿木板图样的壁纸来再现桌子木头抽屉的嵌板等等；立体派画家所运用

❷ Herbert Read, A Concise History of Modern Painting, Thames &Hudson, 1974, p.28.

❸ 约翰·伯格著，连德诚译，《毕加索的成败》，广西师范大学出版社，2007，p.73。

的结构系统则可追溯自另一个先驱——塞尚。塞尚提出并认可了多视点的问题，从而永远推翻了艺术中对自然采取一种固定视点的可能。立体派画家和现代建筑的先驱者一起从中发现了把所有对象的形式类同化的方法：首先是对形式的几何简化，再是对几何形式的二维（平面）提取。这种简化绝不是为了简化而简化，提取的目的则是企图在视觉艺术中建构对真实的最复杂的观点，因此是一种真正意义上的抽象。这种对物体、自然和意识的关于"外在形式"和"内在结构"的抽象在根本上对应着一种对建筑空间和生活方式的现代性思维和意识。因此可以说立体派艺术家和现代建筑的先驱一起开创了一种动态的、思维性的关于艺术过程和空间呈现的可能性。

（2）抽象性绘画与现代建筑：联想与转换

抽象性绘画与现代建筑之间并不是一个由绘画—建筑的单向发展过程，研究大量的抽象性绘画和现代建筑可以发现，在两者之间存在着一个共同联想、相互转换的并行关系。

①共同联想

由于抽象性绘画与建筑在空间和构思上的共同性，两者之间存在着共同联想的特点：一幅抽象绘画同时可以是一个空间的表现，而一个建筑则是一个画面的三维空间体现。

柯布西耶一生游走于绘画（雕塑）与建筑之间，在他的艺术生涯中，他的绘画风格也经历了一个变化的过程：从早期的新艺术、印象主义、未来主义到后来的纯粹主义、超现实主义；从简单方正的几何形体到扭曲变形的自由线条；从架上绘画到立体雕塑的创作；从纯艺术的实验和探索到建筑设计的运用……在他众多的艺术和建筑作品之间，一直存在着一条共同的"联想之路"。2007年日本建筑学者山名善之通过计算机和绘画表现结合的方式以"绘画＋时间＝建筑"为题对柯布西耶著名的四座住宅建筑进行了抽象意义上的分析和再现（图1-10）。山名善之认为："通过这个概念性的分析方式，不仅有助于我们理解绘画与建筑之间的抽象关系，还可以让我们理解柯布西耶从纯粹主义时代的'漫游建筑'走向'自由平面'的必然性。"❶事实上，在柯布西耶的大量作品中，确实存在着这种介于绘画创作与建筑设计之间的"中间物"，完成于1955年的《直角的诗》就是这种类型的作品之一，柯布在《直角的诗》中将先前总结出来的建筑中的"元"上升到形而上学："竖向性是满足了重力的可见特征：服从重力的平面乃是人们从开始就熟悉的再现所谓水平面的基础。竖向和水平，它们是自然现象最为敏感的显现，是对诸多自然法则中最为直接的重力法则的不断证实。"❷这个系列的作品一方面直接验证了抽象性绘画与城市空间之间的联想关系，另一方面也成为探究柯布西耶后期建筑风格转变的重要线索（图1-11）。

❶ Le Corbusier Art and Architecture—A Life of Creativity, Mori Art Museum, 2007, p.112.
❷ 转引自刘东洋，《抽象，抽走了什么（下）》，网络文章，2009。

图 1-10 日本建筑学者山名善之的"绘画＋时间＝建筑"系列分析、再现作品

图 1-11 柯布西耶《直角的诗》（1955 年）展现出一种介于文学、绘画、城市和建筑之间的思考，也可视为柯布西耶后期建筑风格转变的前奏

与柯布西耶的绘画作品完全可以归纳到现代主义绘画的范围之内不尽相同，荷兰版画家埃舍尔（Maurits Cornelis Escher，1898-1972 年）的作品则充满了一种数学上的抽象、思维上的智慧和科学上的幻觉，其中以幻觉建筑空间作为表达对象的绘画作品更是他最具个性的作品内容。最早的透视法出现于 15 世纪，透视法也使得建筑师与艺术家开始以同一种手法描绘空间。在艺术生涯的早期，埃舍尔总是一丝不苟地遵循传统的透视法来营造他的作品的空间感，在 1952 年完成的《立方体空间分割》表达的无限伸展的空间中，埃舍尔并没有采用任何超出传统透视规则以外的技法，但是，"因为这个空间被一些朝向三个方向的条柱分割成了很多完全相似的立方体，便营造出一个完整的空间。" ❶ 这个时期埃舍尔大量使用（建筑）空间草图来探究画面，显示出他对建筑意义的空间表达的热衷，随后埃舍尔对传统透视法进行了大量的有着数学、科学和视觉依据的革新，提出了"天顶与天底"、"灭点的相对性"、"立方空间填充的新透视法"等新型透视规则的空间原型（图 1-12）。

❶ 布鲁诺·恩斯特著，田松、王蓓译，《魔镜：埃舍尔的不可能世界》，上海科技教育出版社，2002，p.50。

图1-12　埃舍尔《立方体空间分割》（1952年）与著名的"空间迷宫"《相对性》（1953年）

完成于1953年的《相对性》是埃舍尔最著名的空间绘画作品之一，在这幅作品中，三个完全不同的世界构成了一个统一的"不可能"的空间整体，这个由X、Y、Z轴设定的画面空间看上去天衣无缝，但却是不可能实现的，但是所有的不可能却是建立在精确的数学演算基础之上的，因此只能说埃舍尔挖掘了数学模型、物理空间和建筑空间隐藏的一种"错觉空间"。《相对性》这一作品也成为建筑学空间研究领域的一个空间概念原型，2008年，孟建民建筑工作室以此作品为依据，利用计算机建模模拟了这一空间的状态，并将空间中出现的14个人（原作为16个人）分为三种空间属性：XY世界的人、YZ世界的人和XZ世界的人。2009年，笔者在厦门大学"建筑专题研究"设计教学中，一位同学也受埃舍尔这一作品的影响，并以好莱坞电影《蜘蛛侠》中的蜘蛛人的运动、活动方式为载体，再次表达了一个三度空间状态下的日常空间的概念构想。这一系列以"空间—绘画—建筑"为主题展开的表达空间的绘画作品和建筑概念设计也再次证明了建立在抽象性绘画与现代建筑之间的一种相互渗透、相互联想的可能性和必要性（图1-13，图1-14）。

②　相互转换

如果说建立在绘画与建筑之间的联想是一种建立在两者表象的共同点基础上的话，那么绘画与建筑之间的相互转换则需要深层次的思考和内在性的挖掘。

XY世界一
XY world I

XY世界二
XY world II

YZ世界一
YZ world I

图1-13　孟建民工作室基于埃舍尔绘画的研究性设计作品《相对性》

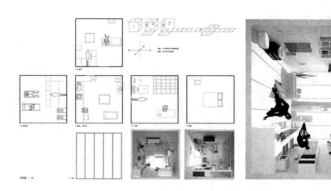

图1-14 学生设计作品"蜘蛛侠的家"展现了另一种对埃舍尔绘画空间的还原（学生：仇畅）

❶ 封达那在进入米兰布雷拉艺术研究院之前，曾经系统学习过建筑，并取得建筑师文凭。

❷ 何政广主编，刘永仁撰文，《封达那》，河北教育出版社，2005，p.52。

❸ 同上，p.80。

❹ 安藤忠雄著，谢宗哲译，《安藤忠雄都市彷徨》，宁波出版社，2006，p.34。

卢西奥·封达那（Lucio Fontana，1899-1968年）是第二次世界大战后在意大利兴起的现代艺术流派——空间主义（Spazialismo）的创始人和倡导者。封达那的早年建筑学背景❶对他的艺术生涯影响深远，他一生从抽象雕塑入手，转而进入抽象绘画和概念性设计领域，并在建筑设计和陵园设计上都有一定的实践。无论是雕塑、绘画，还是建筑、环境，在封达那看来都是关于"空间"的艺术，他在1940年代开始与建筑师巴德沙利共同研究素描与建筑的空间观念问题，并以"空间与时间的合二为一"为基本理念发了《白色宣言》，1947年在意大利正式发表《空间主义宣言》，据此"空间主义"正式登场。在《空间宣言》中封达那提出："建筑是体积、基底、高及深度，构成空间的要素，理想建筑的四元空间是艺术。雕塑是体积、基底、高及深度，而绘画则是描写。"❷据此，他已经意识到绘画、雕塑与建筑之间的转换性和转换可能，因为在它们的背后有着共同的"空间观念"的支撑。

1952年，封达那首次以对画布"切割"产生"洞"的方式推出新的《空间宣言》系列作品，这个极富创意的作品被认为"不仅反映了建筑学空间、空间立体经验，以及空间造型适应的机动性，而且即时衍生更活泼的戏剧化效果。"❸安藤忠雄在谈及这一作品时认为："创作者在肉体和精神状态皆已达到极限……似乎在内部隐藏着的深邃性格散发出一种残忍而冷峻的味道，因而在那当中存在着一种超越人类感情之外的难以形容和表达的美。"❹也就是说在此封达那以强有力的切割打破了传统的"画面"的二维空间，而创造了一个绘画中的"深度空间"概念。这个新概念既揭示了封达那的深邃心灵，也开启了无穷的宇宙空间。受这个作品空间意识的启发，日本建筑师前田纪贞于2003年设计了"封达那住宅"，准确地说这是一个直接以封达那的作品作为平面和空间原型的建筑设计，建筑师以一个住宅建筑的设计完成了从绘画（切割空气）到建筑（切割空间）的转换过程，平面上由七条弧形"切割线"构成的空间分别被设计成使用空间（餐厅、起居室、卧室等）、庭院空间和天井空间，三种空间之间由于平面构成的特点自然形成视线通透和空间水平叠加的总体效果，从而实现了一种抽象绘画般的空间体验（图1-15，图1-16）。

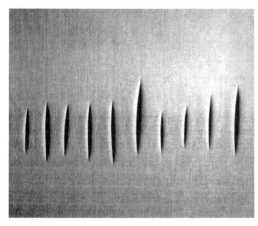 

图 1-15　封达那的《空间切割》
作品及正在"切割"中的封达那

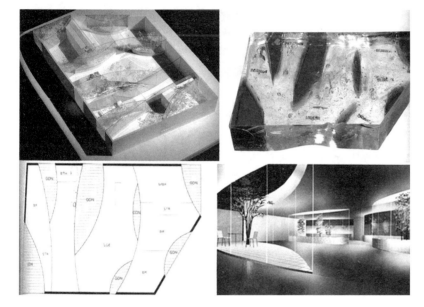

图 1-16　日本建筑师前田纪贞
"封达那住宅"（2003 年）.

　　绘画与建筑的转换并不是单向的，而是一个双向的互动过程，在这个过程中，绘画可以与建筑自然地达成相互启发和相互转换的综合效果。

　　美国新一代抽象绘画大师罗伯特·曼高德（Robert Mangold，1937-）是当代艺术家中以"几何、形式、空间"为母题展开抽象描绘的画家。他曾经直言在 1990 年代完成的"灰色 / 黑色区域"系列作品的构思直接来自于维特科维尔在《人性时代的建筑原则》一书中对阿尔伯蒂设计的佛罗伦萨圣玛利亚教堂的立面分析："这些和谐的关于美的基本要素都来自于建筑（立面）整体和局部的和谐比例。"[1] 基于对古典建筑形式的这一认识，曼高德展开了一系列以简单线性来探索空间绘画创作（图 1-17）。

[1] Richard Shiff, Richard Mangold, Phaidon, 2000, p.152.

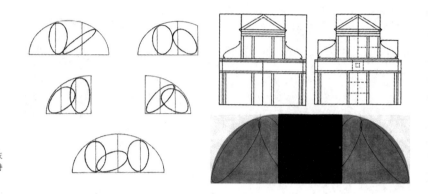

图 1-17 曼高德直言他的 "灰色、黑色" 系列作品来源于维特科维尔的建筑分析

曼高德的绘画作品常常以几何体的组合、几何体的渐变、几何体的变化来表达一种关于空间与形体的微妙体验和非常规体验。曼高德的绘画作品对现代建筑师的建筑创作也具有一定的灵感激发意义，伊东丰雄2011 年设计建成的今治市岩田健母子博物馆是一个小型的雕塑陈列馆，由于雕塑不一定要在室内展出，最终完成的是以圆弧形的墙如帷幕一般围合出场地的设计——悬挑出檐的倒 L 形混凝土墙以两种曲率交错缓缓相接，围合出直径 30 米的圆形范围。这个设计显示出一种简单而又微妙的 "差异性" 的美（由于几段分开的弧形实际上存在一个微妙的半径变化的关系），而从平面上看与曼高德 1970 年代的 "不完整的圈" 系列绘画有着惊人的相似度。在此笔者无意验证伊东丰雄的这一建筑作品是对曼高德绘画的直接转换，而是想表述一个研究观点：建立在抽象空间观基础之上的现代绘画和现代建筑在当代艺术实践中确实是存在着殊途同归的可能的（图 1-18）。

图 1-18 曼高德 "不完整的圈"（左）与伊东丰雄设计的 "岩田健母子博物馆" 平面表达了同样的空间微妙性

1.2.2.2 绘画性抽象与现代建筑

贡布里希在《艺术的故事》中这样评说达芬奇的《蒙娜丽莎》："每一次，我看到她美丽的脸，我真的感到惊讶，因为她的脸永远不能让我停止感到惊诧。"[1] 也就是说，最初的体验和最后的经验都必须通过图像本身才能到达，在这一点上，绘画中的具象内容和抽象含义是平等的。抽象是现代

❶ 转引自高名潞主编，《美学叙事与抽象艺术》，四川出版集团、四川美术出版社，2007，p.85。

绘画的特点之一，绘画中的抽象和现代建筑有着互动的关系，绘画性抽象与现代建筑在以下三点上密切相关：

（1）历史学和符号学的倾向

所谓的历史学的倾向就是一幅绘画作品必须放在一个时间的维度上加以考察，或者说绘画性抽象从某种程度上讲是对已有的绘画形式的提取和抽象。如果我们对比蒙德里安和康定斯基可以发现，从形式上看两者有着很大的差别，将两者并置是荒谬的，但是这个荒谬有一个内在的逻辑：蒙德里安看上去很酷、很理性；康定斯基很绚烂、很音乐化，但是他们的关注点是一个共同点——美学的批判性。如果接着将稍晚的波洛克（Jackson Pollock）的绘画引入蒙德里安和康定斯基的对比研究，我们就可以找到两者最根本的共同词不是"精神性"和"无限性"，而是一种"穿透性"的抽象精神。

理解了这一点将有助于我们来阅读现代建筑中的符号学倾向，尤其是后现代主义时期盛行的一些建筑设计手法。后现代主义建筑师的设计策略主要体现在迈克尔·格雷夫斯、查尔斯·摩尔、文丘里等人的设计中，克罗兹（Heinrich Klotz）就说过："查尔斯·摩尔是这样一个建筑师：他懂得如何用恰当的手段创造复杂的、令人兴奋的空间，混合了惊奇和熟悉的空间。"❶ 这里的"熟悉的空间"就是历史的记忆和符号。如果说查尔斯·摩尔的作品中的"乡土抽象"作为美国传统乡村的形式提取和形式抽象而不具备较强的"绘画性抽象"特点的话，那么格雷夫斯所自称的"图像建筑"（figurative architecture）则在图像语言与建筑语言的互动关系中有着较强的说服力。格雷夫斯认为："图像建筑是一种描述人文建筑的方法，这种人文建筑表现了人类社会的神话和仪式。"❷ 也就是说，格雷夫斯首先将现代建筑放在一个历史学的时间限度中来加以对待。他还认为语言和艺术都有两种表达和传输的方式：一种是标准的，另一种是诗性的，他将构筑比之于标准语言，而将建筑认同为诗的形式。从这一点上看，后现代建筑强调形象化、图像化和拟人化是具有合理性的，具体形式的背后是暗合了这一点的抽象思想，但是也必须看到格雷夫斯选择建筑的象征功能作为解决建筑文化问题的答案和同时代的艾森曼提出的那种自主的、抽象的句法和符号关系的"修辞"是有差别的。或者说相对于艾森曼的"修辞"，格雷夫斯的图像化设计手法是表现性的，这一点正是抽象性绘画和绘画性抽象之间的微妙差别。

1978-1984 年间，美国加利福尼亚州的建筑师马克·麦克（Mark Mack）开创了有关建筑与场所的哲学并被称为"新原始主义"，麦克将其定义为：重新发现和使用历史的、古风的与原始的类型元素，将其转化、改造和移植到场址上来创造一种具有乡间特征的建筑景观。笔者认为马克·麦克的新原始主义可谓是查尔斯·摩尔的"乡土抽象"的演化版本，

❶ Heinrich Klotz, The History of Postmodern Architecture, the MIT Press, 1988, p.173.

❷ 转引自《建筑师》编辑部编，《国外建筑大师思想肖像（下）》，中国建筑工业出版社，2008，p.36.

同时与直接影响了立体主义产生的"原始主义"艺术有关，而发源于非洲和南美洲的原始艺术本质上并不是抽象艺术，而是一种绘画性（艺术性）抽象的代表。

（2）艺术形式的抽象意识

我们可以说现代绘画是关于叙事、关于节奏、关于色彩、关于可能性的，但最终一定是关于形式的，是通过艺术形式本身来表达艺术思想的，因此，形式到思想之间就存在一个抽象的意识过程。

以莫兰迪的静物绘画为例，这些具象的绘画从形式上看是温和的：物形简约、色彩明亮、光影暧昧，但是如果将莫兰迪长达 30 余年的静物绘画放在一起研究，会发现莫兰迪的静物已不再服从安排式静物画的法则，而是依循组构式静物画的意念，其中包含了物体数的关系、光与色比例的关系等，这一切又都自然铸成。柯布西耶 1918 年完成了题为"暖炉"的纯粹主义绘画处女作，这幅绘画明显受到莫兰迪的静物的影响：画面中的暖炉架上摆了一个抽象的白色长方体，长方体边上是书，除此以外别无他物，柯布在此舍弃了所有多余的装饰物，以简单的几何形状与线条构成了单纯的画面。柯布自称"这幅画的后面代表着雅典卫城。"[1] 这幅绘画直接影响了他设计于 1920 年代的"白色立方体住宅"，其中使用的透视角度使得画面中央的白色长方体看起来宛如一座盖在远山之中的白色建筑（图1-19，图 1-20）。

❶ 转引自童明，《现代性与精神性》，《时代建筑》，2008/3，p.66。

图 1-19　莫兰迪代表性的长达 30 年的绘画
主题——"静物"

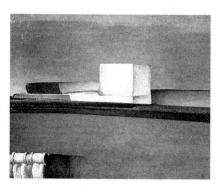

图 1-20　柯布西耶的纯粹主义绘画处女作
"暖炉"（1918 年）

如果说莫兰迪和柯布西耶的绘画在形式上是"构图"的话，那么以"色域绘画"为代表的现代绘画应该是"反构图"的了。事实上色域绘画中的抽象特点也是多种多样的，因此我们可以在密斯或者约翰·鲍森的建筑中感受到蒙德里安绘画的秩序和冷酷，或者在盖里或者蓝天合作社的建筑中体验到德·库宁的狂热和迷乱，也可以在安藤忠雄或者卒姆托的建筑中寻找到弗兰克·斯特拉的精致和氛围，还可以在路易斯·康或者巴艾萨的建筑中探求到罗斯科的神圣和无垠，而这一切都源自现代艺术的抽象意识。

❶ 转引自莫里斯·德·索斯马兹著，莫天伟译，《基本设计：视觉形态动力学》，上海人民美术出版社，1989，p.72。

（3）抽象逻辑的客观存在

塞尚说过："艺术是一种与自然平行的结构。"❶一些20世纪的艺术家还认为艺术也是一种与科学平行的结构。当然，他们的兴趣不在于材料如何行使功能，而是在于它们联结的视觉逻辑，或者在于象征符号的力量，是这些视觉体验唤起了个人内心深层对于相关力量和相关事物的印象。也就是说，绘画作为一种思想和思考的结果，必然存在着一种内在的理性，这就是绘画的逻辑性。笔者认为，现代绘画中的抽象逻辑可以分为两种：一是绘画中规律性的抽象逻辑，一是艺术家个人化的抽象逻辑，两者共同构成了关于现代绘画中抽象逻辑的内涵和外延。

以达芬奇的铜版画"维特鲁威人体"（Venturian Man）为例，这是一个我们熟知的人体尺度的图形，但是其中的图形母题却暗含着文艺复兴时期的美学概念：方形象征着知识的结构，而圆就是知识的无所不能，方和圆之间的关系在于未知和已知之间。再以中国的"太极"图案为例，这是一个中心对称的图案，但其中却包含着东方特有的关于宇宙和人类、阴和阳的抽象逻辑关系。西班牙建筑师阿尔贝托·坎波·巴艾萨设计的贝纳通托儿所的平面中同样存在着这样的一个逻辑关系：四个班级单元以风车状展开围绕着中心的多功能活动大厅，整个建筑主体位于一个圆环形空间内，四周采用了双环墙体。建筑庭院对着天空开放，四个庭院分别象征着空气、土地、水和火。可以认为这个托儿所建筑的平面采用的设计逻辑是和"太极"的内涵不谋而合的（图1-21，图1-22）。

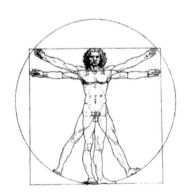

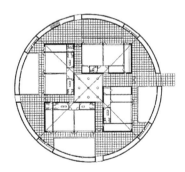

图1-21　达芬奇"维特鲁威人体"铜版画　　　图1-22　中国古典思想的体现者——"太极图"与巴艾萨设计的贝纳通幼儿园（2007年）

美国女画家乔治·欧姬芙（Georgia O'Keffe）一生完成了大量的以花朵为题材的静物绘画，这些盛开的花朵本质上却是自然中关于植物和生物的科学规律的最好说明，即隐藏于自然形态之后的抽象秩序"黄金分割"以及一个标准的海螺形态中所包含的数学"密码"。这一系列密码体现在众多雅典卫城、帕提农神庙以来的古典建筑和现代建筑中（图1-23）。因此从这一点来看，柯布西耶绘制的"人体模数"可谓达芬奇的"维特鲁威人体"的现代版本，关于人类的空间的逻辑性是它们共同的形式背景。

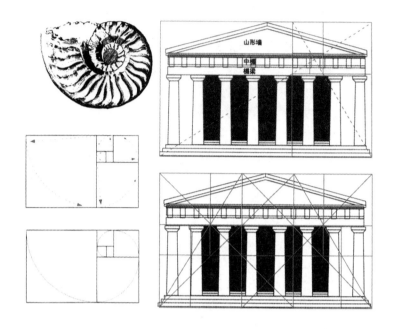

图 1-23 自然形态到古典建筑的比例"密码"

1.2.3 空间的表述——现代画家与建筑师的殊途同归

1.2.3.1 蒙德里安、马列维奇：抽象性绘画和现代建筑

现代艺术和现代建筑发展的过程中，从自然环境或自然主义中脱离并如何获得抽象化的空间是最大的课题。特别是 1910、1920 年代的艺术家和建筑师的各种尝试，一方面有着相互的关联性，另一方面也针对抽象思考的细微差别存在着激烈的争论。

在这些各种尝试中，最能对应着曼哈顿的空间特点的，无疑便是蒙德里安（Piet Mondrian，1872-1944 年）的绘画作品，而在同时代的艺术家中，率先达到最高层次之抽象度的也是蒙德里安。蒙德里安的尝试是彻底专注于二次元（二度空间）当中，也正因此得以最早到达高度抽象的层次。不过他的思想发展过程却是相当有趣的。从 1910 年代透过有名的"树"的组成来做出对物体的抽象表现开始，到物体完全消失，只剩下线与面的抽象表现；在 1940 年搬到纽约后，蒙德里安开始将自己完成的抽象表现样式借由三原色的矩形作为马赛克状的混合使用，来使其完全熔融的过程则更有了更上一层楼的趣味性（图 1-24）。

海杜克在 1980 年代的一次访谈中认为："蒙德里安的绘画的重点并不在于点、线、面，他的绘画来自于他的土地（荷兰），他的绘画的秘密来自于大地、沙土。"❶ 也就是说海杜克认为蒙德里安的绘画是对荷兰式的自然和风景的抽象。伊东丰雄在谈到这一点时认为："对于爵士乐的喜好、

❶ Pratt Journal of Architecture, Architecture and Abstraction, 1985，p.48.

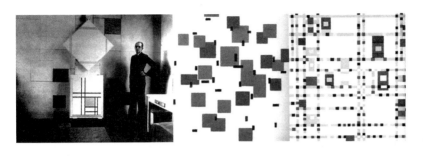

图1-24 画室中的蒙德里安以及他不同时期的代表作品

以及热爱舞蹈的蒙德里安，将自己确立的抽象样式浸入了听觉的空间，因而获得了更大空间的自由。相对于柯布西耶，就像他的描写中所象征的那样，从外侧眺望着曼哈顿，而做出了那个美丽的破局，蒙德里安则是采取了更概念性的、普遍的表现而沉浸到百老汇的空间里，而从内侧将纽约给空间化了。"[1]

在1917年的《风格》杂志的创刊号中的论文里，蒙德里安在一开始便叙述到现代人的生活远离了自然并且变得越来越抽象，然后他进一步论述："真正的现代艺术家，是将大都会视为抽象生活的具体表现而赋予美的感情，对他来说那比自然都还要来得靠近自己，这是因为在大都会中，自然已经为人类的精神所整理并加以控制。"[2] 在晚年的随笔中，蒙德里安继续写道："大都会虽然是不完全的，但却作为具体的决定性空间而出现，那是现代生活的表现，是创造出确立了动态运动之壮丽的抽象艺术的根源所在。"[3] 由此可见，对于蒙德里安来说，大都会的现代生活就是作为动态运动表现的抽象艺术。[4]

从1920年代开始，在建筑界中能够与蒙德里安的抽象表现匹敌的，还是以柯布西耶和密斯为代表。里特维德的建筑与家具设计虽然在视觉上也采取了极度的高抽象性的明确表现，但是细看之下只不过是将绘画表现置换为三维空间而已，而对于新生活和新建筑的关系几乎是没有关照的；赖特在他的罗比住宅（1909年）中借由单纯的面的构成演绎抽象，确实是比欧洲的风格派更早的尝试，但却因过于执着在大地与自然之间的有机关系而未能形成具有普遍意义的探索。相对于里特维德和赖特，柯布西耶和密斯在1920年代的作品的新鲜程度在今天看来都还是那么的光辉。

柯布西耶通过1926年设计的库克住宅、1927年设计的加歇住宅以及1931年完成的萨伏依别墅，一步步走向了建筑设计生涯的初期高峰，在这些现代住宅中，古典主义的形式不知不觉地潜入到了纯白的几何空间里。根据柯林·罗的研究，加歇住宅和萨伏依别墅同帕拉第奥的两个别墅是对应在一起的。而马尔康塔别墅和罗堂达别墅的平面与立面的轴线的韵律都是各自重合在一起的。柯布西耶这种对欧洲建筑传统的想法，从1920年代的《新精神》杂志中那张与汽车并列的帕提农神庙的照片就已经可以察觉出来。柯布并不是简单地将汽车（机械）和希腊神殿加以对比，而是以

❶ 伊东丰雄著，谢宗哲译，《衍生的秩序》，田园城市，2008，p.207。

❷ 转引自伊东丰雄著，谢宗哲译，《衍生的秩序》，田园城市，2008，p.207。

❸ 同上，p.208。

❹ 蒙德里安出生于荷兰，早年工作于荷兰，后期居住和工作于巴黎、伦敦和纽约。

抽象化的原理以及为了标准化生产的普遍性原理作为媒介，企图强调它们的共同性（图 1-25）。

　　密斯早年在一系列文章中写道："我们并不认可形态的问题，我们只认定建筑的问题。形态并不是我们创作的目的，充其量只不过是结果而已，形态本身并不存在，以形态作为目标的乃是形式主义，我们对于它是拒绝的。"❶ 研究密斯 1920 年代以后的作品可以发现，密斯的建筑不像柯布西耶的作品那样具有强烈的个人形态，而是追求普遍的抽象空间来持续创作。而且这个普遍性的空间并不全然只是像蒙德里安所持续追求的那种新时代的空间而已，密斯的建筑可以说是随着时间的流淌，其平面反而巧妙地被古典主义建筑固有的秩序所支配。直至在柏林美术馆（1968 年）实现了一栋由铁与玻璃所构成的完美神殿（图 1-26）。

❶ 转引自伊东丰雄著，谢宗哲译，《衍生的秩序》，田园城市，2008，p.208。

图 1-25　柯布西耶《走向新建筑》一书中并置的帕提农神庙及汽车

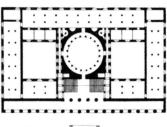
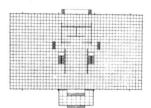

图 1-26　密斯的建筑在对普遍的抽象空间的追求之中仍然可以看到古典秩序的支配

　　同时必须看到，柯布与密斯都没有排除与西欧古典主义建筑的关系。越是追求这些普遍性、客观性、抽象性，就越会显现出希腊神庙和罗马神殿的建筑秩序来。也就是说原本应该彻底地和所有传统样式诀别、追求新时代精神的这两位伟大的建筑师并没有斩断最忌讳的具有支配性与权力性的传统样式羁绊的这个事实，是现代建筑最大的矛盾。或者说，尽管和现代绘画中蒙德里安那样的艺术家同样都是以和自然隔离并追求抽象来作为出发点，但建筑的尝试却因为仅仅执着于建筑这个领域，而在瞬间放弃了蒙德里安所达到的那个抽象的自由，因此可以说，柯布和密斯达到的是不自由的抽象。

　　马列维奇（Kasimir Severinocich Malevich，1878-1935 年）或许是最接近于建筑师的艺术家，他既是几何抽象画风的重要开拓者，也是新建筑艺术的先锋。马列维奇的抽象与蒙德里安的抽象是有区别的：蒙德里安展现的是一种法则控制下的形式建构，而马列维奇强调的却是形式背后的内在秩序。

对马列维奇而言，立体主义源自塞尚的革命性理念，作为决定性的因素，它分解了物体，抛开了客观性，这正是纯粹主义绘画的开始，也是绘画的结构开始滋长的年代。马列维奇所有的至上主义基本上造型都是源自方形：长方形是方形的延伸，圆形是方形的自转，十字形是方形的垂直与水平交叉，像《黑十字》及《黑色圆形》即是《黑色正方形》的姐妹作品。《黑色正方形》已成为至上主义美学的简约化身，马列维奇在他的艺术生涯的不同时期画过很多黑色正方形的版本，最后还随他永久安葬。马列维奇声称黑方块是这个时代的图像。对于马列维奇来说，一具至高无上的黑方块并不象征任何东西，它只是一种存在（图1-27）。

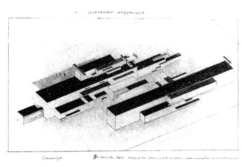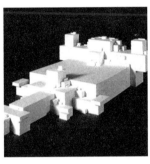

图1-27 马列维奇在《建筑空间设计》中展现的建筑草图与模型

马列维奇从未忽视过建筑，他自称在建筑中见到了所有其他艺术综合的可能性："建筑作品是一种综合艺术，这也是为何它必能与所有的艺术领域相关联的原因。"❶他在1923年至1927年之间所作的《建筑空间设计》系列作品的第一件便是一个可以放在地上的垂直或水平结构体，正方形是设计的基本造型元素，由不同尺寸的立方体或平行六面体组成。在此，马列维奇并不使用已预先建造好的元素，他的每一件《建筑空间作品》都是由独有的元素合并而成的，是依据作为建筑师的直觉，而不是依照数学公式产生的（图1-28）。

❶ 何政广主编，曾长生撰文，《马列维奇》，河北教育出版社，2005，p.95。

图1-28 马列维奇《黑十字》、《黑色圆形》与《黑色正方形》

❶ 何政广主编，曾长生撰文，《马列维奇》，河北教育出版社，2005，p.98。

马列维奇在面对有人指责他忽略了这些"建筑"的实用性时，解释说："建筑除了实用的解决方案之外，尚具有某种动态或静态的内容，甚至于一种艺术、美学的内容。"❶ 马列维奇的这种态度可以说明他的"建筑"与"建筑空间设计"之间是有差别的，前者有实用的目的，后者则是严格的艺术，建筑空间设计所产生的作品只描述空间造型的关系。而同时代的格罗皮乌斯则更像一位训练有素的建筑师，对格罗皮乌斯而言，建构的方法是以极精确的态度，根据建筑的功能来产生造型。

马列维奇的绘画从形式到精神都对现代建筑的影响深远。意大利建筑师泽马尼（Paolo Zermani）设计的露天教堂直接运用了马列维奇的至上主义十字平面并在空间效果上也达成了马列维奇的那种"绝对"（图 1-29）。SANAA 的设计则经历了一个从构成主义到至上主义的影响过程，建成于 1994 年的"森之别庄"和 1996 年完成的国际情报科学艺术中心，在平面图上看犹如两张构成主义的绘画。而在"金泽 21 世纪美术馆"（1999-2004 年）中，他们有了新的转变，外形是一个带有混沌意味的圆形，而室内的每一个功能却是独立的，这似乎代表着 SANAA 开始由动态构成走向绝对秩序的开端（图 1-30）。

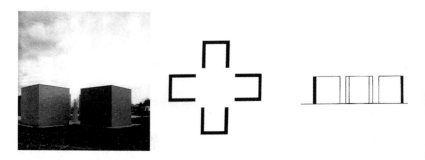

图 1-29 泽马尼设计的圣玛利亚教堂在平面和空间上都是马列维奇黑色十字绘画的回应

图 1-30 SANAA 设计的建筑能明显地看出构成主义、风格派和至上主义绘画的影响

2006 年由 SANAA 在德国埃森建成的设计与管理学院则可谓他们向马列维奇和至上主义致敬的里程碑式的建筑，这座建筑是一个边长为 35 米的巨大立方体，犹如一个正方形的图腾，四壁上具有大小不同的正方形开窗，所有窗户统一在三个不同的尺寸之间，从而创造了一个室内外环境

交互运动的状态。这座建筑似乎在表明一种超越环境本身的"尊敬"，即向正方形的敬意，它和马列维奇的至上主义的正方形有着一种或隐或现的精神传承。❶

1.2.3.2　马格利特、莫兰迪：绘画性抽象和现代建筑

"看"在今天无所不在，尽管"凝视"的意义不尽相同。绘画尤其如此，它不仅与凝视相关，而且是对凝视的研究。就此而言，比利时现代艺术家马格利特（Rene Magritte 1898-1967 年）无疑具有例证的意义。对马格利特的熟识与陌生因人而异，一如他令人炫目的图像。"如果你凝视马格利特的《夜幕降临》，你会发现问题不在于你透过玻璃看到了太阳，因为如果你认定玻璃背后是太阳，那么它就会被打碎为玻璃，如果你认定被打碎的玻璃背后是太阳，那它还应该被打碎，反之，它既不是太阳又不是玻璃，或者说，既是太阳又是玻璃。"❷ 问题在于，为何是这块玻璃？为何在这个时刻？是谁打碎了它？这些问题没有答案，或者说，这些问题就是答案，这就是马格利特的"同时性"。可以说马格利特的这种同时性体现在柯布西耶萨伏伊别墅的"建筑漫步"中，体现在密斯的巴塞罗那馆的那些或长或短、各有指向的片墙之中。

20 世纪法国思想家米歇尔·福柯（Michel Foucault）则将马格利特的绘画进一步提升到绘画性抽象之上的哲学高度。1973 年，福柯写作了《这不是一个烟斗》（书名取自马格利特的同名作品）一书，详细分析了通过马格利特绘画达成的哲学深度及其背后的抽象思想。

张永和直接受到马格利特《这不是一个烟斗》的启发做出了"烟斗——概念性物体"（1989 年）（图 1-31），张永和在解释这个作品时说："就空间性质而言，烟斗的外部构成是以实体占据的空间，而非空间本身；只有在打开后，两个半烟斗才直接围合空间。空间只存在于内部，烟斗暴露了空间的内向性。"❸ 此外，张永和在郑州幼儿（墙）园（1993 年）的设计

❶ 学者方振宁认为 SANAA 的设计思想还受到极限主义艺术（Minimalism）和绝对主义（Absolutism）绘画的影响，并认为布林奇·帕勒莫（Blinky Palermo）的绘画有可能是埃森设计与管理学院的直接构思来源。

❷ 刘云卿著，《马格利特：图像的哲学》，广西师范大学出版社，2010，p.52-53。

❸ 张永和著，《非常建筑》，黑龙江科学技术出版社，1997，p.68。

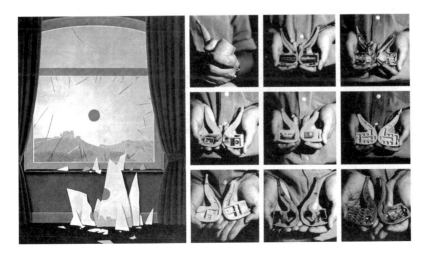

图 1-31　马格利特的《夜幕降临》与张永和的"这不是一个烟斗"都展示了一种绘画性的"诡辩"与"狡黠"

中借用了中国传统绘画的概念发明了"滑点透视"这一概念,这些滑点透视的画面几乎就是马格利特的画面中同时存在的矛盾的事物的建筑翻版,通过滑点透视,在一幅透视图中可以展现一个建筑的多个角度,完成传统的透视图概念中的"不可能的任务"(图1-32)。

图 1-32 张永和"墙园"(1993 年)中的"滑点透视"

再以马格利特的《骑术》(1965年)为例,这幅油画几乎暗示了与时间、空间结构特质相关的一切问题,历时性的动作成为共时性的存在,物理规则被心理暗示取代。在这个画面中所展示的"同时性"是和"透明性"联系在一起的。笔者在阅读日本新锐女建筑师乾久美子设计的共爱学园前桥国际大学的共爱餐厅时非常自然地联想起了马格利特的《骑术》,这是一个典型的由"建筑元素—建筑体块"构成的"同时性"设计。这个建筑内部竖立着大量的"壁柱",几乎就是马格利特笔下树木的写照,走廊两侧"壁柱"的间距随房间的开间差异而不尽相同。这就使建筑在横向的功能上具有一定的灵活性,房间是可以再分割或者打开合并的;而在竖向上的空间则具有一种视觉上叠加的透明感。因此,整个建筑一方面可看成是五个细长建筑的几何体,另一方面由这五个几何体形成的多视角、多视点的透明性空间,既有空间的透明,也有空间的同时发生和同时存在(图1-33,图1-34)。

图 1-33 马格利特《骑术》(1965年)

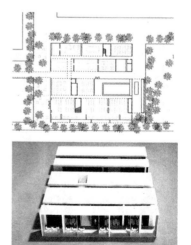

图 1-34 乾久美子设计的"共爱餐厅"

作为 20 世纪形而上景物绘画大师的莫兰迪（Giorgio Morandi，1890-1964 年），自 30 岁起就一直在画那些互为相似的风景和静物长达 45 年（在这一点上，阿尔博斯的"向正方形致敬"是和莫兰迪相似的）。在这漫长的创作进程中，在近乎蓄意的主题中，莫兰迪保持专心一致，评论家称之为"探寻"，这种探寻既是画家内心的探索也是画面中对事物本身的探究。

塞尚和早期的立体主义是莫兰迪的艺术启蒙，莫兰迪从塞尚的作品中发现了静物作为绘画内容的现代意识，即可以通过对静物的形式、色彩、组合和状态的描绘发展出一种超越静物本身的具有现代意识的艺术知性和感性。静物作为现实世界的一种载体，可以达成景与物的交会，继而也可以抵达现代人的内心世界。或者可以认为莫兰迪和塞尚、蒙德里安一样，描绘的都是"物体的基本状态"，正如学者刘东洋所言："中国人看到莫兰迪的静物，会想到禅，想到宋画。而现代的欧洲人也许会从这些静物中的物体关系中，看到现代性和现代世界中人作为个体之后的那种疏离与孤独、渴望与交集。"❶ 因此，即使是以具象物体为描绘对象的绘画，在整体方向上，依然是指向画面之外的社会和世界的，而在画面内部，则走向了"基本"与"本质"（图 1-35）。

❶ 刘东洋，《自言自语："抽象"的喜与忧》，网络文章，2010。

图 1-35　莫兰迪的绘画在具象的物体描绘之下流露出抽象化的笔触与整体状态

莫兰迪的静物画有着具象的形式对象，也有着抽象化的笔触和整体状态。他曾说："没有什么比我们现时所看到的更抽象、更不真实了。作为人，我们知道我们所能看见的真实世界，会如我们看到的和了解的那样真实地存在。当然事物是存在的，但是没有它们自己本身的意义，如我们所加诸于它们身上的。我们只能知道杯子是杯子，树是树。"❷ 也就是说，莫兰迪以具象的现实世界作为介入物，通过绘画语言的提炼达到了艺术上的一个抽象境界，这个独特的抽象观及由此达到的抽象境界在笔者看来就是一种"绘画性抽象"。

❷ 何政广主编，陈英德、张弥弥撰文，《莫兰迪》，河北教育出版社，2005，p.87。

约翰·海杜克的建筑绘画和建筑设计可谓莫兰迪在建筑领域的折射，

❶ 方振宁，《绘画和建筑在何处相逢？》，《世界建筑》，2008/3，p.26。

他们共同的造型元素都是由莫兰迪所称的"自然的文字"——三角形、四边形、圆、球、锥形等几何形状构成。甚至海杜克所运用的素描手法都延续了莫兰迪的蚀刻版画的风格——以平涂般的、织物般的排线来塑造体块和表现转折，当物体众多时就以一种底色般的排线来统一画面，形成一个整体性的画面基调而将不同物体的个性统一在相同质感中。"海杜克的一些建筑可以看成是莫兰迪式的静物的放大，那些摆在桌子上的瓶子，在海杜克看来可以放大成作为建筑物的尺度。"❶在海杜克的草图和绘画中，可以找到与莫兰迪的静物相似的体积化主题。在这些"物体—建筑"的转换中，构图的节奏、体积的界定与空间的安排都有着相似之处，这也是莫兰迪和海杜克的抽象观念和抽象手法的相似之处。2008年，海杜克1992年设计的作品"海杜克双塔"终于在西班牙加利西亚得以建成，这个透明的瓶子般的建筑，好像从莫兰迪的绘画和海杜克的草图中穿越了时空而来（图1-36，图1-37）。

图1-36　海杜克的绘画在题材与笔法上都显示与莫兰迪的一致性

图1-37　海杜克设计并建成于2008年的"海杜克双塔"及其构思草图

　　作为建筑师的海杜克的所有作品，几乎均是由绘画和模型来完成的。海杜克很满意让他的这些探索在过程中结束，对他而言，形式催发了一种生命之路的诞生。他的一系列住宅作品因此排除了一切社会实用的特性，从而使自己处于一种彻底的抽象的自由之中。可以说海杜克将自身奉献给那些历史久远的抽象的形式理论，他的冷漠超然的住宅设计因此具有了一种"生命的抒情性"，这一"生命的抒情性"便是海杜克称为建筑诗学的基本含义。

　　阿尔瓦罗·西扎在日记里这样描绘他眼中的家乡："在海滩上，在落日里，一辆货车在这里或那里投下长长的影子，还有一只货柜，几位迟归的海浴者——它们都是莫兰迪的静物画中的孤独的对象。"❷西扎用莫兰迪《静物》中物体的状态去描绘家乡一角的人们，而家乡的建筑，有时也像

❷ 转引自刘东洋，《自言自语："抽象"的喜与忧》，网络文章，2010。

莫兰迪的静物们，以平常建筑少有的密致，聚合在一起。难怪有学者认为，在诸多欧洲建筑师里，仅就形体而言，西扎的建筑是最得莫兰迪真传的。

在这一点上，西扎的建筑和莫兰迪的绘画体现出的共同点正是建立在一种"绘画性抽象"的思维基础之上的。莫兰迪的绘画首先将客观物体进行了个性化的简化和抽象而呈现出一种物体和风景被阳光占据后而呈现出的虚无的空间感受，因而莫兰迪也被视为 20 世纪"形而上风景静物大师"。而与之相对应，如果说西扎的建筑是以地理学的立场在场地与风景之中引入了简单的几何学的话，那么，在这个对几何学的引入之前，西扎必然经过了一个对环境和场所的抽象化思考和提炼过程。同时，西扎对形体的处理在整体关系的明确和清晰的前提之下，局部形式上往往却使用了一种放松和随性的设计方法，这也使得他的建筑减少了"设计品"的严谨和机械性，而真正地融入了城市风景（图 1-38）。

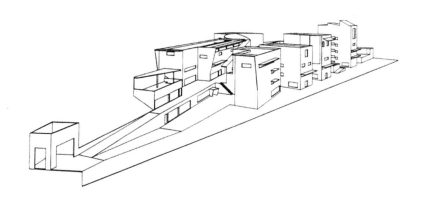

图 1-38　阿尔瓦罗·西扎的建筑体现出一种基于几何学的抽象与景观介入

1.2.3.3　托尼·史密斯：从现代建筑向抽象艺术的回归

托尼·史密斯（Tony Smith 1912-1980 年），美国艺术家，曾经作为赖特的助手，有 20 年的职业建筑师经验。1960 年以后专注于抽象性绘画与雕塑，史密斯的艺术生涯按时间顺序依次是按照建筑（1938-1963 年）—绘画（1934-1980 年）—雕塑（1956-1980 年）递进的，其中绘画是作为一个由始至终存在的方式影响着他的建筑和雕塑的。因此，研究他的建筑和艺术生涯有助于我们从建筑—艺术这个反向的过程来反思建筑和艺术的抽象性的分与合（图 1-39）。

建筑师时期的史密斯，一方面深深受到"美国风"时期的赖特的建筑思想的影响，沉醉于赖特的"要素分离"和对几何形体的操作之中；另一方面又受到欧

图 1-39　美国艺术家（建筑师、画家、雕塑家）托尼·史密斯

❶ Robert Storr, Tony Smith, the Museum of Modern Art, New York, 1998, p.41。

洲现代主义的影响，柯布西耶、密斯和布劳耶（Marcel Breuer）的抽象风格的几何形体都是史密斯学习的对象。史密斯早期的建筑设计几乎都是密斯式的玻璃盒子之下的赖特式的空间骨架，1930 年代史密斯以六边形为母题展开了他的建筑设计，在他眼里，"六边形"是一个可以和柯布西耶的"模度"（universal modular）对应的概念：蜂窝、水晶体、几何形图案、分子的组成原型，这些概念都来自大自然本身。布拉泽顿住宅（Brotherton House，1944 年）作为史密斯早期的代表作就是一个从平面、剖面到空间都是以"六边形"为母题的整体性构思（图 1-40）。在布特曼工作室（Bultman Chample 1945-1951 年）的设计中则开始出现了对几何体量的切割和雕塑感形体的倾向，也就是从这个时期开始，史密斯将建筑形体视为抽象的体量而非功能的堆砌，并深深地感受到了建筑和雕塑的区别，史密斯说："建筑的任务是处理空间和光影，而不是形式，只有雕塑才是形式的游戏。"❶

由密斯设计，建成于 1949 年的"玻璃之家"（范斯沃斯住宅，Farnsworth House）影响了包括菲利普·约翰逊和赖特在内的众多美国建筑师，史密斯也不例外。在 1954 年设计的同样命名为"玻璃之家"的建筑中，史密斯展示了更加严格和抽象的对欧洲抽象风格的致敬，整个建筑以雕塑感的棱镜形式展开严格的几何形体切割，从这个设计中也可以发现史密斯最终走向"纯净形式"雕塑的某些线索（图 1-41）。

图 1-40　史密斯设计的六边形与水晶体建筑

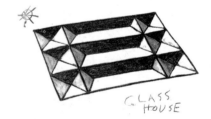

图 1-41　史密斯设计的"玻璃之家"

史密斯的整个建筑生涯可以看成是在赖特美国式的功能主义和以柯布西耶、密斯为代表的欧洲抽象主义之间的摇摆，这种摇摆也反映出史密斯内心的关于身为建筑师还是艺术家的身份质疑，是作为理性的建筑师还是作为自由表达的艺术家是史密斯的困扰，正是基于这个困惑，史密斯从来不认为自己是建筑师，而声称自己是"设计者"（designer）和"建造者"（builder）。

尽管史密斯对于建筑理论并无多大兴趣，但是在他短暂的德国居住期间（1953-1955 年），他还是提出了一种称为"米尺网格"（Metric Proportional Grid）的模数系统，正如柯布西耶的模数一样，史密斯坚信基本的几何关系产生于一种网格单元模数（图 1-42）。史密斯说："米尺模数简单明了，而且可以应用于理想化的建筑设计。"❶ 笔者认为史密斯的"米尺网格"更接近于蒙德里安绘画式的都市网格，其构思来源不是来自人体尺度，而是来自工业化的社会和文化以及美国式的实用主义。在"米尺网格"的基础之上，他又提出了"第四维空间"（Fourth dimension）的概念，史密斯说："很难想象一座建筑没有概

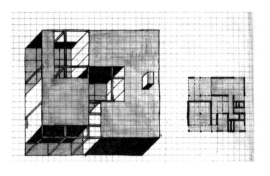

图1-42 史密斯的"米尺网格"

念或没有内在结构，仅仅由建筑功能本身是不可能表达建筑的生物学、社会学价值的。因此必须存在一个超越三维实体的第四维精神的存在，通过这个精神，我们才能感受到建筑的清澈、透明、实体和真实。"❷

奥尔森住宅（Olsen House，1951-1953 年）是史密斯最后一个建成的建筑作品，也是最典型的史密斯风格的作品：形式上有着抽象性的丰富，空间上则是美国式的英雄主义，整个建筑散落在一个山坡上，犹如现代版的雅典卫城。但是也正是这个建筑的设计和建造过程中的种种困扰使史密斯最终放弃了建筑生涯，从而转向绘画和雕塑的纯艺术领域。但是作为史密斯奋斗过也挣扎过、梦想过也实现过的建筑师经历最终一直作为一个基点和一块基石影响着他随后的艺术生涯（图 1-43）。

❶ Robert Storr, Tony Smith, the Museum of Modern Art, New York, 1998, p.43.

❷ 同上，p.44.

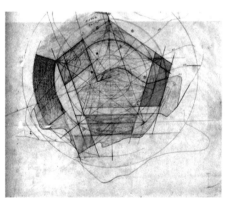

The plan

图1-43 奥尔森住宅有着抽象绘画般的线条构成

从整体上看，史密斯的绘画是可以归类到抽象主义风格和美国的抽象表现主义流派的。笔者在阅读了史密斯大量的绘画作品的基础上归纳出他的绘画的三个主要阶段：早期的抽象静物阶段、中期的抽象二维平面阶段和后期的抽象几何体阶段，其中抽象静物阶段可以视为他的艺术观的形成阶段，直接影响了他的艺术生涯的整体思想和风格；抽象二维平面阶段则是和他的建筑实践、建筑实验联系在一起的，有着比较清晰的对应关系；而抽象几何体阶段始于他的建筑实践，却最终在他的雕塑作品中开花结果。

史密斯 1932 年开始在纽约接受艺术教育, 直接受到立体主义画家, 如乔治·巴洛克 (George Braque) 和胡安·格里斯 (Juan Gris) ❶ 的影响, 但是即使是静物的描绘, 史密斯也已经开始在画面中尝试将形状色彩各异的物体平面化、单色化, 从而获得了对于静物的物质性的抽象性表达。

1930 年代末期, 史密斯进一步转向至上主义和风格派的绘画风格, 1936 年完成的"无题"中由黑白灰构成的三个平面色块一方面明显受到马列维奇以及风格派艺术家乔治·万顿吉罗 (Georges Vantongerloo) 的影响, 另一方面似乎又是一个抽象的具有透明性特点的建筑总平面图, 和格罗皮乌斯设计的包豪斯教学楼的总平面图有着惊人的相似点 (图 1-44)。史密斯以这种黑白灰的方体作为绘画元素进行了多种抽象构图和图底关系的尝试, 有些构图是缺乏中心感的随机组合 (中心为空白), 有的构图则具有严格的逻辑含义, 这种带有"可能性练习"的平面尝试实际上可以视为他同期进行的建筑实践的一种平面化实验, 即三维的建筑和二维的绘画在空间语言上的转换性和相似性的研究。随后, 他的二维元素开始出现圆形 (或"细胞"形) 和被称为"花生形"的元素, 这些元素组成的画面被史密斯以清教徒般的方式反复描绘和呈现, 不禁让人联想起马列维奇的那些黑色方块和阿尔伯斯的"向方形致敬"系列。同时必须注意到, 在这些以"Louisenberg"为题的抽象绘画中, 那些犹如细胞一样生长的色块元素是有着严格的模数和尺度的, 即在不规则的表面之下存在着一个严格的规整的秩序网格, 这个网格无疑来自史密斯在建筑中提出的"米尺模数"概念。或者说这个网格可以被视为理性世界和文明社会的抽象和象征, 那些由圆形变异生成的"花生形"则可以视为一个有机的"生长"(generation) 过程, 而这个生长的概念则是和赖特的有机建筑概念直接相关的 (图 1-45 ~ 图 1-47)。

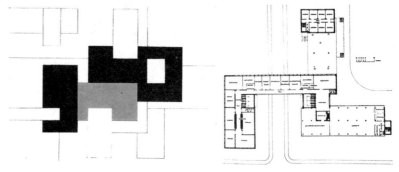

图 1-44 "无题"与包豪斯校舍平面图

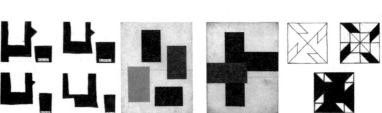

图 1-45 史密斯的抽象构图与图底练习

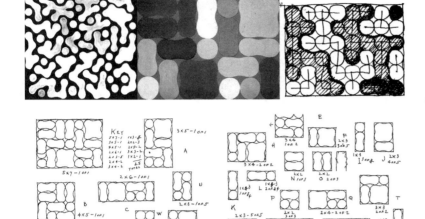

图 1-46 "Louisenberg" 系列绘画

图 1-47 "Louisenberg" 绘画的草图之一

　　1960 年前后，史密斯和他的艺术家朋友巴略特·纽曼（Barnett Newman）、里因哈德（Ad Reinhard）一起短暂地加入了"硬边抽象"（hard-edge）绘画的潮流，他的硬边绘画有的犹如建筑的平面图一样有着一种整体上的抽象的哲学表现力，有的又好似建筑的某些局部元素（门、窗、墙）的变形、省略和抽象，在这些系列的绘画中，他以情感作为介入物来实现由一幅绘画生成另一幅同样主题绘画的可能。随后，从 1962 年开始，史密斯转向在画面上以类似建筑轴测图的方式展现和探讨二维平面和三维立方体的可能性。以题为"广场"（1964 年）的绘画为例，几乎就是建立在坐标系统中的一个几何形体建筑物的两个方向翻转的建筑表现图。现在看来，这幅绘画作品本质上可以说是和绘画无关的，准确地说应该是一张由建筑向雕塑转型的草图而更为恰当。在这个时期，史密斯完成了大量的介于建筑体量草图和雕塑构思之间的绘画作品，这些绘画大多以轴测图的角度反映形体的整体构成和结构关系。也正是由此开始，史密斯正式开始从一个建筑师、画家而转为雕塑家，而贯穿于的他的建筑与绘画中的两个显著特点：个性化的几何形体与模数化的参照系统也将一直延伸到他的雕塑作品中（图 1-48 ~图 1-50）。

图 1-48 史密斯的"硬边绘画"系列

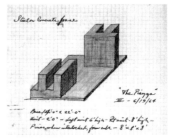

图 1-49 "广场"（1964 年）

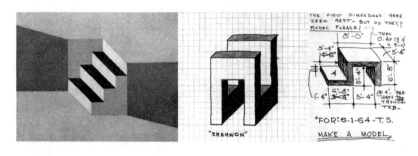

图 1-50　由建筑走向绘画与雕塑的草图

准确地说，作为雕塑家的史密斯只有在生命最后 20 年的时间而存在。在史密斯的绘画与雕塑中一个有趣的细节：他的绘画作品大多以"无题"（untitled）为名，这样做大抵是为了减少由于画作的命名带来的对观看者观看角度的干扰，使观看者能透过画面本身的抽象构成更加顺利地抵达绘画的深层意义；但是史密斯的雕塑却正好相反，大多有着简洁的命名，如绞合、拱、婚姻、香烟等等，事实上这些名字有些是具备和主题相关的暗示性的，有些则是某些断章取义的只言片语，笔者透过这些只言片语般的名称的表面，看到的依然是史密斯一望无际的抽象性思想（图 1-51）。而这种抽象性思想是植根于他早期的建筑实践的，正如他自己所言："我的雕塑是连续性空间坐标的组成部分，在这空间坐标中，虚体与实体由同样的成分构成。因此雕塑可以看做是原来连绵不绝空间的中断，你如果把空间看做是实体，雕塑就是实体中的虚空部分。"❶

❶ Robert Storr, Tony Smith, the Museum of Modern Art, New York, 1998, p.46.

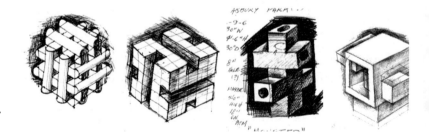

图 1-51　史密斯介于"结构体"与雕塑之间的绘画草图

史密斯最早的雕塑作品几乎都来自四面体的扭转和变形，"香烟"（Cigarette，1961 年）是史密斯完成的第一个环境雕塑，它以开放的、扭曲的直线形式构成，人可以穿越或者环绕这个雕塑从而获得如同建筑般的体验。在四面体的"线形"雕塑的基础上，曾经作为建筑师的史密斯再次发现了立方体所具有的形式潜力，并完成了大量的以立方体为操作原型的雕塑作品，在此，立方体不仅仅是一个完美的抽象原型，还是一个可以产生无数构思的源泉，更是史密斯对立方体这个"纯净形式"的深度回归。安置于宾夕法尼亚大学的雕塑"迷失的我们"（We Lost，1962 年）是史密斯同年的画作"Erehwon"的三维版本，这个造型的形式既来源于同时期的咖啡桌底部的造型设计，也是一个标准的方体切割和线形形体。如果

把这个造型的尺度进一步放大，则几乎可能成为一个高层建筑造型的基本
原型，至少在库哈斯设计的北京 CCTV 大楼中可以看到这个雕塑原型的
影子（图 1-52）。

图 1-52　史密斯"结构与空间
组合体"雕塑

　　史密斯随后的雕塑作品往往体现两个主题："结构组合体"和"抽象
逻辑体"，这两个主题都是和现代建筑的主题密切相关的。史密斯的结构
组合体在形式上更接近于去除楼板、屋面、墙体和装饰的建筑结构物，
而抽象逻辑体则以环境雕塑的尺度叙述着关于空间秩序、形式原理和美
学原则的一些关键词。以完成于 1962 年的雕塑"自由骑手"（Free Ride）
为例，这个形式上极其简洁的雕塑实际上暗含了科学上的 xyz 三个方向的
坐标概念，这个概念最早出现于里特维德的施罗德住宅的家具设计中，但
在史密斯的设计中，形式上的极少主义抽象手法更加衬托出作品背后的哲
学含义和精神追求。这个形式本身后来甚至成为现代主义建筑造型的一个
母题，反复出现于世界各地的建筑设计中。因此，从某种程度上可以说，
史密斯的雕塑是作为一种可以体验的构筑物而存在的，是一种介于建筑
物和装置之间的一种环境雕塑，而两者之间的中介恰恰是他的绘画作品
（图 1-53，图 1-54）。

图 1-53　史密斯"抽象逻辑体"
雕塑，右为"自由骑手"

图 1-54　史密斯"科学体"雕塑，
右为"费密"

　　笔者在阅读史密斯绘画和雕塑作品的过程中，曾经无数次感受到一些
当代建筑作品与其绘画和雕塑的相似性与联系性，如果说 SANAA 设计的

❶ Fermi，费密是意大利裔的美国物理学家，因研究中子放射原子的贡献于 1940 年代获得诺贝尔奖，史密斯这个雕塑的结构原型正是原子的结构体。

托莱多美术馆玻璃展厅的构思或许受到史密斯 Louisenberg 系列绘画的影响的话，那么伊东丰雄设计的台中歌剧院的"巢穴"构思则几乎就是史密斯 1973 年的雕塑作品"费密"（Fermi）❶的直接翻版！

总体来看，史密斯多才多艺的一生跨越了建筑、绘画和雕塑之间的边界，也跨越了纪念碑（雕塑）和建筑物之间的差别，那些不具备具体功能的雕塑一方面有着抽象的形式感，但另一方面又来自于人类建筑的功能性主题，如洞穴、门洞、路径等。因此他的艺术生涯最终跨越了内和外的差别，跨越了自然和人工的差别，最终以一种现代的艺术形式追述了属于人类的久远的记忆和思想。同时，从史密斯由建筑走向绘画和雕塑的这个艺术过程，也可以看出，以抽象性为基点的现代艺术中，从来就没有单向的影响和作用，绘画、雕塑、文学、建筑，影响都处于一个同时作用、相互影响的整体之中。

1.3 脉络——从抽象原型走向流派

❷ 理查·魏斯顿著，吴莉君译，《改变建筑的 100 个观念》，脸谱出版（台湾），2012，p.143。

抽象不只是一种激进的新表现形式，更是保持艺术与建筑的永恒特质"不被亵渎"的一种方式。
——理查·魏斯顿❷

对"现代建筑与抽象"展开解读必须同时在两个轴向展开：一个是横轴，也就是思想概念之轴；另一个是纵轴，指的是历史流派的脉络。

1.3.1 思想概念脉络——现代建筑抽象性的起源、原型与派生

现代建筑中的空间概念经历了一个漫长的发展过程。

英国建筑理论家彼得·柯林斯（Peter Collins）在大量考证的基础上认为建筑中的"空间"一词最早出现于 19 世纪初。首次将空间正式引入建筑领域的当属德国建筑理论家哥特弗里德·森佩尔（Gottfried Semper），他在 1851 年出版的《建筑四要素》一书中提出了创造建筑形式的四个要素：壁炉、屋顶、围墙和墩台，并在此基础上提出了"空间围合"的概念，这个可谓最早的空间概念影响了随后的大量建筑师和建筑学家并直接导致了最早的关于建筑空间的抽象概念的产生，早在 1893 年德国艺术家奥古斯特·斯马苏（August Schmarsow）便在演讲中提出了"创造空间"的建筑抽象能力。如果回顾不到 150 年的现代建筑发展史则可以发现，现代建筑的抽象性的形式要素是随着现代建筑的发展而同时发生和衍生的。

1.3.1.1 起源：现代空间概念、赖特的"要素分离"和新造型主义

建筑史学家吉迪恩（Sigfried Giedion）在 1941 年出版的《空间·时

间·建筑》一书是 20 世纪以来对空间概念贡献最大的著作之一，吉迪恩在该书中将建筑史纳入空间的概念化体系中，并按照时间的顺序以三个代表性建筑提炼出三个阶段性的空间概念：一是穴居时代以古埃及金字塔为代表的空间概念，更多的是对建造的思考和对建筑外部形式的创造，并没有明确的空间意识；二是公元 100 年的古罗马万神庙，从万神庙开始，建筑的内部空间得到充分表达，但建筑外部形式却缺乏深刻的含义；三是密斯设计的巴塞罗那德国馆，德国馆的空间从以往封闭的墙体中解放出来，创造出室内外空间的自由流动、穿插和融合，是典型的现代建筑空间概念的代表。分析吉迪恩的这三个阶段的空间概念发展史可以发现，至少从古罗马万神庙时代开始，建筑中便有着"抽象"的特点。而布鲁诺·赛维（Bruno Zevi）在 1957 年出版的《建筑空间论》一书中进一步阐明了建筑空间的概念和历史，他提出了"时间—空间"的概念来对建筑历史进行全面考察，这个新概念的提出强调了建筑的"营造空间"目的，而不仅仅是一种"理想形式"。

　　吉迪恩在《建筑，你和我》中说过："我们每个人的心里都负荷着五千年的传统：每个房间都是由四个方形平面包围的一个空间。"❶ 回顾 20 世纪初现代建筑的发展，美国建筑师弗兰克·劳埃德·赖特（Frank Lloyd Wright）可谓最早打破传统"盒子"发展出具有现代抽象意识的连续空间和流动空间的建筑师。在赖特早期设计的"草原住宅"中，赖特最早提出了"要素分离"这一概念，即建筑墙体之间以及墙体与屋顶之间的分离与错动造成建筑的功能块之间产生出一种连续的空间关系（尽管赖特本人在这一时期并没有明确地使用"空间"一词），并随之进一步弱化房间的概念分解出一系列独立的要素，如独立的水平要素（屋顶和楼板）和垂直要素（墙壁和柱子），这些要素之间的连接体或缝隙形成门窗，这种抽象处理的杆件关系在某种程度上可以视为欧洲风格派的先声（图 1-55）。

❶ 吉迪恩著，刘英译，《时空与建筑——一个新传统的成长》，银来图书出版有限公司，1972，p.460。

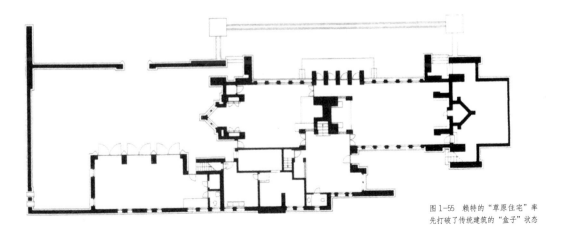

图 1-55　赖特的"草原住宅"率先打破了传统建筑的"盒子"状态

研究赖特的建筑平面和造型处理可以发现：赖特的流动空间主要体现在水平方向，屋顶作为传统意义上的空间覆盖的重要性与建筑整体上的水平方向的伸展联系起来，在这种超越功能意义的悬挑屋顶之下，建筑室内外的空间联系性得到了强调。相对于屋顶的水平伸展，赖特在空间设计上的另一个处理方式是角部打开：通过转角的打开，原来封闭的"盒子"建筑的内外空间自然联系在一起了。这种角部的打开在结构上也是具有逻辑性的：角部的支撑并非最有效的结构，而距离角部一定距离的结构支撑更为经济，这种角部的处理方法后来在鲁道夫·辛德勒（Rudolph Schindler）的建筑中也时常出现。

如果说，美国建筑师赖特的建筑实践在一定程度上预示了现代建筑新的空间设计方法．那么欧洲的立体主义之后的抽象形式美学则为这种新的空间设计提供了思想和理论。

如前文所述，塞尚首先发表对几何学的回归。随后，毕加索、布拉克等立体主义画家大力提倡造型艺术的理论性。虽然立体主义已经从自然的模仿中获得解放，但客观地看尚未能达成纯粹抽象的境界，直到以蒙德里安为代表的"新造型主义"的登场，才正式达成了纯粹造型和空间领域的探索和发现。蒙德里安将圆形设计为水平与垂直关系的直角形，色彩则表现三原色和黑白灰之间的关系，并宣称："艺术无须呈现自然事物的细节，而须以抽象元素独自建构，如此才能获致人类共通的纯粹表现。"❶正是通过蒙德里安，新造型主义成为荷兰风格派的思想核心之一。或者正如风格派的另一位主要人物凡·杜伊斯堡（Theo Van Doesburg）所解释的那样："艺术已从表现实物转向表现一种空间的思想。"❷同时，马列维奇采用了简单几何形为其至上主义绘画构图的基本要素进一步发展了"新造型主义"，形成了一种对现代建筑具有重要转折意义的"要素主义"（Elementalism）的思想，并从其中分别发展出风格派和构成派这两个早期现代建筑的重要流派。

❶ 转引自陈正雄著，《抽象艺术论》，清华大学出版社，2005，P.30。

❷ Cornelis Van de Ven, Space in Architecture, third revised edition, Van Gorcum, 1987, p.193.

1.3.1.2　原型："多米诺结构"和"空间构成"

柯布西耶的"多米诺结构"和凡·杜伊斯堡的"空间构成"是现代主义建筑形成时期的两个抽象图式的基本原型。从两者的历史背景和发展线索来看，"多米诺结构"主要关注于建造技术之上的空间设计的可能性，而"空间构成"更多地表达了艺术观念对设计概念的整体影响（图1-56，图1-57）。

●柯布西耶的"多米诺结构"

柯布西耶在20世纪初就意识到钢筋混凝土是未来的材料，1915年，他与工程师麦克斯·杜布瓦（Max Dubois）合作，提出"多米诺结构"（Domino Skeleton），这个结构的原型成为他后来许多建筑设计的结构基础，并成为现代建筑空间设计的一个基本原型。

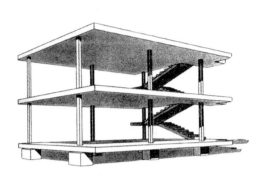

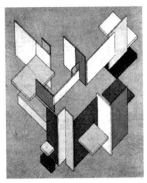

图1-56　柯布西耶的"多米诺结构"　　　　图1-57　凡·杜伊斯堡的"空间构成"

　　"多米诺"原意是像骨牌一样的标准化建筑——由一系列规整排列的钢筋混凝土的垂直柱支撑起一层层水平楼板，形成一个基本的结构和空间单元。这个单元可以在水平和垂直两个方向上延伸、组合和叠加。"多米诺结构"的框架既是实际的建筑构件，更是一种全新的概念——将传统的"盒子"的限定要素约减和抽象到最少，仅仅包含结构承重和空间围护两种不同的功能，从而揭示了一种具有普遍意义的结构体系所散发的新的空间的可能性。

　　至于柯布西耶随后发展出来的"新建筑五点"（立柱，屋顶花园，自由平面，水平长窗，自由立面）则可以视为一系列新的抽象的空间设计要素。与传统的建筑要素有别，新建筑五点的核心在于由框架结构与空间限定构件分离所引起的各类建筑要素在功能上的分化与组合，这种分化与组合一方面呼应了工业化生产的时代背景，另一方面也反映出建筑学内部专业分工的开端。可以这样说：新的技术和形式打破了旧的建筑体系，瓦解了传统的建筑要素，柯布西耶根据多方面的需要将其重新分类和组合形成了一个具有代表意义和抽象意义的新的建筑和空间系统。空间（围护）与结构（承重）之间的分离与对话，在简单的网格中蕴含了丰富的变化，从而使"多米诺结构"成为现代建筑空间的一个重要图式。

　　以"多米诺结构"为出发点，从"新建筑五点"出发，一方面柯布继续钟情于抽象的基本几何形体，另一方面柯布又从新的技术条件、功能需求和纯粹主义美学出发研究体块的设计方法，两者结合的结果就是他的体块构图的范式——"构图四则"。

　　从建筑形式分析的角度来看，柯布西耶"构图四则"中所涉及的四座建筑和四个形式本身正是体现了一个循序渐进的设计过程：第一个建筑拉罗契别墅是采用的一种相对传统的"如画"（picturesque）的构图形式，柯布本人称之为"多彩的、动态的类型"；第二个建筑是斯坦因别墅，采用了理想的立方体形式，解决了由路斯最早提出的严格的几何形体与自由舒适的平面布置的关系问题；第三个建筑是迦太基别墅，可谓第一个建筑与第二个建筑与"多米诺结构"的微妙的杂交体；第四个建筑萨伏伊别墅则用了一个更加纯净的立方体包围了多变的内部空间，可谓构图法则的集大成者（图1-58，图1-59）。

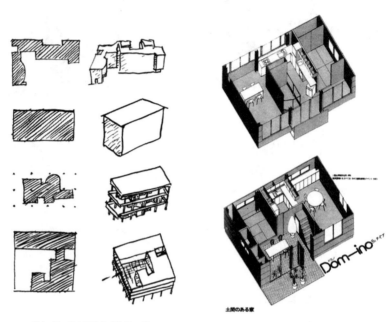

图 1-58　柯布西耶的"构图四则"　　　　图 1-59　伊东丰雄的"新多米诺"

　　就柯布西耶的"构图"一词的本意来看，他所要解决的其实就是严格的几何形体与有机的功能体块之间的矛盾问题，但与传统的要素—构图的方法不同，柯布借助于"多米诺结构"这个抽象模型和抽象原型所提供的可能性，使围护与结构分解、分离，从而解放了内外墙体的自由围合，释放了单个功能体块在整个外部形体中的自由，最终达到了"自由平面"和"自由立面"的双重自由。

　　●凡·杜伊斯堡的"空间构成"

　　荷兰建筑师凡·杜伊斯堡于 1922-1924 年完成的住宅设计中推出了一系列"时间—空间构成"（Space-Time Construction，简称为"空间构成"）成了另一个早期的抽象空间概念图式。这些图式采取了建筑轴测图的表现方法，一方面这种表现方法客观地表达了三维空间并排除了主观性的透视变形；另一方面，该图式采取 x-y-z 三个正交的坐标方向，对应了笛卡儿的坐标体系，从而更好地表达了一种统一的、严谨的抽象空间概念。在"空间构成"中，大量在三维方向上相互平行和正交的面和块，彼此分离又相互穿插、交错（但几乎没有咬合关系）。因此可以说，平行或正交的关系直接代表了一种抽象性的空间结构和坐标网格，而分离又交互穿插的面则表达了某种新型的空间概念——动态、连续、流动。这个空间概念明显有别于传统的体量构成和空间概念，而出现了一种被解放了的、打破了内外界限的空间，这个空间概念事实上就是随后"连续空间"、"流动空间"概念的雏形（图1-60）。

前文提及的由风格派的重要成员里特维德（Gerrit Rietveld）设计建成的施罗德住宅便是"空间构成"这一图式的具体体现。就施德罗住宅的形式构成而言，它再现了"空间构成"中滑动的抽象板面关系的构成，被粉刷成不同色彩的构件也与"空间构成"中的构件层叠组合方式别无二致。但是必须看到，这个建筑的形式构成无论是对建造的材料的表达，还是对结构体系和承重方式的交代都显得较为含糊，建造关系和造型设计也缺乏一种整体的逻辑性的清晰对位关系，这一点成为后来建构学常提及的诟病之一。

整体来看，柯布西耶的"多米诺结构"和凡·杜伊斯堡的"空间构成"在"抽象"这个特征上，既有共性又具个性：

（1）抽象的几何体

"多米诺结构"暗示了一种基本的立方体体量单元以及内外关系，尽管这个具有抽象色彩的单元的空间限定是非常开放的，它依然可以组合到一个更大的整体中。"多米诺结构"本身就容纳了各种自由的形体和空间变化，即使在进入数字化时代的今天，它依然可以作为数字化建筑的一个具有"变形金刚"角色的原型而存在。与此对照，"空间构成"一方面可谓是"反立方体"的、离心的、动态的、连续的，没有明确的界限，也没有内外的边界，另一方面它既然是"反立方体的"，其实也就正存在着一个对立方体的消解、抽象的加工过程。

（2）抽象的空间网络

"多米诺结构"本身就暗合了某种抽象的空间网络，柱子和楼板两种不同的构件限定出水平和垂直两个方向的空间，其中楼板在水平性方向的延伸成为主导地位，但是在水平性和垂直性相交的两个空间中，作为空间限定要素（墙体甚至楼板）其实是可以自由弯曲和穿行的，而无须严格遵循图式本身所代表的结构体系的正交逻辑（库哈斯和伊东丰雄2000年后的很多作品是这一点的最好诠释）。在"空间构成"中，各个面代表的运

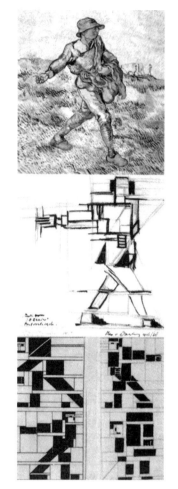

图1-60　杜伊斯堡对毕加索绘画的抽象分析

动轴线严格遵循着正交关系，在三个方向上滑移、穿插或延伸，其背后的结构关系正是一套正交的三维空间坐标网络——这个坐标网络在各个方向上是均质的，构件成为抽象的空间中的"漂浮物"。

（3）抽象的空间要素

就空间构成要素与结构的关系来看，"多米诺结构"可以看成是一个"串联"的、由上而下、由整体到局部的结构系统，而"空间构成"更像是一个并联的、平行关系组成的结构关系——"多米诺结构"首先从结构框架出发，作为某种基本单元，其中潜藏着各种空间限定的可能性，结构框架与下一步的空间限定是相互分离的两个体系。"空间构成"则主要由一些自由穿插、交错延伸的面和块构成，这些既是一种抽象的空间限定要素，也是结构构件，体现出空间限定与结构支撑的统一性。

（4）抽象的表达方式

"多米诺结构"是一张人视角度的黑白透视图，水平与垂直两个方向的差异借助于两点透视图的表达得到强化，而且"多米诺结构"并没有对具体环境的描述，它对环境的抽象也进一步突出了这个图式本身的抽象状态和理想状态；"空间构成"是一幅彩色的等角轴测图，因此构件具有客观尺度性，并在三维坐标体系中均质地展开，尽管"空间构成"使用了色彩，但这些平涂的色块并无光影和色调的变化，以抽象的色彩进一步区分了各个抽象要素及其关系的表达。

1.3.1.3　派生：从"九宫格"到"深层结构"

随着现代建筑的进一步发展，建筑师对抽象要素、抽象思维的认识也不断发展，新一代的有关现代建筑图式的抽象原型不断派生，其中以约翰·海杜克 1950 年代在美国得克萨斯建筑学院设立的"九宫格"练习和埃森曼 1960 年代提出的"深层结构"为典型。当然这两者本身又是有着明显区别的："九宫格"是一个具象化的抽象练习模型，而"深层结构"涉及的则是现代建筑的形式构成的抽象规律原型。也就是说"九宫格"是一个实体化的模型，而"深层结构"更接近于一个概念化的原型。

所谓"九宫格"（nine squared grid），就是一个预先设定的由九个方格组成的框架，在此基础上加入其他建筑要素并进行重新组合。"作为建筑师的海杜克将垂直和水平元素定义为柱和梁，从而形成框架结构，由此发展下去，平面变成地面、楼板和屋顶，竖向的限定构件则成为分隔墙。于是，九宫格练习的问题便基于两个部分：一是构架——它是接下来的设计操作的基础；二是可以被加入这一构架的要素——至于要素的特征则在任务书中加以规定。通过为练习设定精确的条件和规则，保证了一种抽象语言在应用上的有效性。"[1]九宫格的建筑构成要素皆以一种抽象化的方式存在，因此设计便集中在对于空间图式的研究上，具体的操作则是通过

[1] 史永高著，《材料呈现》，东南大学出版社，2008，p.219。

在九宫格的构架中置入墙体来达成（图
1-61）。

　　"九宫格"作为"后柯布时代"
的一个重要抽象图式，一方面其方法
不是以功能或者清晰表达的意图作为
设计的起点，而是把抽象的形式构图
和空间图解作为设计的根本目标。另
一方面，这个练习也建立了一种把平
面图解作为建筑作品的概念基础的认
识。"九宫格"一方面是现代主义建筑
的教导工具，另一方面也被视为有关
更普遍的建筑学基本问题的框架。对
于当代建筑学来说，在"九宫格"的
抽象形式之中——无论是理想的几何
框架还是特定的操作图解，如何引入
真实建筑的因素——从材料、场地、
功能、体验以及其他各种可能的因素，
依旧是一个常新的问题。这样的探讨，
将有可能使"九宫格"所代表的抽象
思想浸润在各种因素或情境之中，并
期望他们之间相互影响、共同发展。

　　1960年代末期，埃森曼借助于一
系列研究性住宅的设计展开了他对建
筑理论的探索和追求，在"卡纸板建筑"
的基础上，他提出了"深层结构"概念，
这个概念可以看成是现代建筑抽象图
式的另一个派生原型。

　　"深层结构"（Deep Structure）
的建筑理论是埃森曼在实践运用的基
础上，为了进一步深入发掘建筑形式
的自我本性而提出的，他认为"深层
结构"是建筑物在形式方面的固有本性，不能简单地用功能或技术的观
点去理解，"深层结构"事实上是一系列抽象的、具有内在规律的形式语
言，它存在于任何类型的建筑空间概念中。"深层结构"这种形式规律，
在空间概念中像一切符号一样，以两项对立的形式存在：实体与虚体，
向心体与线列体，平行与容积等对立的形式普遍存在（图1-62）。因此"深
层结构"是为了描写现代建筑的一系列不可再简化的形式规律而设定的

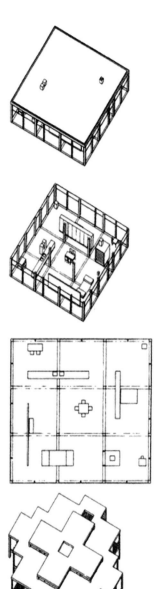

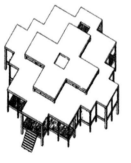

图1-61　海杜克的九宫格住宅
设计

图 1-62　埃森曼在 11a 住宅中
展现的"深层结构"操作

一个"抽象模型",也是现代建筑的形式模型转换成特定环境中的具体建筑的一个抽象过程。

尽管"深层结构"表面上看仅仅是一个脱离具体环境的抽象概念,但事实上却是建立在环境分析的基础上才提出的。在我们分析特定环境所包含的寓意性质时,可以觉察到建筑的两个方面:意识来自环境的外在方面,也就是埃森曼常常提到的图像学和象征性的方面;另一是环境中固有的意义与更细微、更严格的信息源,它们派生出并且支配着图像学方面的理解。人们觉察到这一点是在一个更深刻的程度上,以抽象的形态存在着,这个第二深度就是埃森曼所言的"深层结构"。因此"深层结构"这个原型本身至少在两个形式结构意义上并存:一是现实环境中的"实际形式结构"及其具体的体系,一是潜在于现实环境中,可被感知和意识到的"深层结构",是一个作为抽象状态而存在的体系。理解了这一点,将有助于我们建立一个观察、分析错综复杂的现代建筑形式的立足点,既有具体形式的关照,又不能脱离抽象感知的力量。

1.3.2　历史流派脉络——抽象在现代建筑中的发展

抽象首先作为一种科学的思维方法而存在,并伴随着科技的发展和思想的进步不断开拓;抽象还作为一种设计中的手段介入现代建筑实践的各个阶段和层面。从 20 世纪有关现代建筑的流派演变中,可以清晰地看到现代建筑抽象性的历史脉络。

1.3.2.1　阶段一:观念变革及探索

1. 现代建筑的崛起——几何抽象性

在现代建筑兴起之前的 18 世纪末,以列杜(Claude-Nicolas Ledoux)、布雷(Etienne-Louis Boullee)、加斯(Louis-Sylyestre Gasse)为代表的欧洲建筑师先后在看河人之家、牛顿纪念碑、巴黎美术学院图书馆等建筑设计中已经将几何体作为建筑形体设计的最主要构思来源。客观地说,他们并没有明确地意识到几何体的"抽象"能力,但是在下意识中他们已经发现了几何体具有的本质意义,因此他们也可以被视为现代主义萌芽之前的几何抽象先锋。

现代建筑诞生于 19 世纪中叶，崛起于 1920 年代❶，它既反对折中主义，也超越了同时代的"新艺术运动"，转而强调功能、注重新技术、体现新审美并开始追求建筑空间结合环境的设计。勒·柯布西耶在《新精神》杂志刊头语中说："这个时代具有一种新精神，一种在明确概念指导下的，关于构成与综合的新精神。"❷现代建筑开始摆脱古典建筑与传统美学的类型性与装饰性特点，转而追求一种建立在功能主义和理性主义基础之上的"符合目的性"为目标的"形式意识"。在这一过程中，作为现代精神之一的抽象意识是一个重要思想依据。现代建筑以简洁的、抽象的、自由组合的几何体取代了古典建筑的繁琐装饰和僵化布局，并在建筑的空间内核上达成了革命性的观念❸。

几何抽象性成为现代建筑的一个基本倾向，从阿尔道夫·路斯到柯布西耶，从赖特到密斯，从布鲁特·陶特到梅尼科夫，从格罗皮乌斯到阿斯普伦德，第一代现代建筑师的作品无不如此（图 1-63，图 1-64）。一方面几何抽象形体作为一种具有反叛精神和革命意识的形态表明了自

❶ 根据查尔斯·詹克斯在《后现代建筑语言》中的说法，现代建筑"死于"1972年美国圣路易斯。

❷ 勒·柯布西耶著，陈志华译，《走向新建筑》，陕西师范大学出版社，2004，p.15。

❸ 一般认为深受康定斯基《艺术中的精神》影响的德国表现主义建筑师门德尔松设计的爱因斯坦天文台是第一栋纯抽象建筑，虽然路斯的住宅作品也常被提及，但大多建筑学家认为路斯的抽象中立特性只保留在建筑的外部，不涉及建筑的整体空间。

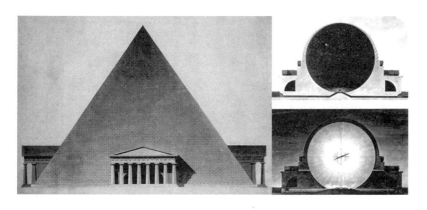

图 1-63　加斯（左）和列杜（右）设计的建筑可谓早期几何抽象的启蒙

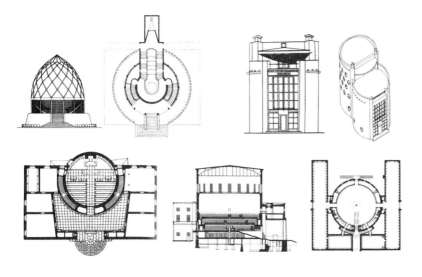

图 1-64　布鲁特·陶特、梅尼科夫与阿斯普伦德同时展现了对几何的偏爱

己的先锋立场，另一方面几何体的形态和制造工艺也呼应了工业化社会的技术特点和社会高速发展时期对"量"的需求。在这个阶段，几何形体一般以"完形"的状态出现，即使是赖特的"打破盒子"和密斯的"流动空间"，从整体上看这种打破和流动还只是对单一几何形体的操作和处理。几何形体的建筑在全球范围内的普及和传播，表明了一种"抽象介入"的理性的美学观正式确立，也是 20 世纪以来将思维科学和设计美学进行融合的开端。

2. 晚期现代主义——多元与关系的探索

1950 年代以后，现代建筑思潮在经历了"国际式"（International Style）的迷茫后转向了一种与现代主义有别的新现代主义时期，这个时期的建筑被称为"晚期现代主义"（Late Modernism），这个时期的建筑总体上表现为"多元论"（Pluralism）以及对于建筑形体组合关系的探究。柯布西耶既是 1920 年代现代建筑的奠基人，也是带头突破现代建筑教条的先行者，以塑性形式出现的朗香教堂便是最有名的突破自我的建筑作品。从这个时期开始，建筑在多层次上突破现代建筑的规则形体空间，使建筑的抽象语汇表达得以扩展和深化。晚期现代主义建筑开始探求几何体组合的关系问题，对几何体的分裂、分割、叠加等手法大量出现。詹克斯将其理解为"以极度的分段化来针对已有的缺乏个性的现代建筑。"❶ 矶崎新和荷兰建筑师赫兹伯格（Herman Hertzbeger）在这个时期的作品被认为是晚期现代主义的代表，赫兹伯格的建筑形体往往一方面以副中心和多样化的通道来强调与典型现代主义建筑的区别，另一方面继续沿用现代主义建筑使用的混凝土块、玻璃和建筑构造的表现来形成基本的抽象形式。

以理查德·迈耶（Richard Meier）、查尔斯·格瓦斯梅（Chaeles Gwathmey）为代表的"纽约五"成员则在几何要素、几何组合与空间形式组织上取得了巨大的创造性。在他们的建筑中，一种造型要素往往同时兼有多种信息表达，而抽象拼贴一直是他们设计技巧的源泉。抽象拼贴的实质就是将形式要素从具体内容中抽象出来，按整体的设计意向重新组织，这种抽象的操作有助于从深层来控制形式效果（图 1-65）。

❶《建筑师》编辑部编，《从现代向后现代的路上（Ⅰ）》，中国建筑工业出版社，2007，p.41。

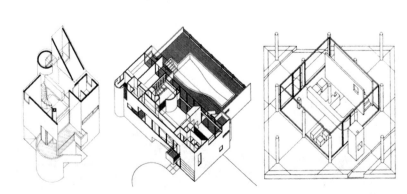

图 1-65 "纽约五"的建筑师对几何体的操作可谓驾轻就熟

同时，在晚期现代主义阶段，现代建筑师开始将以建筑为出发点的思考延伸到城市尺度和城市规划的领域，其中以1960年代以东京为核心的"新陈代谢派"（Metabolism）和以英国为基地的"建筑电讯派"（Archigram）最具代表性（图1-66）。这两个建筑流派都以现代都市化进程中的城市作为研究对象，从经济、技术、社会发展、空间规划等多重角度展开了对城市未来的乌托邦性质的思考和描绘，它们的研究方式、研究过程和研究结果都展现了一种全新的城市尺度的抽象思考和抽象表达，正如矶崎新对建筑电讯派的评述所言："它时而图像化，时而造型化，偶尔甚至采取新科技提案的形式。然而，就任一情况而言，所完成的作品均全然地背离建筑内在所产生的模制逻辑。" ❶

❶ Archigram 编（编辑：彼得·库克），《建筑电讯》，田园城市，2003，p.4。

图1-66 "建筑电讯派"的设计可谓未来主义的城市畅想

1.3.2.2 阶段二：抽象方法及手段

1. 后现代主义——抽象表达与形象表现的结合

起源于1960年代美国的后现代主义是作为现代主义局限性的一种反对者而出现的，借用文丘里的话说就是现代主义已不能适应现代建筑的复杂性和矛盾性。查尔斯·詹克斯在《后现代建筑语言》（1977年）中将后现代主义概括为新折中主义、变形装饰、新乡土派、文脉主义、隐喻与玄学和后现代空间等六方面的表现形式。从这些形式特点的表面来看，后现代主义的作品往往游戏于具体形象与抽象隐喻之间，但考虑到后现代主义的建筑师都经过了严格现代主义的抽象化训练，因此他们的设计立场是绝对不会否定抽象意义的。正如查尔斯·詹克斯所言："吸取、抽象、改换，于我而言正是今日世界文化的精髓所在。" ❷

文丘里认为："如果把一个熟悉的形象放在一个生疏的文脉中，就会使人感到清新，就会感到它不再像是原来的形象。" ❸ 因此他常常将古典建筑的符号抽象成"符号"与"记忆"放到设计的建筑中来取得一种对古典构图法则的戏谑化效果，从而表明他的后现代主义立场。另一位后现代主义的代表建筑师的迈克·格雷夫斯（Michael Graves）认为，一个好的建筑设计必须有内在的和外在的双重表达，并继续将之解释为两重的体系：

❷《建筑师》编辑部编，《从现代向后现代的路上（Ⅱ）》，中国建筑工业出版社，2007，p.85。

❸ 转引自《建筑师》编辑部编，《从现代向后现代的路上（Ⅱ）》，中国建筑工业出版社，2007，p.59。

❶ 转引自罗文媛,《抽象美学观对建筑创作的影响》,世界建筑, 1992/5, p.68。

技术的体系和抽象的体系。因此他在吸取古典建筑具体形式之后,总是将其转化为设计中的抽象表现。就现代建筑中的抽象与具象、形象与想象的关系问题,格雷夫斯曾说:"让人们理解抽象语言必须借助艺术形象,我们需要某种程度的抽象,有抽象才能表达暧昧的意念。但是如果形象不够,意念就难以表达,就会使你失去欣赏者,这里有个平衡问题,所以在过去十年、十五年中我的设计逐步在转变,我探索形象与抽象之间的质量。"❶从他的这个看法可以认为,格雷夫斯与文丘里追求的是同样一种创造性的、抽象化的历史主义,是抽象形态与古典主义结合的现代建筑新语言(图1-67)。

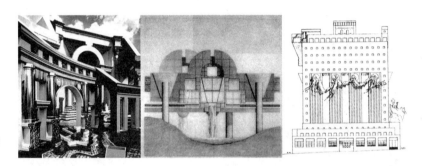

图 1-67　查尔斯·摩尔与格雷夫斯的"符号"与"图像"

2. 解构主义——"介乎其间"的探索

1980 年代中期,以法国哲学家德里达为代表的解构主义哲学理论被埃森曼、屈米等建筑师应用于建筑设计,并以此向古典主义、现代主义和后现代主义的思想和理论提出质疑。解构主义强调"机会"和"偶然性"对建筑的影响,并在对传统建筑观念消解的基础上把建筑艺术提升为一种深层次的纯艺术,把功能和技术降为建筑表达的手段。解构主义建筑师将这个特点称为"介乎其间"(in-tween),这个名称来自德里达的解构主义哲学术语,用以描绘在差异之间进行书写的状况。埃森曼据此提出:"介于结构与装饰之间、抽象与具象之间、轮廓与背景之间、形式与功能之间的这类传统习俗上的对立可以取消了,建筑可在这类目的范畴内部开创一种介乎其间的探讨。"❷因此,解构主义建筑的形式是具象的,但形式语汇的使用是抽象的,整体状态是一种从表层语汇向深层结构转化的过程。

❷《建筑师》编辑部编,《从现代向后现代的路上(Ⅱ)》,中国建筑工业出版社, 2007, p.233。

在伯纳德·屈米(Bernard Tschumi)设计的拉维莱特公园中,一方面总平面设计成由点和线构成的传统结构形式的均匀布局;另一方面运用了电影蒙太奇的手法,把解构主义的分解和碎裂发挥到了极致。在屈米眼中,建筑更多的是一种手段而非目的,因为他强调设计的抽象过程胜过具体的建筑产品:"这些疯狂物(follies)当建成后只是概念过程中的一个时间的抽象标志,超操作的元素(meta-operational elements)、冻结的形象和经常转换、构成、错位过程中的凝固构架。"❸因此,拉维莱特公园的整体

❸ 同上, p.144。

系统和结构的开放性既允许场地最大限度的活动可能性，又满足了现代城市人的活动的多样性。与文艺复兴或19世纪的城市公园的空间结构相比，拉维莱特公园表面上是一种叛逆性的革新，但也依然保存了对于传统理念的时间性的抽象继承（图1-68）。

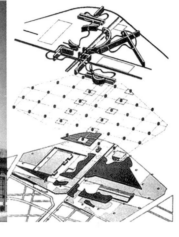

图1-68 拉维莱特公园显示了一种基于传统的时间性抽象

解构主义的"介乎其间"在表现为内在结构语汇的同时，还外向地表现为一种对传统与经典的形式再现与整体超越。在1988年举行的洛杉矶西海岸大门的竞赛中，来自纽约的渐近线事务所（Asymptote）提出了一个"金属浮云"的概念，即在高速公路的上方架起一条包含多种城市公共空间的钢结构构筑物，评论家认为这是一个解构主义时期的典型设计："你可以把它视为对自由女神像的形式消解，或者是另一个时空中的塔特林的第三国际纪念碑。"❶ 也就是说，传统建筑和经典形式在此被消解作为一种"缺席"的影像，但通过解构这一手法又产生了一种存在的意义（图1-69）。

❶ Philip Jodidio, New Forms: Architecture in the 1990s, Taschen, 2001, p.37.

图1-69 渐近线（Asymptote）事务所设计的洛杉矶大门"金属浮云"

1.3.2.3 阶段三：抽象的多元表达形式

1. 历史主义和批判地域主义——抽象的历史与记忆的符号化

西方历史主义美学虽然受到解构主义的冲击，但它在当代建筑中所起的作用是不能忽略的。"历史主义建筑美学主要建立在一种纵向的价值同一感之上，听命于经典的审美惯性和民族的审美习性，充分尊重传统文化

❶ 万书元著,《当代西方建筑美学》,东南大学出版社,2001 年,p.53。

❷ 肯尼斯·弗兰姆普敦著,张钦楠译,《20 世纪建筑学的演变:一个概要陈述》,中国建筑工业出版社,2007,p.116。

和地方文化,把被现代主义美学所抛弃的历史经验和装饰趣味重新找寻回来,是历史主义建筑美学的根本特征。"❶ 因此,历史主义的手法主要呈现为简化和写意这两个特点,把抽象出来的历史元素与现代建筑并置在一起,使古典的典雅和现代的简洁联系在一起成为一种整体意向上的"写意"。雅马萨奇设计的美国西北国民人寿保险公司以古典式庙堂为原型,但是柱廊、檐部、拱券全部以一种抽象简化的形式表现出来;菲利普·约翰逊设计的美国电话电报公司总部大楼则在一座充分显示现代技术和时代精神的高层建筑中,通过三段式结构、顶部的山花、底部的拱券和圆窗、石头饰面,抽象表现了文艺复兴的比例和形式(图 1-70)。

根据弗兰姆普敦的说法,"批判地域主义"(Critical Regionalism)是一种带悖理性的提案:"它不仅是产生于扎根文化与全球文明之间的基本对立,也说明了所有文化的内在发展都依靠它与其他文化的交替培养。"❷ 从这个意义上理解,批判地域主义促成了现代主义建筑的某些手法和理念已经被抽象成一种新的跨越文化差异的标准方法而全球化,而在这个过程中,自然地会有地域因素的介入。孟加拉建筑师伊斯拉姆在 1960 年代开始的建筑实践中,以路易斯·康的建筑概念和具体手法作为母题和原型,结合东南亚传统建筑的建造方法,创造出一种"新康主义"的准抽象类型——整体的砖砌构筑之下一系列的砖砌要素,这种对经典建筑和经典建筑师的抽象继承在同时期的印度建筑师柯里亚、多什的作品中也同样印记深刻(图 1-71)。

图 1-70 罗西的设计体现出一种基于地域主义的抽象化

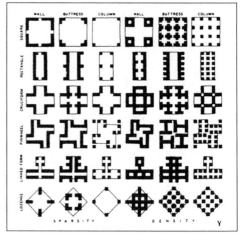

图 1-71 伊斯拉姆在孟加拉的建筑实践中发扬了路易斯·康的母题抽象

2. 新现代主义和数字化时代——抽象表情与物质性建筑

进入 1990 年代后,单纯几何形态的外观单一的建筑作品再次大量出现,这些作品提供了增加、转换现代建筑内在可能性的新思路。如 OMA

设计的法国国家图书馆竞赛方案（1989 年）、妹岛和世设计的再春馆制药女寮（1991 年）、努维尔设计的卡迪尔财团大楼（1994 年）等都是抽象度很高的立方体形态，外层统一覆盖着新时代做法的玻璃作为表皮（图 1-72）。这些以最新的对现代主义特征符号的操作作为标志的新建筑很容易使人联想起 1920-1930 年代的现代主义初期建筑，并强烈体现出要素还原主义的特征，被称为"新现代主义"。

在这股潮流中，作为造型特征逐渐明显起来的并不是形态上的差异，而是建筑物由材料的不同产生的表情的差异，即由材料的物质性达成的建筑的抽象性。以赫尔佐格和德梅隆（H&dM）的作品为例，使用了多样的材料：彩印树叶的聚酯板、钢缆制成的包围外皮、石头堆积填充出的墙体……特别是他们在建筑中采用的玻璃超越了传统的透明性的性质，成为赋予各种结构方法的对象，玻璃本身结合陶瓷印刷、氟素溶液的溶解处理并加进金属颗粒来表现质感等等。这些倾向不仅使建筑的内部空间特性改变，也使建筑物表面及其结构方式的感觉出现了新的可能。

其实这种以建筑材料的物质性作为建筑主题的尝试与 1960 年代以来的以美国为发源地的后期抽象艺术是直接关联的，一方面忠实地表现材料，另一方面形式本身又会让观者感悟其形态及其表层的单纯化。社会学家乌尔里希·博克曾以"重归的现代化"这一概念来论述社会的现代化一边自我修正、一边力图达到不断彻底化的形式——在现代建筑领域，仅仅通过形态革新表现新世界的设计方法论已经失效，但克服其影响依然是这个时代的共同课题，作为与历史相对立的现代建筑，以抽象性作为介入点，将其重新包裹，增加其内在的可能性，甚至变换为相反的事物，这些都是抽象性在这个新的时代必须面对和解决的问题（图 1-73，图 1-74）。

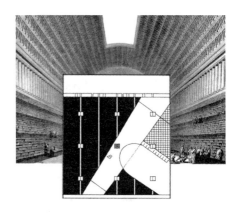

图 1-72　库哈斯在法国国家图书馆的设计图中将现代空间置于一个古典背景中，显示了一种对历史空间的反思

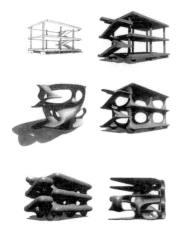

图 1-73　数字化时代的"多米诺变形"

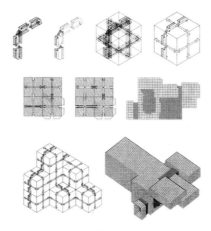

图 1-74　参数化设计依然可以围绕几何学展开

　　为了更为直观和清晰地对现代建筑抽象性的脉络做出举证、研究与总结，笔者在此以图表的方式做出总结（表1-2，表1-3）。表1-2为笔者对10位现代建筑师整体设计取向绘画联想，这个图表中的绘画（画家）对象客观上来源于这些建筑师的文章和访谈等，但其中不可避免地包含着笔者的主观分析。表1-3试图在前文所述的"横轴"（思想、案例）和"纵轴"（时间、潮流）之间转换，对近100年来的现代建筑发展中的"抽象介入"做出一个较为全面的分析。

现代建筑师整体设计取向绘画联想表　　　　　　　　　　表1-2

建筑师	绘画联想或构思来源		共同特征
勒·柯布西耶	立体主义	莫兰迪	立体主义首先给柯布西耶提供了一种新的形式语言。其次还直接提供了一种绘画的空间概念影响了他的空间构成。柯布西耶的建筑（尤其是早期的）和莫兰迪的绘画在意念、物体与数的关系、光和色的比例上都较为相通，都体现出超越形式的追求。
密斯·凡·德·罗	弗里德李希	马列维奇	密斯热衷于平面图像的非物质化。密斯的建筑在形式意向上追求一种近似于"虚无"的存在感，这一点和马列维奇的至上主义如出一辙；密斯的空间也体现出弗里德里希绘画中"雾气腾腾"的光线效果，这一点也体现在密斯对保罗·克利绘画中神秘象形文字特征的热爱。
路易斯·康	马列维奇	马克·罗斯科	路易斯·康的建筑在几何形体的构成上继承了马列维奇至上主义的构成特点，强调几何形体的组合。康后期建筑中体现出的"秩序"、"静谧"和"光明"等特点则更接近于罗斯科的色域绘画。正如罗斯科否认自己是抽象派画家一样，他们探寻的只是空间宇宙的本质。
约翰·海杜克	莫兰迪	约翰·凯奇	海杜克与莫兰迪采用了相同的被称为"自然的文字"的几何形状：三角形、四边形、圆、球、锥形。海杜克的建筑与莫兰迪的绘画都有着相似性的体积化主题。海杜克着迷于诗歌和文学，这一点让人联想起约翰·凯奇，他们共同关注艺术（音乐、诗歌）的叙事化。

续表

建筑师	绘画联想或构思来源	共同特征
弗兰克·盖里	弗兰克·斯特拉　＋　大卫·霍克尼	斯特拉从涂鸦、流行音乐、时尚色彩等方面汲取灵感创造出一系列抽象变形的作品，盖里的想法与他不谋而合，艺术、现代、流行是他们的共同特点。霍克尼的绘画在轻松、戏谑的表面之下是对当下文化的反思，盖里的建筑有着同样的特征的追求。
扎哈·哈迪德	表现主义　＋　马列维奇	哈迪德的"抒情抽象"来自于苏俄前卫建筑，来自于马列维奇。她的建筑犹如绘画，绘画犹如建筑，从抽象化环境到抽象化主题再到超越装饰的色彩抽象。哈迪德的塑性建筑中的"热情"则和表现主义有关，和高迪、门德尔松有关，和流行珠宝与时尚有关。
UN STUDIO	弗朗西斯·培根　＋　李小镜	UN Studio 的建筑犹如培根的绘画，表达了一种"感觉的逻辑"，这种逻辑存在于眼睛与头脑之间，运动与静止之间，文学与艺术之间。李小镜的摄影是一种对原型（人）的绘画性变形来揭示出人类的心灵，UN Studio 则是对几何体的概念性"形变"来创造空间的可能性。
安藤忠雄	约瑟夫·阿尔伯斯　＋　皮纳内西	安藤的几何体不是来自马列维奇，更不是来自蒙德里安。而是来自阿尔伯斯，来自封达那。安藤忠雄一如阿尔伯斯般地执着于几何本体，用封达那般的"切割"产生空间、制造空间，而整体上追求的却是冷峻外表下的丰富内心世界，正如皮纳内西的"牢狱"。
伊东丰雄	保罗·克利　＋　蒙德里安	克利认为艺术并不重视人们已经看到的东西，而是创造出未见的事物，伊东丰雄从克利的绘画中发现了一种存在于真实自然世界和被几何抽象化的自然之间的相互作用，正是这个发现，伊东既着迷于蒙德里安的大都会秩序。又用克利般的曲线将其溶解、融化和变形。
王澍	甲国书法　＋　宋元山水画	王澍执着于在他的建筑中挖掘一种"差异的世界"和一种重新进入自然的哲学。然后他回过头去从传统书画中找到了出发点：书法的严谨、狂放与章法。水墨的浓淡与烟雨气质。书画的形成在于笔墨与行为，王澍的建筑中笔墨是材料与建造，行为是概念与哲学。

"抽象介入"的现代建筑100年思想与流派脉络表　　　　表1-3

年份	建筑思潮、社会文化事件	代表性抽象意向建筑作品
1911	康定斯基《论艺术中的精神》	阿道夫·路斯，斯坦纳住宅
1912	毕加索《爱好者》	
1913	"至上主义"正式成立	
1914		布鲁诺·陶特，玻璃之家
1915	柯布西耶"多米诺结构"	
1916		
1917		阿斯普拉，乡村法院
1918		
1919	包豪斯建校	塔特林，第三国际纪念碑
1920		
1921		柯布西耶，雪铁龙住宅
1922		
1923	凡·杜伊斯堡"空间构成"	密斯，乡村砖住宅（方案）
1924		门德尔松，爱因斯坦天文台
1925		
1926	蒙德里安《蓝色构图》	塔特林，第三国际纪念碑
1927	柯布西耶"新建筑五点"	柯布西耶，斯坦因别墅
1928		柯布西耶，萨伏伊别墅
1929		密斯，巴塞罗那德国馆
1930		
1931		
1932		特拉尼，法西斯宫
1933		
1934		赖特，流水别墅
1935		
1936	"立体主义抽象艺术"展览	
1937		
1938		特拉尼，但丁纪念堂（方案）
1939		
1940		
1941	吉迪翁《空间时间建筑》	
1942		
1943		赖特，纽约古根海姆博物馆
1944		
1945		
1946		密斯，范思沃斯住宅
1947		基斯勒，无止境住宅（方案）
1948	《走向建筑的绘画》　柯布西耶"模度"	
1949		菲利普·约翰逊，玻璃之家
1950		柯布西耶，朗香教堂
1951		
1952		柯布西耶，木头小屋
1953		
1954	柯林·罗来到德州	密斯，西格拉姆大厦
1955		
1956		
1957		
1958		
1959		路易斯·康，艾斯里克住宅
1960		

流派纵向标注：工艺美术运动、构成主义、风格派、包豪斯、国际式、装饰艺术、有机设计、流线型设计、德意志制造联盟、战后艺术、波普艺术

续表

年份	建筑思潮、社会文化事件	代表性抽象意向建筑作品
1961	第一期《Archigram》出版	查尔斯·摩尔，摩尔自宅
1962		密斯，柏林国家美术馆
1963	海杜克来到库珀联盟	文丘里，母亲之家
1964	柯林·罗《透明性》	
1965	科林斯《现代建筑设计思想的演变》	
1966		篠原一男，白的家
1967	篠原一男《住宅论》	埃森曼，1号住宅
1968		
1969		埃森曼，2号住宅
1970		
1971		
1972		毛纲毅旷，反住器
1973		迈耶，道格拉斯住宅
1974		
1975		
1976	塔夫里《现代建筑》	安藤忠雄，住吉的长屋
1977		皮亚诺+罗杰斯，蓬皮杜中心
1978	库哈斯《癫狂的纽约》	
1979		
1980	弗兰姆普敦《现代建筑：一部批判的历史》	
1981	黑尔《艺术与自然的抽象》	矶崎新，洛杉矶当代美术馆
1982		哈迪德，香港山顶俱乐部
1983		艾森曼，韦克斯纳中心
1984		伊东丰雄，银色小屋
1985	"建筑与抽象"研讨会（纽约）	
1986		
1987		篠原一男，东工大百年厅
1988		
1989	斯蒂文·霍尔《锚固》	里布斯金，犹太纪念馆
1990		
1991		盖里，古根海姆博物馆
1992		张永和，"窗园"
1993	张永和"非常建筑工作室"成立	
1994		
1995		伊东丰雄，仙台媒体中心
1996	弗兰姆普敦《建构文化研究》	
1997		UN STUDIO，莫比乌斯住宅
1998	库哈斯《小、中、大》	库哈斯，残疾人住宅
1999		哈迪德，罗马当代艺术中心
2000		
2001		海杜克，墙宅2号（建成）
2002	巴尔蒙《异规》	
2003		藤本壮介，T住宅
2004		
2005	MVRDV《KM3》	西泽立卫，森山邸
2006	卒姆托《建筑氛围》	
2007		巴艾萨，贝纳通幼儿园
2008		H&dM，北京奥运会体育场
2009		
2010	五十岚太郎《关于现代建筑的16章》	BIG，上海世博会丹麦馆

垂直标注的思潮跨度：激进设计、高技派、波普艺术、后现代主义、数字化设计

1.4   本章小结

本章首先定义了几个关键性的词，也就是本书的主要研究内容——抽象、抽象性和建筑的抽象性。可以说"抽象"本身具有多种"词性"：作为形容词的抽象是指事物的一种状态和特征；作为动词的抽象则是指对事物的一个提取和抽离的过程；而作为名词的"抽象"在本质上更接近于"抽象性"，主要是指事物的一种属性，这种属性时而是概念性的，时而是物质化的，而作为兼有概念性和物质化（实体化）特点的现代建筑，从本质上看必然有其不可逃脱的"抽象特点"。

"抽象"作为一个特定的研究内容，至少在 20 世纪初以来就是存在着的。因此，本章以"艺术与自然中的抽象研究"为主线展开了接下来的论述，重点介绍了以下几位艺术家、理论家及其关于抽象研究的重要著作：威廉·沃林格的《抽象与移情》、内森·卡伯特·黑尔的《艺术与自然中的抽象》、哈罗德·奥斯本的《20 世纪艺术中的抽象和技巧》以及康定斯基的《抽象艺术的基础》，这几本著作分别从美学、艺术史和绘画、建筑入手研究和分析抽象在现代艺术中的作用和表现，尤其是康定斯基的《抽象艺术的基础》，这是一本跨越现代绘画和现代建筑之间的著作。在此基础上，笔者确定了一个基本的研究立场——抽象是现代主义的重要产物，因为"抽象"在现代主义产生过程中既代表着艺术的自我解放，也直接经历了艺术形式和内容的分离过程，并直接导致了"现代性视觉"的平面化和纯粹性特点，平面化和纯粹性这两个特点也正是现代建筑抽象性的首要特征。

本章的第二节主要从抽象与现代建筑的关系中来研究现代建筑抽象性的演化过程和表现方式。抽象之于现代建筑，可以从三个方面来分别研究和理解：一是"概念的出场"，即抽象艺术对现代建筑的直接性影响；二是"表面的深度"，也就是指现代绘画中蕴含的抽象性思维对现代建筑抽象性的间接性影响；三是"空间的表述"，指的是抽象介入的现代绘画与现代建筑之间存在的殊途同归。

相对而言，作为直接性影响因素"概念的出场"的抽象艺术是比较容易理解和接受的，至少我们可以通过阅读大量现当代建筑师在作品中时隐时现的"传承"关系来领会其中的"抽象线索"，如从柯布西耶到埃森曼再到霍尔（立体主义和至上主义，即文中所述"棱角的形式"）、从里特维德到密斯再到西泽立卫（构成主义、风格派，即文中所述"结构的形式"）、从高迪到门德尔松再到哈迪德（表现主义，即文中所述"弯曲的形式"）。但是本章节的一个重要的研究内容却是隐藏在非抽象性绘画之后的抽象思维给现代建筑带来的全方位影响，即使这种影响从某种程度上看是间接的和非形式主义的。在此笔者提出了"抽象性绘画"和"绘画性抽象"两个既有明显区别又有直接关联的概念，这两个概念事实上也直指现代建筑中的两类抽象内容：抽象性建筑和建筑性抽象。在此基础上，笔者书写了"空间的表述——现代画家与现代建筑师的殊途同归"这个小节，首先按照画家的类型来作为研究现代建筑的入口：一是典型的抽象绘画艺术家，如蒙德里安和马列维奇；一是典型的以抽象思维为特点的画家，如马格利特和莫兰迪。最后笔者找到了一个相对"完整"的艺术家——托尼·史密斯作为这个章节的最后篇章，史密斯是一个跨越了建筑、绘画和雕塑的综合性艺术家，研究他的职业生涯可以看出，抽象既是现代抽象艺术影响现代建筑的起点，也可以视为现代建筑向现代艺术深度回归的原点。

对现代建筑抽象性的脉络解读必须同时在两个轴向展开：一个是横轴，也就是思想概念之轴；另一个是纵轴，指的是历史流派的脉络。

如果说 18 世纪末以列杜、布雷为代表建筑师的作品可以视为几何抽象的最早启蒙的话，那么现代建筑抽象性的真正起源是和现代空间概念的产生同步的，或者说，现代空间概念的一个基本特点就是抽象性。这一点既可以追溯到吉迪恩和赛维关于"时间——空间"的大量论述，更可以从美国建筑师赖特的"要素分离"中探求最初的形式原型。而柯布西耶的"多米诺结构"和杜伊斯堡的"空间构成"则可以视为现代建筑抽象空间的两个基本的原型，这两个基本的抽象原型在几何构成、空间网络、空间要素和表达方式上都具有高度的抽象特征，但两者又是有着明显的区别的，两者之间最大的差异在于：杜伊斯堡的"空间构成"作为一个轴测角度的彩色结构图纸展现的是一个建筑或结构体的形式构成原型，它关注的是空间在环境中的整体位置、构成方式和操作性；而柯布西耶的"多米诺结构"是一张人视角度的黑白两点透视图，这张透视图显然强调的是人类尺度的进入性、感受性和体验性，而正是这种现代建筑的感受性和体验性成就了柯布西耶以来的一代又一代的建筑师。作为这两个抽象原型的派生，无论是海杜克的"九宫格"还是埃森曼的"深层结构"，都有力地继承了"空间构成"的操作性和"多米诺结构"的体验性。

抽象性作为一个现代建筑的一个独立特征在现代建筑近 100 年来的发展中经历着不断的发展，这个发展的过程使抽象已经摆脱掉早期的意识形态包袱，而变成 20 世纪末、21 世纪初以来主导性的风格之一。

现代建筑与抽象的脉络分为三个阶段：首先是观念变革及探索阶段，这个阶段是和现代建筑同步发展、相互渗透、相互影响的；其次是抽象方法和手段的丰富阶段，这个阶段始于晚期现代主义的探索，终结于后现代主义和解构主义时期，主要致力于丰富抽象性的主题和内容及其可能性的探索；最后一个阶段是抽象性的多元表达形式阶段，这个阶段首先建立在对短暂辉煌的后现代主义的反思基础之上，而最重要的革命来自于数字化时代的到来，尤其是随着"图像阅读"时代的来临，抽象性在今天正面临着多元的选择和表达。

第二章

现代建筑抽象性的语言特质、类型和反思

抽象性是现代建筑的一个基本特征。

本章在前章阐述的现代建筑抽象性的脉络的基础上，以现代建筑的语言作为研究对象，论述现代建筑抽象性在语言上的几个特质。并在此基础上结合大量现当代建筑师的设计案例归纳总结出现代建筑抽象性的类型。关于类型的研究有助于我们从纷繁复杂的现代建筑案例和建筑现象中迅速地切入"抽象"这个要点。本章最后对"现代建筑与抽象"这个研究核心做出了学术上的总结和反思。

2.1 现代建筑抽象性的语言特质

建筑设计的过程受到一系列因素的影响，最终只能呈现出唯一的物质形式。但在设计的过程中，思想、意义和语言是将各种影响力综合到一个设计中的最终力量。现代主义以来，建筑领域对建筑意义的探求表现出多元化的局面：首先肯定建筑是意义的载体，进而认为建筑的意义存在于语言自身的结构系统之中。

现代建筑的语言可以从两个方面来进行探索：其一指建筑自身的形式语言；其二是建筑师所要表达和传输的语言及意义。从现代建筑的语言特质来认识和研究"抽象性"是极其必要的，而从抽象性研究出发的现代建筑语言特质研究又可以分为两大类的四个概念：一是由形式性（绘画性）出发的语言特质，包括同时性、视觉动力性和透明性；二是由哲学性出发的语言特质，即下文要探讨的还原性。当然这个分类不可能是绝对的，因为还原性事实上是现象学的一个分支，而透明性又同时包含了形式上（物理上）的透明性和现象上的透明性两种属性。依此分类只是本书研究的一种思路和方法，而且从现代建筑的语言特质来分析同时性、视觉动力性、透明性和还原性是存在多种角度的，但这四个特性中确实或隐或现地包含了"抽象性"这一主题。

2.1.1 形态语言——同时性

时间是人类存在的基本维度。伯格森把时间分为由钟表标示的"空间化的时间"和通过直觉体验到的"延绵"（duration）。前者是物理学上的一个抽象化的概念，可以被量化、可以被分割，是非延续的，是静态的，它只是若干个瞬间的一个线性序列；后者是一种强调主观意识的时间观，相对应的是直觉，是深层的自我，以动态的、连续的"意识流"为对象，是真正的"时间"。这种连续的、体验性的、不可分割的"延绵"其实就是建筑空间上的"同时性"（simultaneity）。

立体主义绘画的革命性之一就在于在二维绘画中引入了"同时性"概

念：立体主义首先抛弃了原有的科学和严谨的一点透视法，改以一种运动的、不固定的视点来观察物体和表现画面。继而将一个物体的各个方向、各个角度和不同时间展现出来的形象"同时"描绘于一个场景之中，最终让文艺复兴以来艺术家奉行的三维空间概念分崩离析。在立体主义绘画中，按照不

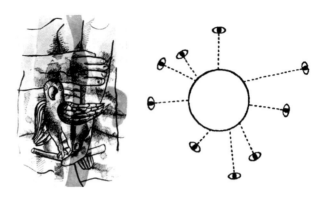

图 2-1 立体主义绘画呈现出一种多视点的"同时性"

同时间顺序出现的形态是可以"同时共存"的，因为立体主义者着重描绘的是绘者的"内在意向"（inner image），是经过抽象化的视觉形象，也是对视觉形象加工后产生的心理形象。为了达到这个目的，立体主义者一般通过形态分解与形式重组两个操作过程来表达一种多维的整体印象。也就是说，立体主义对空间的多重探索是建立在对视点的分解和重构基础之上的。就此也可认为，"时间"在立体主义者手中成为超越三维的"第四维"要素（图 2-1）。

"同时性"观念运用于建筑就是所谓的"第四度空间"，即在建筑设计中可以将立体主义绘画的画面"还原"成真实的建筑空间，这种空间是与传统空间有别的，一般展现为一种动态的连续性，人类可以在其中感受到立体主义绘画般的"时间—空间"共存的体验。身兼艺术家与建筑师双重身份的勒·柯布西耶首先将"同时性"观念转译到现代建筑中，以动态设计的新观念创造了一种把空间和时间连接起来的空间，强调人的行为流线的设计，并打破传统的建筑室内外的间隔，不仅超越了传统建筑空间的"三维"状态，也在此基础上发展出了现代建筑空间理论的一个重要概念——"漫游建筑"❶。萨伏伊别墅可谓"漫游建筑"这一概念的最早体现者，在这座建筑中柯布通过坡道、庭院、露台等建筑元素的相互穿插来引导人在空间中的运动，并通过两者之间的相互渗透表达了一种类似于"移步换景"和"散点透视"效果的多视点空间概念。

日本建筑师藤本壮介在武藏野美术大学图书馆（2010 年）的设计中把建筑中的漫游性与图书馆功能的检索性结合在一起，并以书架作为空间的单一载体表达了一种功能性的同时性（图 2-2）。在设计中藤本首先肯定了作为图书馆的检索性的重要性："图书馆所需要的检索性与漫游性原本是一对相互对立的概念，检索性作为一种系统性的空间组织方式，使人们能够迅速地找到需要的特定书籍，即使是在网络检索时代，人们也仍然需要依靠图书馆空间中书籍正确的排布来找到书籍，这是图书馆存在的意义。"❷同时藤本认为一座现代化的图书馆必须容纳一个漫游性空间的可能性，因为漫游可以成为当代的一种阅读方式和生活方式。就此，藤本以

❶ "漫游"（Flâneur）的概念起初由法国诗人波特莱尔（Charles Baudelaire）在《The Painter of Modern Life and Other Essay》中所描述，代表了都市日常生活中琐碎新奇事物的观察者，并带着疏离批判的距离以及隐匿于人群中的特点"去看世界，置身世界的中心，然而却隐藏于世界之外"。后来本雅明（Benjamin）及达达主义、超现实主义等流派都各自解读了漫游的概念。

❷ 藤本壮介，《武藏野美术大学图书馆》，《世界建筑》，2011/1，p.31。

❶ 藤本壮介,《武藏野美术大学图书馆》,《世界建筑》,2011/1, p.31。

一个平面形状的螺旋形解决了两者之间的矛盾:检索性体现在螺旋形围合的书架呈现的线形连续空间中,而漫游性则是对围合空间的"穿越"。在此我们也可以把藤本所追求的检索性和漫游性理解为一种理想校园生活的两极:秩序与自由、"文武之道、一张一弛"。整体上这个图书馆表达了一种空间上的抽象性,正如藤本所言:"虽然人们能够模糊地理解图书馆这一整体,却又总是觉得还有无法觉察的未知空间存在。"❶

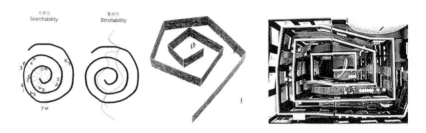

图 2-2 藤本壮介设计的武藏野美术大学图书馆表达了一种建筑功能的"同时性"

❷ Susanne Deicher, Mondrian, Taschen, 1994, p.24.

蒙德里安的绘画从某种程度上看与立体主义完全不同,他首先认为整个自然界都可以从本质上设想成一系列的平面,继而通过平面性的绘画来表现三维的现实空间。蒙德里安写道:"在一座矩形的建筑或物体的周围或里面活动,它可以被看成是二维空间的,因为我们的时代抛弃了过去的静态视觉。绕着它走动,一种二维空间形象的印象,将接着另一个二维空间形象出现。"❷ 因此可以说,传统艺术作品再现物理空间中的视觉状态,而立体主义以后"建构情境"、"漂移"、"游牧"等观念的提出,将建筑从美学沉思的对象转变成一种"时间—空间"容器的观念,对建筑认知也不再以物件为重,而是用来包容情境的创造与发生的容器。

在建筑学领域,传统的建筑表现图是以中心透视法的方式来表现建筑的,从一个理想的视点来观察建筑,形成透视图。阿恩海姆认为:"中心透视法为正确地模仿自然提供了一套新的和合乎科学的标准,但同时却又派生出了人的一切自由和任性。"❸ 因为,在中心透视法中所有的物体都要参照这个唯一的视点来决定。其实中心透视并不是人类真实视觉的呈现,在连续的视觉运动中,它只不过是一个瞬间片段与特例。中心透视所构筑的是单一视点的、静态的空间,它排除了感知的过程和时间的流转,人的主观意识与建筑之间是一种不相关的外在关系,主体也就失去了对绘画进行能动的再创造过程。

❸ 鲁道夫·阿恩海姆著,腾守尧、朱疆源译,《艺术与视知觉》,四川人民出版社, 1998, p.66。

在当代建筑界,哈迪德的建筑绘画与中国或日本的传统绘画有着相通之处——它们都使用了同时性的多视点透视。在中国和日本的传统绘画中,散点透视是画家表现主题的主要方式,即在同一画面上同时存在着多个视觉中心,以表现不同的时间、空间,并通过观看者任意游走的视线把各视觉中心联结成气韵生动的山水景物。这种表现方式是哈迪德的建筑绘画中常用的手法，她将不同瞬间、不同视角、不同形态的建筑拼贴在同一画面上，从多个角度表现建筑复杂的组织结构（图2-3）。

与经典的功能主义建筑有别，阿尔瓦罗·西扎的建筑表现出一种介于形式和功能之间的模糊的、含混的非线性关系（图2-4）。这也说明西扎将一种动态的观念引入到了多空间的观察、体验和表现之中，这一点可以从他的速写中得到证实："西扎的速写往往把自己正在画画的手、速写本，甚至自己的脚等通常属眼睛余光所及之物一并画到画面中，显然他在作画时头部在转动，观察点是动态的、广角的。"❶

❶ 张路峰，《阅读西扎》,《建筑师》编辑部编，《国外建筑大师思想肖像（下）》，中国建筑工业出版社，2008，p.197。

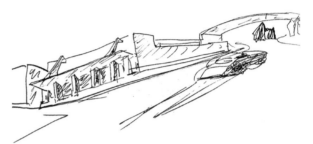

图 2-3　哈迪德建筑绘画的"同时性"　　　　图 2-4　阿尔瓦罗·西扎的"同时性"速写

"同时性"最初是作为一种空间现象而被发现的，但它在现代建筑设计中的逐步介入最终形成了现代建筑抽象空间的一个重要特点——"四维连续空间"。所谓"四维连续"是与现代主义的"四维分解法"相关联的。"四维分解法"是由意大利建筑学家布鲁诺·赛维在《现代建筑语言》一书中提出的，它是一种将时间因素引入到空间之中的设计手法，其基本做法是将空间各围护界面分解为不同方向、各自独立的构件，然后通过各构件间的不同组合方式限定空间。"一旦各平面被分解成各自独立的构件，它们就向上或向下扩大了原有盒子的范围，突破了一向用来隔断内外空间的界限……"❷与"四维分解法"相对应的空间类型是以密斯的巴塞罗那德国馆为代表的流动空间，但这种流动空间的连续和流动还是局限于水平方向上，在垂直方向依然没有突破传统建筑中"层"的概念。而哈迪德、霍尔和伊东丰雄等当代建筑师所追求的"四维连续空间"是以传统的"层"的消解为前提的，它使空间在垂直维度上直接连续，实现了空间和时间的连续和交融。

❷ 布鲁诺·赛维著，张似赞译，《建筑空间论——如何品评建筑》，中国建筑工业出版社，1985，p.24。

无论是"四维连续"还是"四维分解"所形成的流动空间，任一空间单元的主要特征都体现在它与相邻空间单元的渗透与流通上。也就是说，建筑的基本空间单元是以其与相邻空间单元间的关系来界定的。因此"四维连续空间"和"四维分解空间"都应该属于对空间的相互关系进行创新的范畴。所以可以说，这种流动空间的本质在于空间之间的抽象关系，这种抽象关系是暧昧的、连续的。

2.1.2 视觉语言——视觉动力性

在人类的审美活动中，视觉作为一种积极主动的行为方式，通过它可以反映出不同的视觉体验和心理感受。建筑作为一种可视化的存在物，必然会通过它的形体处理、色彩构成、界面组织、围合方式等产生一种视觉效果，不同的视觉效果带来不同的审美感受，最终形成千差万别的关于建筑空间的整体印象。现代建筑中直接产生视觉感受的那部分内容就是现代建筑的视觉语言。

经过漫长发展而达到成熟阶段的古典艺术，建立了大量的关于视觉和构图的比例、尺度、对称、统一、平衡等方面的形式法则，但客观地看这些法则总体上接近于一种静态前提下的平衡状态，以抽象艺术为代表的现代艺术在视觉上开始出现一种动态平衡的整体追求，显示出一种"视觉动力性"特征。现代建筑师留意到这个"视觉动力"特征后，将其运用到建筑设计中，从而产生了具备内在张力和动态平衡的建筑新形式。现代建筑大量使用分解、穿插、重叠、倾斜、扭曲、颠倒等手法，使作为视觉形象的建筑具有前所未有的运动性和力量性，这种视觉上的动力特征有助于激起观者"探其究竟"的解读冲动与行为参与，这种对未知事物的探求精神也是一种本质上的现代精神，而抽象性既是它们的出发点，也是它们的表现点。

❶ 莫里斯·德·索斯马兹著，莫天伟译，《基本设计：视觉形态动力学》，上海人民美术出版社，1989，p.80。

英国学者莫里斯·德·索斯马兹（Maurice de Sausmarez）在《基本设计：视觉形态动力学》一书中研究和分析了大量绘画作品，他认为："康定斯基分析绘画的方针是从所表现形态的综合中提取能表现力量关系的内在线条，而古典大师伦勃朗的画中的块面和线条事实上也充满了能量紧张感。可以说，每一个点和每一条线都具有能量，而将这些能量联结在一起便创造了视觉的运动。"❶ 由此可见，这种视觉上的动力的来源是来源于艺术内在诉求这个"内能"，在所有的视觉艺术，如绘画、雕塑、摄影和建筑中，作品受"内能"的驱动而产生运动、加速、扩张、紧张、不平衡等心理上的感受。以抽象艺术和建筑中的抽象性为代表的抽象思想正是要通过这些作品中元素与形式、局部与整体之间的构成关系来产生某种概念中的视觉动力，从而表达设计思想和抒发情感（图2-5）。

图2-5 密斯设计的巴塞罗那椅展现了抽象绘画般的视觉动力特征

在视觉语言和现代建筑语言中共存着两种类型的视觉动力特征：分别是几何抽象所表达的视觉动力性与抒情抽象所表达的视觉动力性。前者的代表建筑师可以追溯到蒙德里安、

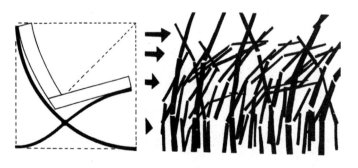

风格派和密斯，而后者则直接对应着从苏俄前卫派建筑延伸到解构主义的建筑实践。

❶ 肯尼斯·弗兰姆普敦著，张钦楠等译，《现代建筑——一部批判的历史》，三联书店，2004，p.177。

　　对于第一代几何抽象大师的密斯，弗兰姆普敦认为："密斯 1923 年以后的作品在不同程度上反映了三种主要影响，其中的一条就是：通过李希茨基作品中阐释的马列维奇的至上主义。"❶ 密斯的早期建筑作品都在抽象空间和建筑的"运动性"之间徘徊，这种"运动性"事实上就是密斯所言的"流动性空间"。如果说未建成的乡村住宅方案直接源自于杜伊斯堡的抽象画《俄罗斯舞蹈的韵律》的话，那么巴塞罗那博览会德国馆则类似于蒙德里安在《椭圆中的色方块》和《防波堤与海洋》中所表现出来的构图形式与力的性质：线条组合形成一种矩形的内在结构，并通过屋顶的水平线条制造了水平方向的视觉动力。我们可以从三个方面对蒙德里安的绘画结构与密斯的巴塞罗那德国馆的平面构成进行对比研究：线性规则、线性尺寸和线性构图。将这三个方面对比后，可以发现两者在组织规则上均采用集中式构图，线条尺寸则采用长短不一的线条垂直错开，线形整体上是一种非对称性的动态平衡。由此蒙德里安的绘画和密斯的建筑殊途同归、融为一体：在蒙德里安的绘画中可以寻求到密斯空间的神韵，而在密斯的建筑中则会引起蒙德里安画面的联想。

　　作为抒情抽象的代表建筑师，哈迪德直言 20 世纪初的实验性的苏俄前卫艺术是自己的精神来源。与苏俄前卫建筑相近，哈迪德的建筑可谓跨越了人为界定的 X、Y、Z 轴三维框架，而转向寻求将视觉动力性转化为建筑中的动态构成，利用建筑形体的动态来捕捉视觉上可以产生运动的建筑物呈现出的"此时此刻"。因此哈迪德的建筑是一种作为状态存在的建筑，传递的是一个事件的过程，而不是一个物体的存在。

　　在现代建筑的进程中，最能体现这种运动状态的建筑应该是苏俄前卫建筑中的构成主义作品和解构主义盛行时期的一些作品。如果说李希茨基（EL Lissitzky）设计于 1920 年代的极具动感的"列宁讲坛"和"悬云"更多地是以一种科技的表现力来彰显属于那个特定时代的文化力量和先锋意识，更多地属于一种空间构筑物的话，那么梅尼科夫（Konstantin Melnikov）1925 年设计的巴黎装饰艺术博览会苏联馆则是一个完整意义上的"视觉动力性"的先锋建筑作品，这个建筑在平面上以对角线方向的台阶将一个矩形进行斜切从而产生一种视觉上的动感，在造型上以两个大斜面界定出两个斜向三角形的形体，一虚一实，并通过设置于入口处的升起的三角形构成物取得了整个建筑动态构成的视觉焦点（图 2-6）。

图 2-6　李希茨基设计的列宁讲坛、悬云与梅尼科夫设计的巴黎装饰艺术博览会苏联馆

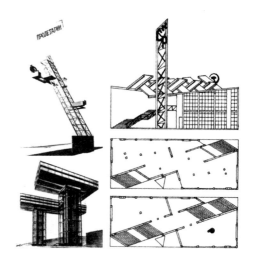

图 2-7　Morphosis 设计的加州马布里海滩住宅展示了一种海滨建筑的动势

美国建筑师汤姆·梅恩将自己的事务所命名为"变形组"（Morphosis），就已经表明了他对建筑视觉形态操作的决心。在 1987 年设计的马里布海滩住宅中，梅恩吸取了环境中海洋的视觉特征，通过建筑形式来展现对波浪这一元素的抽象分解过程：水平元素如屋顶等采用巨型曲线体来象征大海，垂直元素片段化来隐喻四散的海浪与飞沫，最终建筑整体上像一艘汽船悬浮于峭立的山崖之上，动感的建筑与动感的环境融为一体（图 2-7）。

无论是几何抽象，还是抒情抽象的建筑作品，它们都表达出一种超越作品形态本身的有关视觉语言的抽象思想：每一个形态都以自身的特征描绘了力、速度以及创造了它的操作特征，每一个体量都具有一种固有的运动品格，游离于自身表现的内容之外。现代建筑的视觉动力性的背后隐藏的抽象思想的根源来自于现代意识，即约翰·伯格所说的"观看的方式"，而这种观看又可以分为生理的观看与心理的观看两种类型：从生理上看，人眼所面对的视觉刺激是无限的，人并不是全部地接纳这些刺激，而是从中选择那些与经验匹配的、可以相互关联并形成意义的刺激作为认知的视觉线索，在一定程度上建筑空间的认知变成人基于建筑要素线索进行的空间意象的建构；而从心理上看，视觉动力性则直接来源于抽象思维和空间知觉，也就是凭借抽象形式语言进行的视觉思维活动，以及由立体主义和未来主义对空间和时间的新见解导致的对画面再现方法的探索。这两种类型的"观看方式"也是人本主义的视觉动力性的核心。

2.1.3　空间语言——透明性

由柯林·罗（Colin Rowe）和罗伯特·斯拉茨基（Robert Slutzky）在 1960 年代共同著作的《透明性》一书的中文译本于 2008 年出版，与此相关，有关现代建筑透明性的研究随之成为国内建筑界的一个学术热点。

"在视觉空间里，会有同时感知两个物体，其中一个在另一个后面的可能性吗？当我看到透明物体时，我真能看见连续完整的表面吗？或者是这么回事：我看见的不过是近处一物体的许多局部，由这些零散片段，我在头脑里构筑起它的表面？进一步讲，我们能看见压在一起的两种补色，即使它们在视网膜上占据同样大小的面积？寻常有关玻璃和胶片的生活经历就已经让人们很容易地把问题扯糊涂了。当然，一物比另一物距观察者近些，这时我们说的不是真实空间，我们说的是现象的、视觉的空间。"❶这是威海姆·法克斯（Wihelm Fuchs）1938 年便在《关于透明性》一文

❶ 转引自费著著，《超媒介：当代艺术与建筑》，中国建筑工业出版社，2005，p.136。

中提出的观点，也是较早的研究透明性的文字之一。由此可见，除了视觉特征之外，透明性还暗示着更多的含义，即拓展了的空间秩序。又如戈尔杰·凯普斯 1944 年在《视觉语言》一文中的阐述："在连续运动中，空间不仅在后退，也在变动。透明的图形的位置是模棱两可的，人们同时看到一组交叠图形中的每一个，对于近处的图形如此，远处的也是如此。"❶

❶ 转引自费菁著，《超媒介：当代艺术与建筑》，中国建筑工业出版社，2005，p.140。

普遍认为，在现代建筑中存在着两种类型的透明性，即物理透明性和现象透明性，物理透明性指的是物体所固有的物理属性，允许光穿过的能力，形成视觉上的到达；现象透明性则是一种空间关系的属性，即不同秩序空间的相互渗透叠加。关于物理透明性的感知有两个源头：一是立体主义绘画，另一个就是机器美学，而对于现象透明性的感知则来自唯一的源头：立体主义绘画。而立体主义绘画正是现代艺术、绘画和建筑中的抽象性的起源，由此可见，透明性正是现代建筑抽象性的语言特质之一。

为了有效地界定物理透明性和现象透明性，柯林·罗和罗伯特·斯拉茨基在《透明性》一文中对比研究了毕加索的《单簧管乐师》和布拉克的《葡萄牙人》两幅立体主义绘画。这两幅绘画中都用一个类金字塔的图形代表了一个形象，毕加索用加粗的轮廓来界定形象，而布拉克则采用了浅景深的空间来经营画面。也就是说，布拉克提供了分别阅读主体和画面网格的可能，而毕加索则将网格蕴含于主体之中，或者将其作为一种周边元素引入作品中，使主体更加稳定。在柯林·罗看来，《单簧管乐师》使我们能够感受到物理的透明性，而《葡萄牙人》则能使我们领悟现象的透明性（图 2-8）。

图 2-8 《透明性》一书中对毕加索和布拉克绘画的对比研究

当我们离开绘画转而思考建筑学中的透明性时，一个典型的难题出现了：在绘画中，三维空间只能通过间接的表达来暗示，而在建筑中，鉴于三维空间是真实存在的，建筑中的物理透明性成为客观事实，但现象的透明性却难以理解和实现。为此柯林·罗和罗伯特·斯拉茨基推出了又一个著名的对比研究：将费尔南·莱热的绘画《三幅面孔》与柯布西耶的

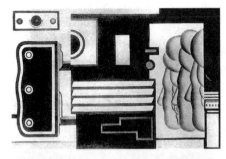

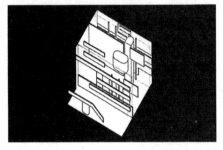

图2-9　《透明性》一书中关于莱热绘画和柯布西埃建筑的对比研究，上为莱热的绘画《三幅面孔》

❶ 参见柯林·罗、罗伯特·斯拉茨基著，金秋野译，《透明性》，中国建筑工业出版社，2008，p.24-34。

加歇别墅进行对比研究（图2-9）。莱热的画作中充满着一种不可言喻的深度阅读的可能性，即莱热通过几乎全部是二维的抽象主题达成了"图"和"底"的最大程度的明晰纯粹，并保留和强化了存在于主体与空间之间的立体主义构图张力。在加歇别墅中，柯布西耶则将莱热对画中平面的关注转化为对平行透视的最高程度的关注，莱热的画布变成柯布西耶的第二界面，其他界面无论是叠加于其上，或者是从中镂去某些部分，都围绕着这个基本界面来完成。通过这种方法，柯布成功地将建筑同其赖以存在的三维空间分割开来，并实现了真正的空间深度来对应着绘画的"浅空间"。❶

建立在抽象性概念基础之上的现代建筑的透明性具有以下几个基本属性：

（1）消解或复制：建筑界面的轮廓线、两侧空间的限定性因透明性而趋于消解；或者由于物理的透明性与现象的透明性带来空间知觉上的复制；

（2）重叠与递进：一切透明性始于重叠，无论是在视觉上、空间上，重叠式透明性的产生都是必然结果；空间维度的递进则带来感官和空间上的层次感；

（3）时空的模糊：模糊的空间界限将视线逐渐吸引至深远的空间和时间，时间是经验主体对世界的主观感知，是人们对于物质运动变化的感知，透明性的存在形成了时空的转化可能。

由此可见，透明性作为一种抽象的"形式—组织"元素中的关系状态，也可以被看成并用作一种形式组织的手段。在这个基础上，我们既可以运用"透明性"来分析现代建筑，还可以以此作为设计的构思点。

张永和在1991年设计的"垂直玻璃宅"便是一个以玻璃的物理透明性来表达空间和现象透明性的作品。张永和的设计建立于一个建筑学的共识之上，即水平向的玻璃住宅注定是田园式的（从密斯的范斯沃斯住宅到菲利普·约翰逊的玻璃之家都是如此），属于开敞景观，是和高密度的都市环境相矛盾的。正是基于这个对传统玻璃住宅的观察和批判，张永和设计了一个透明空间模型：它是城市的，由透明的水平界面——玻璃的楼板及屋顶和不透明的垂直界面——实墙体构成的一个垂直玻璃住宅。"在这个垂直玻璃住宅中，空间划分的意义是为设备镶边框——玻璃楼板使设备漂浮在平面结构的四方形边框的中心，构成家居场景的一个片段，反映出设备在家居生活中的特殊地位，而桌椅的重要性不如设备，于是在边框之间。"❷ 楼板的透明性使得所有的设备家具连成一个脱离房屋结构存在的

❷ 张永和著，《非常建筑》，黑龙江科学技术出版社，1997，p.90。

整体，一部完整的居住机器，一段家居的叙事。这个住宅无疑是一个建立在透明性基础上的矛盾抽象物，玻璃楼板分割了空间但无法形成空间序列，这个建筑的空间序列只能是场景的重叠，同时空间和四分空间再次体现了东方空间的等值观念。因此事实上，这个空间就是一个典型的关于生活的现象的重叠的、模糊的透明性空间（图2-10）。

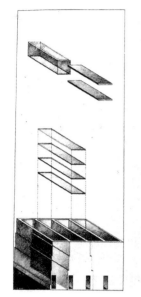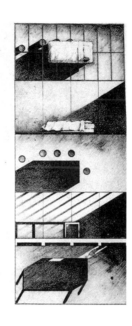

图 2-10 张永和的概念设计作品"垂直玻璃宅"

建筑空间语言中的透明性概念导致了两个结果：首先，它为我们创造了重新观察熟悉历史建筑的视角并释放了思维，当我们从抽象思维的透明性出发时，看待建筑就超越了"历史的"和"现代的"之间的简单差别；其次，作为一种设计手段，"透明性"在具体的设计过程中是创造空间秩序的复杂系统的有效工具。

2.1.4 现象学语言——还原性

作为20世纪最具原创性也最持久的思潮，现象学不仅对哲学、人文科学有着重要影响，而且也波及社会科学和艺术研究领域。现象学和建筑、建筑学的关系是国内建筑学界近年来的另一个研究热点。当然，现象学本身是一个内涵和外延都极其深奥和宽广的领域，本书仅仅试图从现象学的"还原性"这一个具有抽象思想的特点展开关于现代建筑抽象性语言的一些研究。

现象学（Phenomenology），是研究"经验"、研究意识的意向性活动（consciousness as intentional）的科学。与现象学有关的哲学家主要有胡塞尔（Edmund Husserl）、海德格尔（Martin Heidegger）和梅洛 - 庞蒂（Maurice Merleau-Ponty）。"建筑现象学则主要讨论三个主题：哲学中的

❶ 彭怒、支文军、戴春主编，《现象学与建筑的对话》，同济大学出版社，2009，p.85。

现象学、现象学美学以及建筑现象学。"❶ 建筑现象学的创始人是挪威建筑理论家诺伯格-舒尔兹（Christian Norberg-Schulz），其关键思想可以溯源到海德格尔的《筑·居·思》。

19世纪末、20世纪初，现象学之父胡塞尔将意识作为哲学思考的中心，他认为如此可以同时展示思想的结构和内容，可以将纯粹的世界还原并展现在人们面前，他称这种被"还原"的世界是自然的或真实的出发点。海德格尔的现象学"还原"与胡塞尔在研究主体上存在着差异：胡塞尔是为了重新界定事物的本质，海德格尔则感兴趣于将现象学的还原方法应用于更为深刻的问题上，即人类的存在自身。梅洛-庞蒂的知觉现象学则试图探寻呈现在人们面前的，在科学解释之前世界的经验的基本层次：既然知觉是人们得以接近这个层次的特殊功能，因此现象学的基本任务就是尽可能具体实在地去观察和描述世界是如何将自己展现在知觉面前的。

建筑现象学研究的各家虽然侧重点不同，但从其思想取向上来看，大体可以分为两种：一种是采用海德格尔的存在主义现象学，主要代表人物是诺伯格-舒尔兹，主要是纯学术理论的研究；另一种是采用梅洛-庞蒂的知觉现象学，主要代表建筑师是斯蒂文·霍尔，侧重于用建筑设计的实践来验证理论。从表面上看，这两种建筑现象学走向并没有涉及胡塞尔，其实不然，因为无论是海德格尔还是梅洛-庞蒂的现象学都是以胡塞尔现象学的基本思想方法，即"还原"（reduction）为基石的。这种"还原"的意义是人类通过有条理的过程将自身置于"先验范畴"（Transcendental Sphere）之内，在这个范畴内，人们可以排除偏见而按照事物的本来面目观察和感受世界。根据现象学家柯克尔曼斯（J.J.Kockelmans）的研究，胡塞尔的现象学还原由三个部分构成：❷

❷ 转引自沈克宁著，《当代建筑设计理论——有关意义的探索》，中国水利电力出版社，2009，p.168。

①现象学还原是一种对"存在"的定义过程。

②现象学还原是将文化世界还原到经验世界。

③现象学还原还是先验还原，引导人们从现象世界的"我"到"先验的主体性"。

"还原"作为现象学的本质，意味着"回到事物自身"。"还原"是防止各种解释、假设和现象自身不定性的方法，"还原"通过对事物的不断加"括号"，即定义和加注的过程而达到了一个极高的抽象深度，从而获得世界和存在的自然本质。

❸ 同上，p.160。

"还原"还是现象学的方法，对于事物本质的还原就是捕捉人类的原始经验，从而再现世界的本原。胡塞尔说过："本质还原是对事实状态的贴切描述从事实状态回到它的本质结构。"❸ 因此，回归事物的本质结构就要求我们突破思维的局限和意识的成见，以一种原始的、概括的、抽象的、整体的思考方式来重新面对世界。正如阿恩海姆在《艺术与视知觉》

一书中所言："一个有经验的观察者，为了得到更全面和更本质的观察效果，往往是先后退几步再去观察，因为在后退了一定的距离之后，他们观察到的往往是事物的更为本质和更为明显的特征，而那些偶然性很强的细节成分都被省略了。这种对纯粹本质的直接把握是那些优秀的现代派绘画和雕塑企图通过抽象而要达到的目的。" ❶

因此可以说，现象学对建筑学研究最具启发意义的是：它立足于人类生活中最基本和最本质的日常世界中，将人类的观点和意识抽离一切哲学、科学的"成见"和"偏见"而集中于纯粹现象和生活中直接感受和直接体验的事物中。这种"还原性"强调的"事物本质"与现代建筑的抽象性所追求的真实的建筑场所和真实的生活空间是完全一致的。同时我们必须意识到，虽然"还原性"的现象学作为哲学概念依然是抽象的，但这一点并不会影响将现象学的"还原性"特质运用于建筑思考，因为建筑设计就是一个将抽象概念具体化的过程。

斯蒂文·霍尔（Steven Holl）是当代使用现象学进行建筑思考的重要建筑师之一，霍尔认为现象学不应仅仅作为一种设计方法而存在，而应该成为一种关于建筑和场所本质的哲学思考，如果不采用现象学关照方法，就无法参透建筑和场所的精神，也就不能正确面对和解决建筑问题。客观上看，霍尔在建筑实践中主要以现象学的介入来思考和解决舒尔茨所提出的"场所精神"问题，也就是建筑与环境的关系问题，但在这个过程中，"还原性"也是霍尔常常用来进行建筑抽象思考的出发点之一。

1970 年代，霍尔对美国传统建筑展开了系列性研究，研究成果包括《桥》《字母城市》《桥宅》《乡村和城市住宅类型》和《杂交建筑》等。在这一系列研究中，霍尔除了关注于建筑类型的研究外，还以一种"还原"的态度将美国的传统建筑还原到一种形态意义上的"原型"研究。如他在"乡村住宅"中将乡村住宅还原成一室住宅、叠合住宅、鞍形住宅、狗道式住宅、望远镜式住宅、高速路住宅等九种原型，将"城市住宅"也概括为单枪型住宅、双枪型住宅、比目鱼住宅等原型。霍尔在此研究的叙述中引入了匈牙利音乐家比拉·巴尔托克的乡野调查作为思考起点，他认为："美国的乡村住宅不仅表现出特定的地域或周边环境，而且蕴含了人们思想中抽象的理念。在住宅形式背后所表述的抽象文脉和无意识的逻辑性与先验的住宅模型相比，前者更代表它的实际意义。" ❷ 从这些住宅有趣的命名中也可以发现霍尔的"还原"意识，他没有以现代建筑的空间术语命名建筑，而是从真实的生活体验中截取趣味性的直观形式来命名建筑，从而获得一种源自生活的真实和本质（图 2-11）。

彼得·卒姆托（Peter Zumthor）的建筑思想是建立在对解构主义和后现代建筑理论的批判基础上的，他将建筑视为一种生活的容器和背景，生活围绕建筑或在其中发生某种"氛围"，因此卒姆托也被视为当代建筑师

❶ 鲁道夫·阿恩海姆 著，腾守尧、朱疆源译，《艺术与视知觉》，四川人民出版社，1998，p.183。

❷ 斯蒂文·霍尔等著，谢建军译，《建筑丛书 3：住宅设计》，中国建筑工业出版社，2006，p.86。

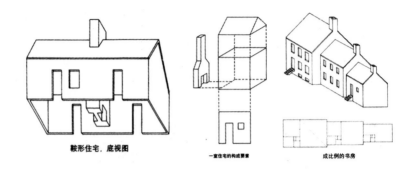

鞍形住宅. 底视图　　　　一室住宅的构成要素　　　　成比例的书房

图 2-11　斯蒂文·霍尔的"乡村住宅"研究立足于一种日常化的现象学

中建筑现象学的代表人物。但不同于斯蒂文·霍尔，卒姆托本人几乎没有留下以现象学为题的有关建筑的文字，而这一点正是卒姆托建筑设计和建筑思考的特点，这个特点本身就是一个从现象学到建筑学的还原过程。

　　建筑现象学关注于两个核心内容：建筑场地（thingness）和空间体验（consciousness）。与这两个核心内容相对应，卒姆托的设计基于两个设计要素：现象学的还原性强调的"事物性"和由材料和建造构成的"空间感受"。

　　为了获得一种本质的、与生活息息相关的建筑，卒姆托在职业生涯的最初便追求一种以理解和感觉为原则的真实建筑。从 1980 年代设计的山间教堂到 1990 年代的奥地利布里根艺术博物馆再到瓦尔斯温泉浴场（1986-1996 年），卒姆托展现出一种与现象学还原性相关的连贯思考。在瓦尔斯温泉浴场的设计中，卒姆托至少从两个方面展开了他对建筑与环境关系的"还原"：一是空间感受的还原，一是建造的还原。卒姆托在对这个项目的回顾文章中写道："浴场仿佛是已经存在很久的一座建筑，它和地形与地理相关，应对瓦尔斯山谷的石材，被挤压、有断层、折叠的、破碎成无数片。"[1] 这便是建筑师最初的整体构思意向，这个意向是对沐浴和身体的理解：首先，从室外空间而言，他希望设计出的温泉浴场是从山林中生长出来的；接着卒姆托展开了对于浴场内部空间序列的营造，内部空间被分为两类：线形的曲折空间和点状的内向空间，前者作为交通、联系和交流空间而存在，后者则是建筑的空间主体。卒姆托的这种对内部空间的划分也对应着这座建筑的最重要的两个构思元素：建筑体验和空间结构，建筑体验是建立在现象学的还原性之上的，空间结构则是必要的技术手段（图 2-12）。

　　同时，对卒姆托而言，建造也是一个设计过程，建筑应该表达明澈的逻辑和清晰的建造，整体与细节相互印证、不可拆卸。"房屋见证了人们构造具体物体的能力，我深信所有建筑作品的真正本质存在于构造活动之中。"[2] 卒姆托使用了"解剖中的骨架"来形容他在这个建筑中的建造构思，他认为创作氛围的要素之一便是建筑自身，建筑应该达成像人体的骨架和

[1] 转引自贺伟玲、黄印武，《瓦尔斯温泉浴场——建筑设计中的现象学思考》，《时代建筑》，2008/6，p.44。

[2] 转引自张彤，《真实建筑——彼得·卒姆托的作品和思想》，《建筑师》编辑部编，《国外建筑大师思想肖像（下）》，中国建筑工业出版社，2008，p.222。

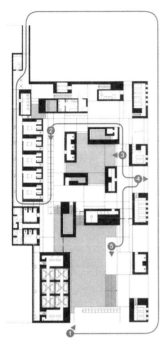

图 2-12 卒姆托的建筑显示出一种对场地和体验的关注

皮肤般的协调和自然。因此可以说，在卒姆托的建筑中，技术只是手段，其最终目的是借助于对物的敏锐感觉，建立起人和物的真实联系。在这个联系的基础之上，人在建筑内的活动成为一个自然的现象，而作为建筑元素的砖、石、水、光成为经过空间还原后的另一种自然现象，建筑也就最终成为一个现象的容器。

两个黄鹂鸣翠柳，一行白鹭上青天。

窗含西岭千秋雪，门泊东吴万里船。

郑时龄教授在同济大学"建筑现象学"讲座中，引用了杜甫的这首七言绝句作为开场白。在他看来："这首只有 28 个字的诗完美地表达了在时间中所展现的领域性、空间感以及场所感，从中很好地表达了现象学关于天、地、神、人的一些基本原理。"❶ 其实，郑教授在这里想说的应该是：优秀的建筑应该像流芳千古的诗歌一样，都是对于记忆、对于场景、对于空间、对于场所的真实还原吧。

❶ 彭怒、支文军、戴春主编，《现象学与建筑的对话》，同济大学出版社，2009 年，p.86。

2.2 现代建筑抽象性的类型

从前文所述的现代建筑抽象性的脉络及其语言特质中，我们可以清晰地看到现代建筑与抽象性并行发生、并行发展的过程，在这个过程中，现代建筑的抽象性具有多种可以辨析的特点，这些特点或隐或现，为了便于进一步研究，有必要对现代建筑抽象性的类型进行必要的分类和整理。事实上，这些类型本身并不是绝对孤立存在的，而是有着相互联系和重叠关系，对它们的分类只是建筑研究的一种方法，这种分类研究的方法有助于我们在面对具体建筑案例和具体建筑师的作品时能迅速找到研究的切入点和分析的出发点。

对于现代建筑的抽象性的类型，笔者认为可以从现代建筑的内涵和外延两个方面来理解：一是从其表现性来分类，表现性可谓现代建筑的外延，但是由于现代建筑抽象性的起源和抽象艺术、抽象性思想密切联系，因此这个作为外延的表现性对于现代建筑来说，极其重要。抽象艺术不再现具体的物体的形，它创造自己的形，这使得抽象艺术成为一种看得见的"纯形式"的艺术，形式本身就是它的意义所在；一是从其建筑性来分类，建筑性是现代建筑的内涵，涉及现代建筑的空间概念和建造方式等具体的专业范畴，因此建筑性抽象是关于建筑概念与逻辑性的自省性、原理性抽象。此外，由于真实的建筑不能脱离于具体的城市环境和地形而存在，因此建立在表现性和建筑性双重基础上的场所抽象也可以被视为两者的结合点（表 2-1）❶。

❶ 表 2-1 中的托尼·高德夫雷（Tony Gogfrey）为著名艺术评论家，著有《今日绘画》（2011 年出版）。

现代建筑抽象类型表　　　　　　　表2-1

		抽象类型				
	科学研究	表征性抽象		原理性抽象		
	抽象绘画	几何抽象（冷抽象）		抒情抽象（热抽象）		
	抽象艺术（康定斯基 1920s）	外在性抽象		内在性抽象		
	抽象艺术（高德夫雷 2000s）	纯抽象		模糊抽象		
观念的发展　实践的深入	艺术史（沃林格 1900s）	外观特征的抽象		内在结构的抽象		
	艺术史（奥斯本 1980s）	语义抽象		非传统抽象		
	艺术史（格林伯格 1980s）	形式自律的抽象		理性结构的抽象		
	现代建筑（笔者 2010s）	表现性抽象			建筑性抽象	
		几何抽象	抒情抽象	场所抽象	空间抽象（精神性抽象）	建造抽象（物质性抽象）

2.2.1　从表现性出发的抽象

抽象艺术对西方现当代艺术有着深刻而持久的影响，是西方现当代艺术的核心形态之一。从本质上说，抽象艺术的核心研究和表达主题是艺术的自律性问题，它通过对视觉方式的解放，使抽象的存在成为可能。

从现代建筑的表现性来看，其抽象性的表现特点及风格变化多端、丰富多彩。从表现性出发可将现代建筑的抽象类型分为两类：一是以蒙德里安、杜伊斯堡为代表的几何抽象，对应着现代建筑中的追求理性和秩序的抽象类型；一是以康定斯基、马列维奇为代表的抒情抽象，对应着现代建筑中强调运动和浪漫的建筑类型。几何抽象和抒情抽象代表着从表现性角度出发的抽象类型的两极，但两者又存在着共同点，即都在不约而同地使用基本造型元素（绘画：形、色、线和面；建筑：体量、比例、尺度、色彩）来创造出自由的、绝对的美。

2.2.1.1　几何抽象——理性王国

现代绘画中的几何抽象（Geometrical Abstraction）又称"冷抽象"。"它是知性的、冷漠的、几何的、结构的、直线的抽象，几何抽象由立体主义发展而来，而立体主义则从塞尚的理性结构式风格获得启示。几何抽象不依附自然形象，完全以几何图形组合构成形式的美。"[1] 几何抽象以蒙德里安为代表，至上主义、构成主义、新造型主义等均属之。凡·杜伊斯堡的"空间结构"是一个理想化的几何抽象建筑空间原型。

几何（geometry）一词是由两个希腊词汇融合而来的，ge- 是"大地"的意思，metron 则表示"度量"。因此可以看出，对客观世界尺度的把握和判断无时不在，人们无时无刻不在度量着周围的环境。几何具有单纯、抽象的特点，因此具有天生的审美价值和表现力，因此几何元素也是在实际创作中建筑师最常用的手法。

英国建筑学家西蒙·昂温（Simon Unwin）在《解析建筑》中将现代建筑中的几何划分为"社会几何"、"制造几何"、"理想几何"和"复杂几何"四大类[2]，借助于昂温的这四类几何有助于我们来理解作为建筑空间属性的抽象性几何特征：

（1）社会几何：所谓"社会几何"是指公共活动中，由人与人之间构成的几何关系，是个体几何相互作用的结果。如圆形布局是最能体现公众精神的一种平面形式，其本身就是对平等、公正、参与和共享理念的抽象表达。在夏隆设计的摩尔曼住宅（Mohrmann House，1939 年）中，平面中只有餐厅是一个规则的半圆形，它由一处半圆的外凸窗围合而成，餐桌也设计成圆形，而餐厅恰好介于厨房和客厅之间，贴近自然、恰到好处（图 2-13）。

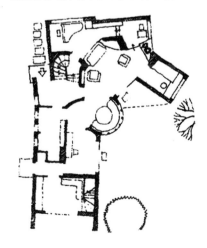

图 2-13　夏隆设计的摩尔曼住宅中的圆形具有一种社会性

❶ 陈正雄著，《抽象艺术论》，清华大学出版社，2005，p.59。

❷ 西蒙·昂温著，伍江、谢建军译，《解析建筑》，中国水利电力出版社，2002，p.113-125。

（2）制造几何：许多日用品的几何造型决定于其生产工艺，陶瓷花瓶之所以是圆的，是因为是从其模具上转塑而成的；桌子是方形的，是因为其每一个构件本身都是方形木料。建筑同理，材料及材料之间的组合方式往往决定了建筑可能的几何造型。用方砖砌墙，自然会形成方形的墙体；墙上开洞，洞口大多也是方的。当然，砖石建筑并非不可能使用其他形式，相比之下，只是需要更多的精心设计。因此可以说，制造几何并非建筑的一项决定性因素，其作用是间接的，取决于所选材料以及受力合理的构造方式。

（3）理想几何：圆与方可以从社会几何及制造几何中产生出来，同时又极其单纯、抽象并易于量化，因此可谓理想化的几何形式。理想几何不仅包括圆形、方形及其三维对应形式——球体和立方体，还包括一些特殊的比例，如 $1:2$、$1:3$、$2:3$ 和 $1:\sqrt{2}$ 等。"鲁道夫·维特考维尔（Rudolf Wittkower）在《人性主义时代的建筑原则》一书中，深入研究了文艺复兴时期建筑师惯用的理想几何的比例和尺度后发现：自然界的一切生物都有一定的内在比例，包括人体、星系、音乐旋律等。建筑若想达到相对的完整性，也应沿用精确的尺度和合理的比例关系进行设计。"❶

❶ 西蒙·昂温著，伍江、谢建军译，《解析建筑》，中国水利电力出版社，2002，p.120。

帕拉第奥设计的圆厅别墅（Villa Rotonda）是古典建筑中经典、均衡的理想几何的代表。它的设计甚至可以追溯到埃及金字塔的几何手法：都是完全对称的布局形式，平面中心是圆形大厅，圆心是横轴与纵轴同时也是四个自然朝向的交汇点。查尔斯·摩尔在他设计的鲁道夫二号住宅（the Rudolf House Ⅱ）中的平面几乎是一个圆厅别墅的"抽象版本"：摩尔同样创造了中心空间，但它被用作起居厅，其他附属房间在起居厅四周布置。由于引入了现代建筑的功能概念，该建筑并不强调如圆厅别墅般的绝对对称，因此反而显得舒展和适当的自由，其实也是现代生活方式的抽象表达。马里奥·博塔（Mario Botta）的很多建筑也是建立在方形母题的基础之上的，博塔倾向于运用矩形的黄金比例来组织平面布局：短边同长边的比值等于长边与长、短边之和的比值。这一比例就是黄金分割比（1.618:1）。在著名的圣维塔尔住宅中，博塔对方形平面的分割一方面遵循黄金分割比，同时比例也呼应了帕拉第奥圆厅别墅中圆与方的比例，最终产生似乎如俄罗斯套娃般的精彩空间，但一切的精彩又具有精确的数学美（图2-14）。

（4）复杂几何：20世纪的很多建筑师都擅长运用纯净的理想几何，形成有机组合、突出整体的效果，如路

图2-14　从圆厅别墅的中心对称到博塔住宅的矩形切割显示了几何抽象的发展

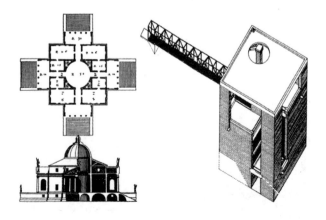

易斯·康、安藤忠雄等。有些建筑师则厌倦于简单平淡的构图模式，转而尝试将不同几何体组合、穿插成更为复杂、多变的空间形式，如理查德·迈耶、弗兰克·盖里等。

这四种关于几何的分类告诉我们，几何学的抽象形式和比例超越了时空限制，而且几何学可以描述从亚原子的粒子到宇宙星系的各种尺度的空间关系。它可以使我们摆脱表面的建筑风格的限制而抵达空间创造的本质，因为几何形式的本质是人类社会最基本的秩序之一，同时几何也提供了自然进化和人类一系列创造活动的基点。

对路易斯·康的建筑的几何分析可以说是了解他的创作过程的一个入口。康曾经在一封写给建筑界朋友的信中提到了关于自己的三个阶段的创作过程的理论——第一个阶段是"空间的本质"，接下来是"秩序"，然后是"设计"。由此可见抽象几何概念凭借自身的力量，促使康将它视为"种子"，并试图把它变成秩序，然后在抽象力量形成的内在秩序的基础上再发展到外向的设计阶段，在具体的实现过程中再把基地、结构、材料和项目的特殊要求综合考虑进去。

以费舍住宅（1964-1967 年）为例，这座住宅的形体是建立在对外部环境的理解的基础之上的，整个建筑不是从附加的或者纯粹的网格结构中发展而来的，而是以一种自由的布局方式结合在一起的单个体量所组成。从建筑平面上看，我们可以把费舍住宅看成是由四个独立的立方体量所组成，作为第五个元素的半圆形壁炉增加了平面的趣味性；从整个建筑的形体分析，这个设计的起源是由两个尺寸相同的方形组成，第一步是两个方形抽象地呼应了入口道路和朝向关系，从而形成的两个立方体之间成 45° 角，并且在一个角上叠加；第二步开始形成方形的"变形"，方形一开始延长成为矩形，方形二则扩展为一个更大的方形；第三步以起始方形的对角线为半径的一段圆弧与一侧的延长线相交从而确定了第三个形体在这个交点的位置上，同时也确定了作为车道的延长线的准确方向（图 2-15）。

孟加拉国达卡的议会大厦（1962-1983 年）是康规模最大同时也是最特殊的作品。这座建筑以抽象表现的手法反映了康试图发展一种无所不包的、与地域文化相关的同时又是全球化的可以触及 21 世纪建筑语言核心的想法。尽管建筑规模庞大，但康依然以几何抽象作为整个建筑的构思点，虽然整个建筑看上去是传统网格的简单复制，但是在封闭的方形的角部发生了进一步的变形：北侧的方形是一个巨大的入口门厅，而南侧的清真寺在方形的轮廓内形成了四个圆形，它们在角部与中心的方形结合在一起，只有在南北方向出人意料地脱离了起始方形的框架，从而加强了平面运动的方向感。所有的图形的变形都在限制的框架内，并且形成了独立的自主形式（图 2-16）。

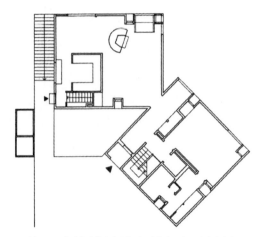

图 2-15　费舍住宅是康的 "等形几何" 与几何组合的代表作

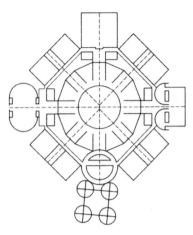

图 2-16　孟加拉国议会大厦的几何叠加处理显示了康对传统几何形式的娴熟变形能力

在当代日本建筑师中，对几何形式的抽象操作最为娴熟者非安藤忠雄莫属。如果说安藤的前辈篠原一男的早期作品是以几何体建筑来作为他对日本传统空间的抽象化载体的话，那么安藤的几何几乎就是他的全部，安藤多次在文章和访谈中提及画家阿尔伯斯、雕塑家野口勇以及以吉原良治为代表的日本具体美术协会对他的终身影响，因此在安藤的眼中，几何是可以塑造一切的抽象元素：抽象自然、抽象传统、抽象气候……

安藤忠雄 1980 年以来的作品中的几何抽象可以概括为三个阶段：

（1）阶段一：1980 年代，安藤以一系列长方形（个别为正方形）的住宅展开设计，这个阶段安藤对几何的塑造主要采用减法，即在一个完整的长方体空间内切自身的庭院和指向天空，由于地形的原因，各种长方体在三维比例上不尽相同，但安藤以一种近乎类型学的手法使这些住宅展示了一种高度的手法一致性、延续性和系列性，在整体几何形式上可以用 "坐井观天" 来形容——空间主体内向、封闭，局部向天空（自然）开放，强调几何内部的自身逻辑性（图 2-17）。

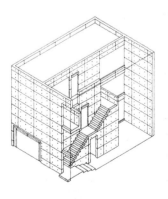

图 2-17　安藤忠雄早期的混凝土建筑显示出一种类型学意义上的几何空间

（2）阶段二：1990 年代，随着安藤对大量公共建筑的介入，安藤的几何体开始由简单的形体转向两到三个不同形体之间的抽象组合与抽象构成，这种变化一方面是为了呼应相对于住宅的更为复杂的地形关系，另一方面也是为了增强公共建筑应该具备的公共性和开放性，并对具体环境做出几何学上的呼应。可以说这个阶段是安藤的抽象几何体在由住宅尺度向城市尺度转换的过程中的一次自然而然的变化阶段。

（3）阶段三：2000 年以来，安藤在前两个阶段的基础上，在国际范围内一些建筑评论家对其"黔驴技穷"的质疑声中，仿佛"绝处逢生"般地得到新生，这个新生的主要内容就是在他的设计中开始出现完整的圆形、球形和对基本几何原型几乎拓扑处理的切割，从这个角度来看，阶段一的几何抽象切割是平面化的，而这个阶段的几何切割是三维的、城市化的、立体化的，或者说更接近于"大地艺术"（Land Art）的范畴。也许安藤已经意识到在这个越来越复杂化的世界中，越是单纯、越是完整的几何形体才越能抵达建筑的本质而真正获得存在的理由，这些完整的几何形体犹如这个星球上的一只只睁开的"眼睛"朝向遥远的天空，犹如安藤一直向往的帕提农神庙顶部的那个"睁开"的洞口一样获得存在的意义（图 2-18）。

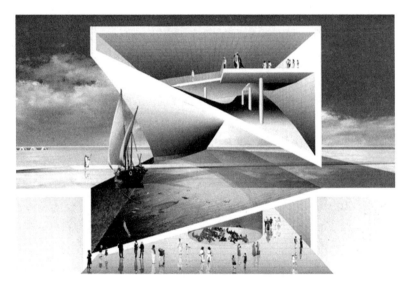

图 2-18　安藤忠雄 21 世纪对几何原型的拓扑性切割

与路易斯·康和安藤忠雄对原型几何及其组合的钟情不同，理查德·迈耶采用的是一种几何的抽象与重构兼有的操作方法。作为"纽约五"和"白色派"的代表人物，迈耶钟情于现代主义建筑的简洁和纯净，钟情于白色几何体的组合与重构，在迈耶的建筑作品中我们可以发现这样一条线索：长方体或圆柱等形体被分解与重构，视觉上得到点、线、面的组合关系，而交错在一起的平面、立面和剖面形成整体性与逻辑性。在这一点

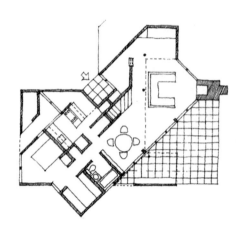

图 2-19 迈耶设计的霍夫曼住宅

上迈耶延续了杜伊斯堡的手法，将形体抽象化为垂直与水平交错的、穿插的面。或者说，迈耶运用了风格派的分解手法，建筑的界面通过建造逻辑和空间逻辑的双重安排，成为一个独立于功能之外的建筑要素。

由迈耶设计的霍夫曼住宅（the Hoffman House, 1967 年）平面由两个相互穿插的矩形组合而成，其中用作建筑主体的矩形沿基地对角线呈 45° 斜置，适应了建筑与场地间的方位关系。两个矩形又各自等分为两个正方形，正方形又沿两条边再三等分。建筑的基本元素：墙体、玻璃幕、管道井和柱网的位置都处于矩形所产生的复杂节点上，矩形内再分的方形网格使几何关系更为细化，形成更多的交会点，以定义出更为丰富细微的建筑空间（图 2-19）。迈耶曾多次撰文来阐述自己的设计，他认为几何只是他用来辅助设计的工具之一，他的真正意图是将阿尔伯蒂和帕拉第奥的空间原型抽象化地合二为一来创造既是传统空间的延续，又是新型空间的维度统一体，这种统一体的高品质空间在迈耶看来必须具备一种复杂性。

2.2.1.2　抒情抽象——浪漫世界

现代绘画中的抒情抽象（Lyrical Abstraction）又称"热抽象"。"它是感性的、直觉的、有机的、生态的、表现的、曲线的抽象。抒情抽象由野兽主义发展出来，而野兽主义则从高更和梵高的富有情感的色彩、自由和曲线的画风获得启发。抒情抽象主张用纯粹的视觉元素——形、色、点、线、面等加以组合来传达作者主观和自由的内在情感，它与音乐、建筑有着类似之处，故亦可被称为可视化的音乐、可视化的建筑。"[1] 抒情抽象艺术的思维与超现实主义的"自动性"（Automatism）技法有关，[2] 康定斯基、马列维奇为抒情抽象的先驱。

现代建筑中的抒情抽象与几何抽象的区别何在？我们依然可以从现代绘画中的对比研究中看出端倪。与蒙德里安形态外在的、相对静态的强调明确几何和清晰构成有别，马列维奇的抒情抽象显示出更多的自由、热情和感情流露，所以其画面的秩序是内在的，暗含于形式背后的，他的作品是在细心控制的环境中建立稳定与动感、均匀与变化之间的平衡。马列维奇同时也运用色彩的层次来喻示空间和形体的变化，从绘画的角度来讲，这些色彩并非视觉中光线分解下的产物，也不归属于任何可见世界的物体色彩，而是宇宙本质的散发，是人类情感的抒发。

马列维奇认为他在建筑中见到了所有其他艺术综合的可能性："建筑

❶ 陈正雄著，《抽象艺术论》，清华大学出版社，2005，p.45。
❷ "抽象表现主义"、"非形象艺术"、"点彩主义"、"色域绘画"等是抒情抽象的分支。

作品是一种综合艺术，这也是为何它必能与所有艺术相关联的原因。"❶
1923—1927 年间马列维奇完成了"建筑空间设计"，这是一个有关建筑空
间的抽象模型，由不同尺寸的立体和平行六面体组合而成。这些设计虽然
都是一些概念性的未能实施的方案，但是作为抒情抽象的开端对后世的建
筑师影响甚大。在当代建筑师中，从丹尼尔·里布斯金、利比乌斯·伍兹
（Lebbeus Woods）到哈迪德的建筑绘画和作品中都能够感受到马列维奇的
影响。

　　丹尼尔·里布斯金的早期的大量建筑绘画和后来的建筑实例都表明，
他曾对马列维奇"至上主义"系列绘画中的线性的空间进行过研究。在绘
画、草图和设计中，里布斯金大量描绘和设计了各种线性空间，既有典型
的现代主义穿插、扭转，也有解构主义风格的断裂、反弹等手段——表面
上零散的线条呈现出自由、随机、冲突和偶发，在带来有别于传统经验世
界的戏剧性感受的同时，也能让人敏感地把握到其中一条或隐或现的"轴"
的存在，这正是马列维奇的主题之一。事实上，可以说这种动态的、以线
性为轴线的自由构成的确是由马列维奇所开创的艺术语言，但是，在今天
的建筑界，这种自由构成的形式逻辑已转化为对城市环境和建筑语言的当
代思考，这无疑对建筑形态语言的开拓起到了积极的作用，也使抒情抽象
正式成为建筑师的思维中的一种范式。

　　以纽约作为创作基地的建筑师和建筑教育家利比乌斯·伍兹可谓是海
杜克的孪生体，当然，他们都是马列维奇的传人。伍兹的职业生涯几乎没
有任何建成的建筑实体，但是光靠他留下的那些有关建筑和城市的乌托邦
式的绘画作品，他就可以在现代建筑史上留有一笔了。1989 年他出版了
画册《154》（onefivefour，真是够抽象的书名！），在这本画册的自序中，
伍兹写道："几何与光线是我的建筑创作的基本元素，光、事物和能量是
这个世界的主宰，就像爱因斯坦的宇宙能量公式一样：$E/M=C^2$。我的建
筑因此也就是这个物理世界中的有关思想和行动的物质实体。"❷整本画
册以大量草图、拼贴、密码文字等展示了伍兹所言的能量世界之中建筑作
为城市乌托邦这个大前提之下的抒情化的各种姿态和表情（图 2-20）。在
这一点上，中国建筑学者张在元完成于 2001 年的《非建筑》一书在某种
程度上是和伍兹的主题相近的，都是关于未来的、不确定的、未知的世界
中的有关建筑、无关建筑的一些抽象性的描绘（图 2-21）。

　　Z·哈迪德继承和发扬了抒情抽象及其构成主义建筑师如李希茨基、
切尔尼科夫、梅尼科夫等人的思想，古根海姆美术馆馆长泽曼诺·西兰特
（Germano Celant）曾说过："哈迪德的建筑简直就是巨型的抽象雕塑，仿
佛是把她的抽象主义油画赋予了三维属性，总是能带来强有力的视觉震
撼。"❸哈迪德的建筑应该说是一种"绘画性建筑"，她将绘画与建筑进行
了抽象的糅合，使建筑具有一种超现实主义的、梦幻般的效果（图 2-22）。

❶ 何政广主编，曾长生撰
文，《马列维奇》，河北教
育出版社，2005，p.95。

❷ Lebbeus Woods, OneFive-
Four, Princeton Architectural
Press, 1989, p.1.

❸ 转引自刘松茯、李静薇
著，《扎哈·哈迪德》，中
国建筑工业出版社，2008，
p.131。

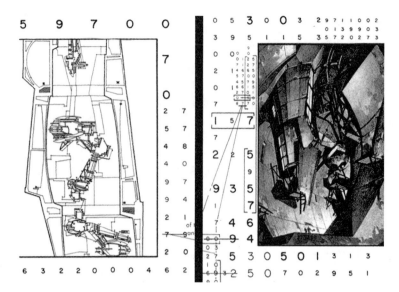

图 2-20 伍兹《154》一书中的
草图

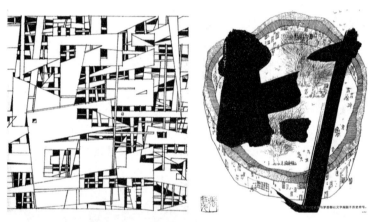

图 2-21 张在元《非建筑》一
书中的草图

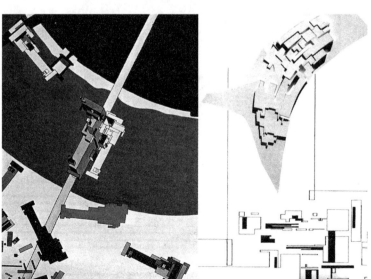

图 2-22 哈迪德的设计继承和
发扬了苏俄前卫派的抒情抽象
（左为"马列维奇的建构"）

脱离哈迪德的绘画去解读或者评价她的设计思想是不全面的，因为抽象绘画不仅仅是哈迪德的设计表达媒介，更是她的主要设计策略和方法。可以说，绘画在某种程度上促生了哈迪德独特的设计思想和特征鲜明的建筑，仅仅从哈迪德的建筑绘画中就可以看出她的抒情抽象的几个要点：

（1）平面化抽象的城市环境。马列维奇认为绘画的核心就是要反映创作者对客观世界的主观情感与认识，抽象的形式比具象的形式更有意义，更有表现力，也更能反映事物的内在本质。这种抽象的表现方式，表面上像是脱离了现实的世界，但实质上，它追求的是一种更高层次上的真实，一种形而上的真实。哈迪德深受马列维奇理论的影响，她的建筑绘画不是对建筑效果的简单再现，而是她对客观世界的主观感悟。哈迪德坚持用一种抽象的、平面化的方式来表达与探索她对城市形态与结构的理解，香港、曼哈顿和伦敦都曾经是她描绘和表现的对象，这使她具备了对城市进行高度抽象与概括的能力，也在一定程度上为她的景观思想奠定了基础。她在设计中所追求的建筑与地形的相似性和相关性，就是建立在她对城市肌理的深刻分析与研究之上的。

（2）抽象概念化的主题。哈迪德曾说："表现图中那些颠覆传统的震撼场景，如果仅仅是形式上的新颖是不够的，它应该是建筑创作理念的创新在表现形式上的反映。而这种创新的理念并不完全是非理性思维的灵光闪现，它也需要长时间的思考和推敲，虽然开始时可能带有一些偶然性因素，但大多是通过精确的绘画和模型逐步推敲、完善的。"**❶** 可见，画面的视觉效果并不是哈迪德的唯一追求，用绘画来表达设计理念才是她的真正目的。而且，对于哈迪德永不停步的建筑试验来说，绘画不仅是表现设计概念的重要媒介，还是辅助思考的设计工具，在方案的设计、推敲过程中起着重要作用。哈迪德在绘制建筑表现图的时候，不是将已经确定好的设计概念和方案转化成直观的图纸，而是通过图纸、模型和绘画的制作与推敲逐步地明晰和完善其设计概念和方案。

（3）超越装饰的色彩抽象。色彩是绘画的主要表现手段之一，由色彩所创造的那种梦幻般的非现实效果，以及由色彩构成的张力感、韵律感和节奏感，对画面的视觉效果起着重要的作用。除此之外，色彩还会对人类的主观情感产生直接的影响，色彩能够给人类的灵魂带来直接的冲击，色彩可以影响人的感觉、知觉、记忆、联想和情感，因而色彩还具有强大的心理效力。哈迪德在绘画中不仅充分利用了色彩的装饰性，而且赋予色彩以深刻的象征意义和鲜明的情感意味，这使其设计的"内在精神"表达得更充分，绘画的内涵也更丰富。在哈迪德看来，绘画是其建筑设计的一种辅助工具，每幅画都记录了方案的某个发展阶段，而变幻的色彩是这些绘画必不可少的组成部分。哈迪德借助主观化和抽象化的色彩营造出了极具表现力和感染力的画作，而且使其设计理念表达得更为强烈。

❶ 转引自刘松茯、李静薇著，《扎哈·哈迪德》，中国建筑工业出版社，2008，p.135。

❶ 转引自刘方,《弗兰克·盖里》,《建筑师》编辑部编,《国外建筑大师思想肖像(下)》,中国建筑工业出版社,2008,p.128。

❷ 转引自吴焕加《关于美国建筑师盖里》,《世界建筑》,1998/3,p.70。

查尔斯·詹克斯说:"盖里以一种晚期现代的、抽象的词汇发展了查尔斯·摩尔及其他人的后现代空间。"❶ 按照笔者的理解,詹克斯所说的这种抽象词汇应该就是本书所言的抒情性抽象。虽然盖里的作品一直被人们视为解构主义的代表,但从某种程度上看,盖里的作品明显区别于艾森曼、屈米等建筑师的构思来源,而更接近于波洛克的"行动绘画"和"点彩主义",而这两者都是马列维奇之后在美国兴起的抒情抽象的两个分支。

艾森曼、屈米的解构主义更多来自于德里达的解构主义哲学,因此他们的作品常常是需要在建筑师反复诠释的过程中才被人体会。而盖里则不然,盖里关注现代艺术远甚于关心哲学,他说:"在一定的意义上我也许是个艺术家,我也许跨过了艺术与建筑之间的鸿沟。"❷ 草图(绘画)构思是盖里建筑设计中的一个重要环节,他的草图往往是由一些连贯的不间断的光滑曲线构成,粗看之下只是些杂乱的线条,但这正是他特有的绘画方式——将意识交给手,挖掘出潜意识中的自由的、抒情的建筑形态,我们可以称这种构思方式为"自动构思"来对应波洛克的"行动绘画"和现代文学中超现实主义作家的"下意识书写"(图 2-23)。在这一点上,来自奥地利的建筑师蓝天组(Coop Himmelblau)继承了盖里的思路,在德国德累斯顿电影院的设计中运用了所谓"紧闭双眼"的潜意识构思方法,创造出了一个复杂而辉煌的建筑综合体,建筑造型无拘无束、边界含糊,可谓抒情抽象的当代案例。在此,联想起包豪斯时期阿尔伯斯的名言"睁开双眼","睁开双眼"和"紧闭双眼"两者之间并不是矛盾的——睁开双眼是以一种积极的态度观察生活来刺激设计,以永久的好奇心来保持创造的积极性;而紧闭双眼则可谓"以不变应万变"的一种设计方法,这种设计方法更强调内向的思考,但其成立的一个前提自然是对设计本身要有完整的了解和理解。

图 2-23 盖里的建筑草图具有波洛克"行动绘画"般的意识书写特点

此外,必须注意到在盖里的建筑随意的表面之下隐藏的是盖里对建筑内涵的表达,因为这种抒情抽象之下的建筑语言表达才是本书的研究中心。

可以看到，在盖里的建筑作品中，无论是谢纳贝尔住宅，还是耶鲁大学精神病学研究院，在分离的体块背后，隐藏着的却是群落的秩序，每一座建筑都是分散的功能与适用的附体，一种可以按照次序排列也可以被打断的空间围合。进一步说，盖里的作品的背景是根植于洛杉矶都市景观中相互冲突的尺度和当地社区的多元主义，是和南加州的光线特点以及当地的常用建筑材质有直接联系的。这也是为什么盖里的建筑在加利福尼亚州的阳光中总是显得那么自然，而来到其他国家和城市（即使是毕尔巴鄂古根海姆博物馆）时，总显得有些突兀。从这一点看，真正的抒情抽象并不是纯粹的关于建筑形式和空间的浪漫游戏，而应该是一种尊重城市环境和遵循建筑规律的关于城市表情和建筑形象的真实的、自然的情怀书写。

2.2.2 从建筑性出发的抽象

建筑作为一种"物质"必然具有物质性，因此从建筑的实体意义来看抽象即意味着简化和提取。简化意味着对形式的简化，这种形式是多方面的，既有视觉化的形式，更包含精神层次的形式内容；而提取则包含一系列的对于事物概念和属性的提取，如结构提取、秩序提取、机制提取和本质提取等。

依照上述概念，下文拟从两个角度来具体分析现代建筑的"建筑性"之下的两种抽象类型：精神性抽象和物质性抽象。精神性抽象主要包括功能抽象、形式抽象和光影抽象等体现现代空间概念的抽象，这三种抽象往往体现建筑的概念性和感性；物质性抽象是指作为物质的建筑实体在建造过程中涉及的结构、技术和材料等建构方式中的抽象理念和方法，因此涉及建筑的客观建造。

2.2.2.1 空间抽象——精神性抽象

1. 功能抽象

建筑学中的功能概念的引入是现代科学发展之影响的重要体现——"功能"是从数学和生物学学科中借用而来，引入"功能"概念的基本目的就在于应用科学方法来解决建筑形式中的神秘色彩和先验主义，使建筑步入科学化的征途和理性的殿堂。与古典建筑呈现的厚重、封闭空间相对，现代建筑空间在技术和观念的双重支撑下表现出前所未有的开放性，这种开放性也表现在空间概念随着功能需要而展开的新的形成，在这个形成的过程中，建筑功能必然会经历一个由具体走向抽象的过程，而不同的建筑师对功能的抽象处理也是各不相同、各具特点的。

职业生涯早期的密斯首先意识到古典建筑"空间—功能"模式化的不足，重新审视建筑功能的意义，将现代社会的人的活动融入其间，从而创造出与传统静态空间相对的动态空间，并在此基础上打破了室内外空间的界限，形成了"流动空间"（flowing space）的概念。流动空间的形成过程本身就是一个对古典空间的现代化的抽象过程，或者说，把古典的建筑功能抽象成一定的墙面、面积、体积限定和包围功能之后再加上人的活动和行为特点就形成了密斯所达成的流动空间。流动空间的概念使得一个简单的包含空间变得复杂而丰富了，但密斯并不满足于此，1950 年代密斯进一步将建筑功能抽象化，提出了与沙利文的功能主义"形式追随功能"观点相反的理论：同样的形式可以容纳可变的不同功能，他将这个理论总结为"通用空间"（total space）和"一统空间"（universal space），并将其应用到具体的建筑设计实践中。从小尺度的范斯沃斯住宅到大尺度的伊利诺伊工学院建筑系馆和柏林新国家美术馆，都体现了"通用空间"这个概念。

在密斯的出版物中，曾经反复出现这样一张插图：密斯设计的最大空间和最小空间，它们尺度差异巨大，但是形状和表情却完全一致，都是简单的正方形（图 2-24）。以不变的空间形式来应对不同的功能，这就是"通用空间"和"均质空间"的追求，功能在这个过程中已经被抽象成了"无"的境界，或者说是"以其空空，使人昭昭"也！

50 × 50 ft
House
1951

7200 × 7200 ft
Convention Hall
1953

图 2-24 密斯设计的"最小与最大建筑"以一种"无形"的方形存在

路易斯·康的作品代表了 20 世纪建筑的转折点，功能主义、现代主义和寻找建筑形式的历史原则在他的设计中时常交会。根据建筑史学家的研究，康职业生涯的转折点始于 1940 年代的耶鲁大学艺术馆设计，但事实上这座建筑只是运用了密斯的巴塞罗那德国馆的流动空间手法，并不具备德国馆那种无内无外、无始无终的空间感受。真正改变康的空间观念的作品应该是理查德医学研究大楼，在这个项目的设计中，康为了净化功能，第一次提出了"服务空间"（servant）和"被服务空间"（served）的全新建筑功能概念，挑战了当时的不少现代派建筑师为了表达"民主"和"平等"等政治概念而流行的不分主次的空间网格概念。"服务空间"是管道、楼梯、电梯所在，"被服务空间"是为人使用的主要空间。前者为辅，后者为主。康的这一功能概念是建立在对于现代建筑多种多样的复杂功能的整体认识和抽象观察基础之上的，自此，康的职业生涯的大多建筑作品都可以按照这一概念进行功能分析和空间研究，这一功能概念也影响了现代主义建筑对功能的整体分类，并直接促成现代建筑师在此基础上对于空间等级、空间秩序的思考和探求（图 2-25）。

日本建筑师毛纲毅旷 1972 年设计了名为"反住器"（Anti-dwelling House）的母亲住宅，所谓的"反住"即为反对居住，是日本近代建筑师在现代主义运动中对居住这一建筑功能的反思和反叛，为此，毛钢毅旷在这座住宅建筑中一反常规,设计了同心性的"立方体"空间:1.5 米的家具、4 米的房间、8 米的外轮廓,用"套中套"、"盒中盒"的功能模式对传统的居住空间提出了挑战,最终产生了一个可以漫步的室内建筑空间,一个打破了传统住宅封闭模式的空间原型（图 2-26）。

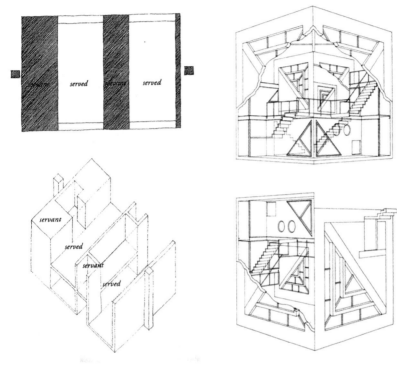

图 2-25　康设计的埃舍里克住宅显示了对"服务空间"　　　图 2-26　毛纲毅旷设计的"反住器"空间表达图
与"被服务空间"的分区　　　　　　　　　　　　　　　　显示出一种对传统的反叛与反思

进入 21 世纪以来,建筑的功能产生了一些新的变化特点,一方面出现了许多新的建筑类型必然要求新的建筑功能与之适应,另一方面对于建筑功能的本质认识也产生了一些新的发展,一些建筑师甚至可以仅仅通过"功能"这个构思点就能营造新型的建筑空间。

瑞士建筑师瓦勒里欧·奥加提（Valerio Olgiati）被认为是瑞士新一代建筑师中以"知性的想象力"来展开设计的代表人物,他和彼得·卒姆托、克里斯蒂安·克雷兹（Christian Kerez）等一起展开了 21 世纪以来的瑞士建筑新版图。奥加提在他的成名作帕思佩尔斯学校（School in Paspels,1998 年）的设计中通过极其简单的功能处理——上下层走道细微的错位,走道本身微差 5° 不平行等匪夷所思的"功能抽象"产生了前所未有的具有体验性的新型建筑空间（图 2-27）,难怪肯尼斯·弗兰姆普敦在评论这一建筑时直接引用了密斯的名言"一无所有"（nothing, almost nothing）。

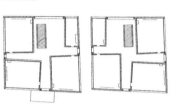

图 2-27 瓦勒里欧·奥加提设计的帕思佩尔斯学校的平面设计造成了功能的"微差"

托莱多美术馆玻璃展厅（Galss Pavilion at the Toledo Museum of Art）是 SANAA "平面图建筑"的一个重要代表建筑。这个建筑平面是由各种表现空间邻近距离的矩形状网格构成的，房间与房间之间由弯曲的墙体连接：玻璃突破了转角的干扰，覆盖了整个连接立面体内的每一处空间，结果形成了一个相互连接的气泡形平面，参观者在其中随着建筑空间的形态而流动。阅读这个建筑的平面图可以发现，这座方形建筑的平面图几乎就是一个包豪斯版本的"功能泡泡图"的直接表达，或者也可以说是一个设计任务书构成的"表格"的直接放大！最为特别的是这座建筑的交通空间"连廊"竟然也是以一个弯曲墙体构成的"房间"的形式而存在的。事实上，这座建筑功能处理上的"简单"和"直接"的背后却蕴含着 SANAA 特有的对现代建筑功能的抽象性的透彻体验：既然密斯所追求的"均质空间"被设计任务书要求的面积不等的房间所打破，那么这种对"均质"的破坏本身为何不能以平等、平均的方式来体现呢？当今电脑时代大量的表格、图表文件又为什么不能直接对应到一座建筑的实际功能呢？米歇尔·福柯在表格中发现了哲学，为什么我们不能从表格中发现建筑功能和建筑空间呢？……事实上，绝大多数建筑都可谓是表格的空间变种，SANAA 发现了这一点，在一个基于分类学和统计学的世界里，物象上的表格即使消失了，作为抽象形态出现的建筑空间依然可以是表格性的、泡泡图性的（图 2-28）。

另一位日本建筑师藤本壮介则喜爱运用规则或不规则的几何图形来消解和抽象他概念中的建筑功能。以他的成名作"T 住宅"（2005 年）为例，这座建筑是一栋四口之家的单层住宅，由于也是业主收藏和展示现代艺术品的场所，因此这个建筑基本是单间的，但是它并不是普通的单间，而是抑扬顿挫的、具有放射状特点的单间。通过宽度和相互之间的连接产生了住宅应有的舒适性、私密性，伴随移动产生情景变化等多样的物质效果，这种功能上的"暧昧"处理直接导致了建筑中"厅的消失"：传统住宅建筑中的"厅"的功能被抽象性地消解了，传统意义上的一个完整的厅被融化为若干个无形的大小空间与周围的大小单间一起形成了一种空间上的趣味性和混沌性（图 2-29）。

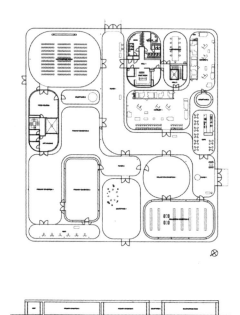

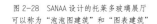

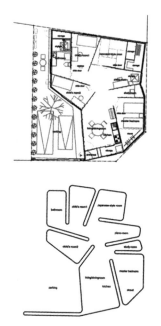

图 2-28 SANAA 设计的托莱多玻璃展厅
可以称为"泡泡图建筑"和"图表建筑"

图 2-29 藤本壮介设计的 T 住宅中通过
"厅的消失"达成了一种功能的相互渗透

　　笔者在 2009 年完成的日本新建筑住宅设计竞赛中，也尝试使用"功能抽象"作为构思的出发点来展开设计。该年的出题人为日本建筑师青木淳，题目为"电影与建筑空间"，这是一个开放的、概念性的设计课题，笔者设计了一个"透过镜头的导演的家"（House through the Lens）来表达"电影—空间"这一主题，虚拟了抽象化的介于真实与虚幻之间、真实的住宅和电影拍摄场景之间的空间（或住宅）——一个直线走道（电影摄影机运行轨道）直接面对不同面宽、不同进深、不同高度、不同功能的房间，房间之间没有直接联系，整个空间的流线分为人（演员）的流线和摄影机（视点）流线两种。试图通过这一抽象化的功能平面来揭示"科学技术—电影场景—空间观看方式"这三者之间的复合关系，并总结出电影场景中空间的虚假性和现实生活场景的虚构性之间的对应关系（图 2-30）。

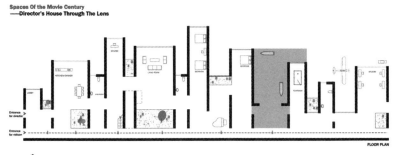

图 2-30 笔者设计的"透过镜头的导演的家"——从虚假场景到虚构空间

此外，在现代建筑的某些概念性设计和研究性设计中，功能甚至可以是"无"的，或者可以说是功能可以抽象到"零"和"尤"的境地的。因为在这些设计中，功能只是建筑师的一些特定空间概念的一个可有可无的载体，观念、概念才是设计的根本。1970 年代，屈米以"曼哈顿草稿"（the Manhattan Transcripts）为题描绘了一系列关于研究人体行为和社会运动以及建筑空间关系的草图，这个系列的草图是非常"建筑化"的，但是由于其主要目的只是一个研究性的概念设计，因此事实上并不涉及具体的建筑功能。

2. 形式抽象

今天的人们生活在一个工业和电子的时代，形象和形式已经形成了对个体的全面包围，就建筑而言，形式是不能脱离功能而存在的。而传统的功能与形式的二元对立论等于把所谓的建筑的形式美放到了一个独立的重要地位上，并据此建立起一整套关于形式美的各种原则。事实上，自现代主义建筑出现以来，这些传统原则早已被现代建筑师不断打破，结构主义、历史主义，类型学、符号学、现象学……都有其建筑上的实践者。而抽象性作为造型艺术的一个基本特点是一直存在的，而且随着现代建筑的发展，对于形式抽象的方法和类型也发生了很大的变化。

从分析的角度来看，对形式的抽象也是相对比较容易理解和阅读的，一般说来，形式抽象可以分为元素抽象、原型抽象和反形式抽象三个阶段和类型。

（1）元素抽象

建筑形式是由一系列元素组成的，既有物质性的元素，如门、窗、墙、板、顶等，也有概念性的元素，如比例、尺度、色彩等，对形式的元素抽象也许是 20 世纪现代建筑运动以来最为常见的抽象类型。元素抽象是一种具体的、个别的抽象，因为将建筑形态的构成要素从整体形象中抽取出来作为单一的主题对象，有助于从元素的本质属性上来理解建筑和设计空间。

1923 年，密斯设计了乡村砖住宅（Brick Country House），这个未能建成的设计体现了密斯早期的一系列建筑思想：流动空间、结构与表皮、材质运用等等，但这一切都是建立在整体建筑抽象成平面中"墙"这一元素的组合方式的基础之上的。墙在乡村砖住宅方案中抽象地建立了了关于这个建筑空间形态的全部内容：场地轴线、空间等级、平面限定和透明性。

荷兰建筑师阿尔多·凡·艾克（Aldo van Eyck）设计的阿恩海姆雕塑亭则是另一个利用平行墙的抽象关系来形成空间形式的建筑。从概念上讲，凡·艾克首先为建筑的基地安排出六道简单而一致的平行墙体，墙体高 3.5 米，墙间距均为 2 米宽，墙顶上支撑着半透明的玻璃顶棚，墙与墙之间形成这座亭子的几何通道；然后，凡·艾克再将平面中的墙体打开一些洞口，局部墙面还增设了几处半圆形的转角，从而形成展示空间所适用的平面形式。通过上述简单又抽象的处理，平面既有明确的方向性，又借助洞口产生的交通流线和视线打破了墙体间的隔绝，从而形成了空间和视线的自如转换和穿越，整体上呈现出一个与雕塑主题相呼应的开放空间（图 2-31）。

图 2-31　墙：从密斯、凡·艾克到海杜克

在 20 世纪建筑师中，以"墙"这一单一元素作为空间实践与实验的最著名的建筑师非约翰·海杜克莫属❶。"墙宅"系列是海杜克最为著名的住宅研究阶段（1964-1970 年），在墙宅系列中，海杜克将对墙的穿越这一平凡的动作抽离出来，置于住宅这一最低、最基本的物质形态中，使它处于一系列对立的状态之中：公共和私密、服务与被服务、过去和将来、固体和流体、功能和形态，从而引起建筑空间对人的行为和思想的某些改变。客观地分析，"墙宅"（之一和之二）以及它们的几个变体（NESW 宅、住宅 18、18A、20 等），尽管受到立体主义绘画的影响，但是海杜克的最终追求却是在主体、语境和时间之间的诸多关系中尝试引发种种不同的效应，通过对功能、几何体和色彩的不同叠加来创造神秘的关联（图 2-32）。也就是说，在海杜克的"墙宅"中，墙只是一个抽象的载体元素，海杜克追求的焦点其实是他一直关注的更为抽象的"诗性"和"生命的抒情性"，或者是如他所承认的，在他的作品中有意地隐藏着的"弦外之音"（Otherness）。

❶ 海杜克的早期住宅研究可以分为三个阶段，三个阶段都与抽象研究有关：一是 1952-1962 年间的得克萨斯州住宅阶段，这个阶段海杜克主要在"九宫格"这个抽象教学工具的网格之下探讨建筑形式，并受到帕拉第奥和密斯思想的双重影响；二是 1962-1968 年间的菱形住宅阶段，这个阶段是海杜克住宅研究的成熟阶段，其最明显的特征就是受蒙德里安抽象绘画的影响；三就是本书所提及的 1964-1970 年间的墙宅阶段，海杜克在这个阶段将"墙"这一抽象元素与空间行为的关系研究发挥到了极致，至今仍是建筑学者研究和分析的对象。

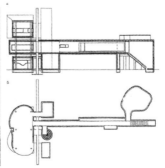

图 2-32　海杜克 2 号墙宅

元素抽象也是中国建筑师张永和在建筑构思中常常使用的手法之一。1990 年代他先后以"窗园"和"墙园"为主题完成了中国河南的两座幼

儿园的方案设计，"窗园"（洛阳）通过前后两排建筑的四道平行的墙之上的窗的对位关系（对窗和滑点透视）来展开这个建筑中的视线穿越和空间分解等趣味空间，按照张永和的解释，这个设计的构思部分来自悬念大师希区柯克的电影《后窗》，从设计中确实也可看到他所追求的在幼儿园中试图制造的悬疑空间和戏剧性体验的效果（图2-33）；"墙园"（郑州）则是张永和对汉字"园"的空间诠释，结果"园"这一汉字被分解为内向的世界、深空间、独立的院子等多层空间含义，而作为建筑的具体载体则表达为若干段平行的墙体（图2-34）。在此，窗和墙等元素都成为建筑师的形式抽象的直接主体和载体。

图2-33　张永和的"窗园"

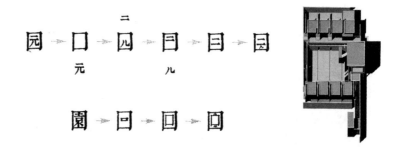

图2-34　张永和的"墙园"

（2）原型抽象

原型抽象是形式抽象的另一个常见类型，这个被抽象的原型可以是一种建筑空间原型、科学概念原型和平面或三维形式原型等等。

瑞士建筑师彼得·马克利（Peter Markli）1992年设计并建成了位于瑞士吉奥尼科的雕塑画廊，这是一个规模很小、平面设计看上去也极其简单的一个雕塑陈列空间，但仔细阅读和分析之下，却可以惊奇地发现这个表面极简的建筑的形式、功能都无一例外地抽象化地再现了古典建筑的空间原理：无论是平面、剖面，都精确地以抽象化的建筑语言再现了罗马风教堂的柱、梁、廊的空间关系（图2-35）。马克利将自己的建筑命名为"元素建筑"，在阐述他的建筑观时曾经说过："建筑师这个职业就像一种古老的语言一样有着自身的语法，所以我们所要学习的就是有关建筑的'语法'本身。"[1] 在笔者的理解中，马克利所言的建筑的"语法"应该就是建筑的基本构成原型、原理。

[1] Simon Unwin, Twenty Buildings Every Architect Should Understand, Routledg Press, 2010, p.82.

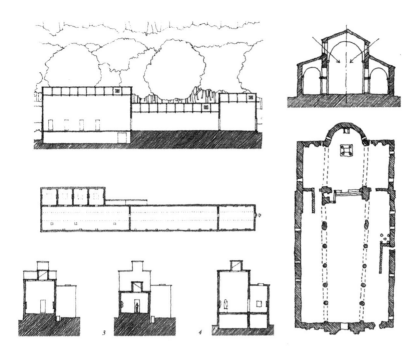

❶ Ben van Berkel & Caroline Bos,《设 计 模 式 》, domus plus vol.012042010, p.78.

图 2-35　马克利设计的雕塑画廊（左）再现了古典教堂的空间原型

对于瑞士建筑事务所 UN Studio 来说，抽象图解一直是他们的设计工具，但图解也不仅仅是一个象征性的符号或者代表着某种特殊意义，它还扮演着出发者的角色，又带着某种程度的分裂：它是一种游离于直角和科学之间的形式，基于数学模型，就像 UN Studio 常常使用的几个原型如莫比乌斯环或者三叶草的形状一样，"可以生成新的、有帮助的含义，使建筑远离类型学的定置。"**❶** 建于 1998 年的莫比乌斯住宅的组织和形式上的结构基于一个双锁圆环——莫比乌斯环，环的轨迹紧密联系着这个家庭 24 小时的生活和工作循环。也就是说，这座建筑本身就是自我环绕型的，映射出日常生活的循环往复，同时也抽象地回应着东西方共有的"无止境"的概念。同样地，他们设计的奔驰博物馆本质上就是一对双螺旋的斜坡，围绕着戏剧化十足的六层中庭盘旋而上，整体平面成三叶草的形状，最终形成一个三维立体的喷丝头，几乎是赖特设计的纽约古根海姆博物馆的金属变形体（图 2-36）。

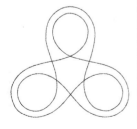

图 2-36　UN STUDIO 的三叶草原型及建筑达成的"循环"效果

❶ Ben van Berkel & Caroline Bos,《设计模式》, domus plus vol.012042010,p.77.

❷ 转引自陈曦《原型建筑之进化——浅析 BIG 的设计理念与实践方式》,《世界建筑》2011/2, p.18。

事实上，UN Studio 近年来一直在尝试一种由抽象原型图解走向抽象设计模型（design models）的设计思路，按照他们的理解，"我们现在已经找到一种方法，能够在建筑设计中把有意义的、有成效、高度抽象的方式反复使用。使用相同的设计模型绝不意味着导致雷同的项目。因为高度抽象的图解只是转换成设计模型，但设计概念还没有产生最终形态，而是等待之后的工作中，通过一系列可选形式和转换方式继续深入，最终发展出完全不同的项目。" ❶

在这一点上，和 UN Studio 的想法类似，来自丹麦的建筑事务所 BIG 的主创建筑师比亚克·因格尔斯（Bjarke Ingels）在《是就是多》中写道："相比于革命（revolution），我们更感兴趣的是进化（evolution）。就像达尔文把造物描述为一种过剩和选择的过程，我们建议让各种社会力量、每个人的多元利益关系决定哪些想法可以成立，哪些想法必须抛弃，留下来的想法通过变异和杂交，变成一种全新的建筑形式，继而演化发展。" ❷ 在这个认识的基础上，BIG 提出了一个"设计概念档案库"的概念，即将在大量的原型的抽象"进化"中产生的诸多设计概念按照一种工作档案存档，由于这些设计概念之间存在一个"自我进化"的关系，因此一个无法满足特定项目的概念是可以被沿用到以后的其他项目中的。以此"进化"作为

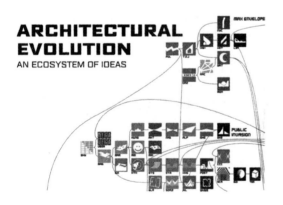

图 2-37　BIG 事务所的作品清单显示出一种自我的演进过程——"进化"

事务所的整体设计概念，也可以在整体上保证设计的系列性和连贯性（图 2-37）。以 BIG 设计的上海世博会丹麦馆和台北科技娱乐与知识中心为例，两个设计从外形上看似乎差别较大，但是仔细研究其流线和空间形式，可以发现，前者是一直观的螺旋造型，而后者同样以"上升的螺旋"作为构思基点，只不过后者以一个立方体部分首先包容、继而消解了螺旋的直观性。但从空间原型的角度来看，两者有着类比的图底关系和"进化"关系。

BIG 提出的这个建筑原型自我演进、自我进化方法一方面在一定程度上反映了当代多元化创作的面貌，另一方面它也揭示了有关现代建筑基本原型的某种自我进化能力。正如 BIG 相信通过审视和挖掘自己过去的作品，结合更新的设计条件会使概念得到发展从而完成原型的"进化"一样，作为现代建筑的基本原型，在抽象性这一点上来看，也是可以完成演变和进化的。

（3）反形式抽象

既然是"形式的抽象"，那么对形式的终极消解或者说"反形式抽象"就自然成为形式抽象的终极追求，这一点既是许多后现代主义建筑师的追求，也是当代消费文化和图像文化的特征之一。

1962 年建于美国宾夕法尼亚州的母亲住宅是文丘里以实际行动对现代主义严肃而正统、教条的思想发起的一次挑战，在这个住宅中，文丘里构筑了许多与空间相冲突的混沌不清的建筑形式，通过这种对流行形式的"反抽象"，文丘里有意造成空间的矛盾、模糊和不确定，而将空间的感受和思索留给使用者和评论家们。首先，文丘里将住宅的山墙面扭转 90 度，面对场地的主轴线布置，而一般情况下山墙面是位于建筑主朝向两侧的；其次，传统的砖石建筑如古代神庙都是以矩形平面中较短的两边作为山墙，而母亲住宅却将长边当作山墙来处理，立面相应采用传统的山花形式。一般建筑是在进深小的方向两面起坡来形成屋顶，而母亲住宅恰恰相反，顺着长边起坡，这样正立面就是一个完整而纯粹的三角形山墙造型。整个建筑既无基座也无平台，屋顶显著的坡度直接与地面产生几何构图关系（图 2-38）。

图 2-38　文丘里设计的"母亲住宅"

在《建筑的复杂性与矛盾性》一书中，文丘里对母亲住宅的平面有着自己的解释。他认为自己的手法源自帕拉第奥，但经过演化和变通后，一改帕拉第奥的严格空间限定和完全对称的几何关系而形成了一种新的特点。按照鲁道夫·维特科维尔在《人性主义时代的建筑原则》一书中对帕拉第奥的分析，平面常采用圆与方这两种理想几何形式和集中式的对称构图，中心位置往往是建筑的核心空间——大厅，平面的四向均以三段式手法对称地布置次要空间。"如果完全按照帕拉第奥的设计手法将母亲住宅重新设计一番，其可能的样式则应该是：平面中央是起居厅，次要房间对称地布置左右，楼梯和壁炉对称地布置在大厅的两侧。事实上，文丘里在多处都打破了帕拉第奥的原则，在母亲住宅中，他建立出某种对称关系，又通过空间变化尽量使其弱化；建立起轴线关系，又通过构造细节处理使其打断和模糊。"❶ 这就是文丘里设计手法中的"反形式"抽象。

这种反形式的抽象在现代建筑中有时还表现为对形式构成原则的蓄意篡改，如对比例、尺度、色彩构成的刻意颠覆。菲利普·约翰逊在美国电话电报大楼的顶部设计出一个简化了的但同时也夸张化的山花形式来表达了对形式主义和历史主义的一种极端表现，格雷夫斯则在迪士尼乐园酒店的屋顶上直接安置了巨大的"七个小矮人"雕像，似乎是向古典建筑屋顶上的那些国王、士兵雕像发起挑战，塞特（SITE）事务所为了达成"环境中的雕塑"的效果将新建建筑精心设计为破旧和残缺的波普文化产品。藤

❶ 西蒙·昂温著，伍江、谢建军译，《解析建筑》，中国水利电力出版社，2002，p.191

本壮介则喜欢将自己设计的空间化整为零，故意减小建筑的尺度来营造一种有别于传统体验的空间感受……

此外，对常见形式的一种反转和戏谑也是反形式的常见手法。葡萄牙建筑师德莫拉（Eduardo Souto de Moura）在2004年设计的一个独立住宅中，将一个传统的乡村住宅形体进行了上下倒置处理，以一种随意、幽默的形式手法达成了一种轻松的居住建筑表情。德莫拉在解释这个设计时强调形式的倒置并不是一种刻意的构思，而是出于环境的考虑，将建筑倒置有利于观看远处的风景。"我并不是故意地造成这种倒置的幽默效果，但它的确让我想起了马格利特的那些绘画。"❶由此也可见，对于形式和反形式的抽象在当代已经成为建筑师的一种"下意识书写"（图2-39）。

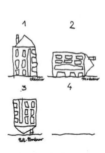

❶ Elcroquis 168, Eduardo Souto De Moura, 2005, p.168

图2-39　德莫拉设计的"倒置"住宅

3. 光影抽象

在建筑设计中，光影是塑造形体和空间的重要手段，光影的量、性质和色调影响着形体的感觉。作为去物质的光、无重量的光，作为与光相互映衬共存的阴影，自身是抽象、无形的，建筑物透过光影呈现其形，光影也同时依附于建筑物之上显露其性。

路易斯·康的建筑空间的最高意象就是对现实世界纷扰的一种清理与抽象。在康的建筑空间中，因为服务空间与被服务空间的区分各有形态及构成上的归属，因此也让于变异中朝向统一步调的光蕴含其中，最终产生了寂静且具有沉思性的空间。同时也由于空间转接形式构成之间的间隙，非功能性间隙和光影形态差异的共同参与，使整体空间即使受到功能的影响，仍能产生具有沉静力量的空间。从这个角度上分析康的空间设计中常常出现的对称模式，可以发现这些对称只是一层古典的"外衣"，因为即使是静态古典的空间布置，只要出现康的光影的巧妙引入，对称的表层图像就会因为光影的明暗差异对比与灰阶的层次变化，而转变成一种对空间的"再建构"，也就是说，静态的对称在光与时间推移产生重构的作用下，终止了对称的空间形态，转向非对称动态光影的抽象运动空间。

路易斯·康的光影抽象还表达为一种对"时间—空间"关系的探究，即在建筑中创作出内向的时间，以与钟表计时的真实时间彼此抗衡，最终建筑的空间将外在时间凝结转化，把一个短暂的瞬间做了无限的延伸，让时间予以空间化。正如一些建筑学者对康设计的萨尔克生物研究所的评价：

"人在此空间场景内相融于自然，却超乎时间宇宙命定的形式，以新的关系反制时间的阴影。"❶

❶ 徐纯一著，《光在建筑中的安居》，清华大学出版社，2010，p.204。

西班牙建筑师阿尔贝托·坎波·巴艾萨（Alberto Campo Baeza）最早被国际建筑界认可是作为"极少主义"建筑师登场的，但巴艾萨自己却声言他和他的建筑都绝不是极少主义的，他认为极少主义仅仅是另一种"主义"，而他所关注的则是建筑的实质（essentiality）——怎样通过对构筑元素以及光的精确处理来获得一种设计的本体，从而让概念转变为物质现实。从他的言论中可以明显地感受到他的建筑观：巴艾萨追求的是一种自古希腊、古罗马开始就存在的建筑理想，即永恒的建筑。巴艾萨深深着迷于万神庙顶部的开口，认为它使代表着时间的光成为人类的最原始的精神诉求，巴艾萨本人的建筑设计就是期望通过设计中对光的处理来让人们重新找回失去的精神生活，因此光是他建筑中的一个永恒的主题。这一点可以从巴艾萨建筑设计的草图中清晰地看出，巴艾萨几乎在每一个设计的草图中都精心地设计了光的运动轨迹和光在空间中的位置，在巴艾萨的手中，"光"就是一个重要的设计元素。

在巴艾萨的建筑中，光作为一种抽象的物质而存在。在他的建筑中，"光"首先和"重力"（gravity）一样，是无法避免的建筑属性，也就是说巴艾萨捕捉了太阳和"光"来作为传递建筑"重力"的根源性力量，光线透过与地板相连接的具有一定重量的结构体时，光解开"咒语"使空间浮起和飞翔，在这一点上，巴艾萨追求的是和圣索菲亚大教堂和万神庙一样的空间效果。其次，巴艾萨认为建筑中的光和石材一样具有同样的物质性，建筑师通过捕捉光、支配光，"光"这一永远都比任何材料都不变的材料升格成了"创造"空间的主要材料。

对比路易斯·康和巴艾萨对待光的处理方式，可以看出一点明显的区别：康主要采用直射光在类古典建筑平面建筑内部的运动来强调建筑的时间性，即使在金贝尔美术馆中采用了光的漫反射，所使用的金属反光板从形式上看依然是柔性的；而巴艾萨的光影往往是立方体硬边空间内的反射和折射，仔细阅读他的设计平面和剖面之间的对位关系，可以发现巴艾萨的一个用光原则：在一个单元空间内尽量使用单一光源，在复合空间内则采用多个光源来产生"光的对话"。也就是说，巴艾萨在建筑中精心设计了光线运动的轨迹和路径，建筑事实上是一个光的发生"容器"。从这一点上来看，巴艾萨的光影处理是对路易斯·康的抽象方式的进一步抽象与演变（图2-40）。

斯蒂文·霍尔在建筑设计中创造了"光痕"（light score）的概念来表达他对光的属性的认识，并依此来描述光线在空间中和建筑上所表现出来的性质。在1997年建成的西雅图大学圣伊纳爵（St.Ignatius）教堂的设计中，霍尔提出了一个"石头盒子中的七个光瓶"的构思来表达这

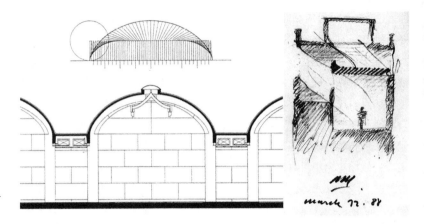

图 2-40　路易斯·康和巴艾萨可谓现代建筑师中的两位用光大师

种"光痕"概念，每个光瓶有着不同的尺度和形状，并各自对应着一个屋顶上升起的采光天窗，每个天窗犹如一个纯净色彩的透镜投射到不同的实体的表面，犹如一个抽象的放大版的光影"万花筒"。在最近完成的尼尔森·阿特金斯博物馆的扩建设计中，霍尔延续并发展了这种思路，他设计了五个几何形状的"光盒子"作为扩建部分和原有建筑及环境对话的载体，精心设计的室内采光方式引入大量反射光、漫射光、柔性光的设计手法，从建筑建成后的实际效果来看，室内效果犹如一系列立体派的抽象绘画，或明或暗，时而具有图案般的平面感，时而又具有书法般的黑白灰关系（图 2-41）。

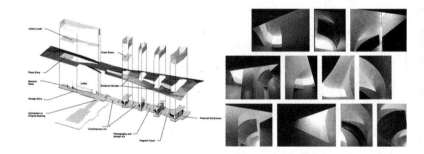

图 2-41　斯蒂文·霍尔在阿特金斯博物馆设计中表达的"光盒"与"光痕"

　　霍尔的"光痕"的概念据说来自于对帕提农神庙的观察，他说："每天的光线和阴影都不同，帕提农是一个很好的老师，简直就是一个光影的实验室。"[1] 同样是罗马万神庙，同样启发了另一位来自东方的建筑师——安藤忠雄。安藤直言自己曾对万神庙反复研究过，并且在设计中寻求类似的光影效果和感受。但和路易斯·康及巴艾萨的方式又有所区别，在他的许多作品，如住吉的长屋、光的教堂、熊本县古墓博物馆中，都能或隐或现地看出他对壁体开口方式的青睐。安藤认为，他最常用的采光方式是在壁体及其与顶棚之间的开口方式，这种方式的反复运用并非完全是想使壁体本身具有个性，或是想用光的投射使壁体美观，而是要表现一种建筑学

❶ Steven Holl, Parallax, Princeton Architectural Press, 2000, p.104.

上具有完美比例的空间流动——通过光影摇曳、风雨变幻就能判定时间与自然的存在和变化，同时这种手法也柔化了他所擅长的混凝土壁体的硬质空间，促成了空间本身与人类生活的对话。从平面和剖面上看，安藤对光线的处理都可谓是"线形"的，平面的线形与剖面的线形之间有着一种巧妙的抽象对位关系，最终形成的整体上"含蓄"的空间效果，和相对恒久、坚硬的混凝土不同，它们是临时、短暂、过渡、易逝、虚幻的，是朝生暮死的，是转瞬即逝的……也许这就是东方的抽象的一个特点吧。

2.2.2.2　建造抽象——物质性抽象

1. 结构抽象

一般说来，结构可以被视为是支撑的同义词，在一切建筑中都存在。更具体地说，传统意义上的结构是柱体、板体等的组合，建筑师可以有意识地利用它们来体现和实现某种设计构思和达成某种建筑效果。

两个四方的抽象"棚屋"框架以结构的方式限定着建筑空间，建筑又逻辑性地创造着框架，这就是查尔斯·摩尔自宅的结构构成。作为"乡土抽象"的代表人物，摩尔在这座小型住宅中，以一种对传统建筑形式和结构的抽象来设计建筑：两个形似神庙的小亭式构造位于方形平面之内，大空间是起居室，小空间是淋浴室，在结构的限定基础上，光线也对空间形成另一种意义上的限定，整个建筑以一种多层次的结构限定的空间共同构成复杂的母体——住宅（图 2-42）。

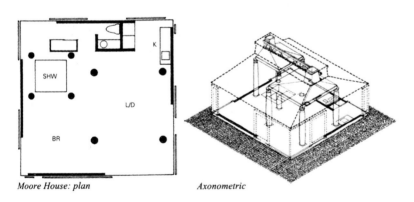

Moore House: plan　　　　　　　*Axonometric*　　　　　　　图 2-42　查尔斯·摩尔的自宅设计

作为当今最富有浪漫色彩的实用主义者、最具有乌托邦色彩的建筑师、最具有时代实验精神的创作者，库哈斯的想象力涉及社会、文化和艺术领域。其中对结构的抽象操作也是他在设计中展现的"法宝"之一，库哈斯在多个场合提及他要创造出大都会中的"有情绪的结构"的欲望。在1989 年的法国国家图书馆的竞赛方案中，库哈斯从这个建筑相对复杂的功能要求出发，提出了一个"墙即是梁"的结构概念，这个结构概念的操作分为三步：首先把建筑物中最重要的部分表述成单纯的建筑缺席，表述成一种拒绝被建造，然后这些空间便可以被视为从原本应该有的实体中挖掘出来的洞穴；其次发展出各部分的逻辑，如最公共的部分位于建筑最下层，需要阴暗环境的部分置于建筑的核心等等，这样种种联想开始陆续浮现；最后每隔一段固定的距离安置一根垂直型芯（vertical core），这些"芯"就是每个虚空间之间的垂直交通。为了使这样一种既可支撑无重量的虚空间又能支撑建筑体量的结构能够可行，库哈斯以"粗暴"的方式，引入厚达两米的平行墙来作为受力单元，这样的结构既可以支撑直接从墙上切割的虚空间，又可以支撑功能空间构成的体量。最终达成了库哈斯描述的"在城市里开一扇窗"的整体效果（图 2-43）。

和库哈斯的法国国家图书馆中的"墙既是梁"的概念相似，日本建筑师山本里显在天津图书馆的设计中，提出了一个"以梁为壁"的结构概念：将作为结构的梁抽象为带状连续的墙壁构造，梁代替了墙壁，在此基础上设置书架来体现图书馆的功能，墙壁采用了一种特殊的立体构造使得空间在水平和垂直方向都具有较大的灵活性和可变性。"以梁为壁"的概念也使得人的视线在上下层关系中具有较强的开放性，从而达成了空间感受中的"没有地板的建筑"（图 2-44）。

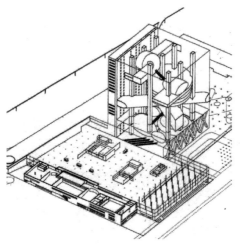
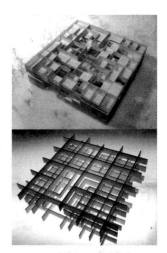

图 2-43　OMA 设计的法国国家图书馆方案——"墙即是梁"的结构概念

图 2-44　山本里显设计的天津图书馆方案——"以梁为壁"的结构概念

在现代建筑中，对结构的抽象性构思其实并不仅仅限于混凝土结构和钢结构等先进结构，一些建筑师还通过对传统结构形式的抽象来展开从结构到文化的多重角度思考传统和现代的关系。隈研吾在 2011 年建成的"寿原木桥美术馆"中对传统的斗栱形式进行了结构抽象并扩展为整个建筑的基本结构。隈研吾在设计之初便对传统结构形式做了较为详细的调查和思考，他在回顾这个设计时说："（美术馆）在追求将小断面的层级构件层叠起来的设计中，采用了在两端将若干根刎木（悬挑木）重叠挑出坐在桥架上的这种已经被人们忘记的'刿桥'的结构形式。特别是为了使桥状设计更加适合用地的地形，设计以承重垂直负荷的桥脚为中心，通过取得两端的平衡创造出了可以称之为'平衡型刿桥'的新的结构形式。"❶ 整体来看，该建筑采用刿木重叠这种"斗栱"的传统建造可以称为"木头的叠加结构"，它酿造出了用框架形式所得不到的存在感（具体性）和抽象性。原本层积构件本身就是同时具有"木头叠加"的具象性和抽象性的材料，其叠加的构图一旦变为构造，既能提高尺度，又能制造出连续的状态，有望在物性、技术、信息和历史等所有方面成为非分层结构的建筑（图 2-45）。

❶ 山本里显，《寿原木桥美术馆》，《建筑创作》，2011/9，p.40。

图 2-45　隈研吾设计的寿原木桥美术馆

　　客观地看，对建筑结构的抽象思考一般都是来自建筑设计专业，即使出现过如奈尔维（Pier Luigi Nervi）这样的结构设计大师，但应该说他强调的是建筑结构本身的表现美。真正纯粹从建筑结构的角度出发，却给建筑设计界带来革命性冲击的要算塞西尔·巴尔蒙（Cecil Balmond）的出现。或者说，直到巴尔蒙的出现，才出现了对传统意识中建筑结构仅仅作为建筑设计"配角"身份的挑战，越来越多的建筑师开始意识到，原来仅仅是建筑结构本身同样是可以开创革命性建筑空间和颠覆性建筑造型的。在当代许多建筑大师（库哈斯、伊东丰雄、西扎等）的惊世骇俗之作的背后，都可以看到巴尔蒙的身影，然而他又具有建筑师没有的扎实的理科基础和严密的逻辑思维。正是在这两点的基础上，巴尔蒙将科学的抽象、结构的抽象与建筑的抽象颠覆性地结合在一起。

　　波尔多住宅是巴尔蒙和库哈斯合作的第一个设计（从某种意义上说，这更多的是一个巴尔蒙的设计），在巴尔蒙撰写的《异规》（Informal）一书中详细描述了关于这个建筑的结构概念产生的过程。由于这座住宅业主的特殊要求（业主为残疾人及其妻子和两个孩子），在设计的最初阶段，库哈斯和巴尔蒙一起提出了"飞翔"的概念，即打破他们所称的以古典建筑和萨伏依别墅为代表的静态结构的"桌子"形建筑类型，巴尔蒙在这个概念的指引下画了大量的结构构思草图，最终"一种'发射'状的想法，在头脑中显现，它如动量一般使建筑充满能量——两种侧向的移动打破了

❶ 塞西尔·巴尔蒙著，李寒松译，《异规》，中国建筑工业出版社，2008，p.26。

❷ 同上，p.23。

对称。"❶ 整个结构原型只包括两个极其抽象的"移动"：在平面上将其支撑点移到边界之外；在立面上将支撑形式"翻转"，一个从上部悬挂，一个从底部固定。两步"移动"的结果使整个建筑作为一个"盒子"，一端放置于一个梁架上，另一端的重量则从一根屋顶大梁悬下（图2-46）。这样的设计使每个横断面之间呈相反的状态，接近于数学中常见的一些抽象模型的空间关系。正如巴尔蒙所言："对荷载的感知，显示了一种矛盾性。这个方案的支撑结构在不同方位上发生作用与运动，否定了任何通常意义上的平衡感。桌子般的感觉毁灭了，相反，它却迸发出了动感。"❷

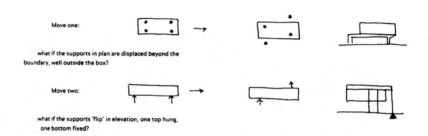

图2-46　巴尔蒙的波尔多住宅结构概念图

随后，在另一个与库哈斯合作的项目鹿特丹美术馆中，巴尔蒙进一步把他的"异规"的思想发挥得更加淋漓尽致。他首先自问："为什么空间必须从相等的结构中产生？"因此他在这个设计中希望打破整体的"一致性"，让每个局部获得各自的特征，各个局部之间则真实地并置（juxtaposition）在一起，形成一种杂交（hybird）（巴尔蒙曾明确指出，局部、并置和杂交正是"异规"的三个首要特征）。

图2-47　鹿特丹美术馆结构概念图

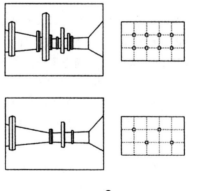

最终在美术馆的结构设计中，他画了一个极其简单的图示，但却表达了一个具有革命性的结构概念"相异的结构导致相异的空间"。在此，巴尔蒙给每个被划分后的基本空间赋予不同的结构体系，而这几个体系又很好地符合各自的空间属性，并最终戏剧性地碰撞在一起（图2-47）。

❸ 根据《异规》一书中文版翻译者李寒松的描述，巴尔蒙利用 informal 这个单词玩了一个文字游戏：informal 的字面意为随意或不规整，然而巴尔蒙将 informal 拆开为 in form，有隐含法则在起作用之意。或者也可解释为"没有法则的设计"（planning without formality）。李寒松据此逻辑创造了"异规"一词，从字面上意为不规整，而从右向左读则为"规异"，即规划异类形式——也通过一个中文的文字游戏来诠释其用意。

当然，"异规"❸ 理论以及因这种理论而逐步形成的建筑语言不可能也不应该试图成为建筑学的全部，但通过巴尔蒙个人化的工作，工程学现在已经进入到一个更具实验性和更感性的领域，或者说巴尔蒙所提供的结构抽象能力使得建筑学能够以不同的方式被想象。

2. 技术抽象

建造技术、建筑技术是保证建筑能够实体化建成的必要条件，从考古发掘中可以推断：人类最初对建筑技术所关注的是它的有效性，即以最简便有效的方式围合成可以栖身的处所。从古典建筑的技术发展来看，可以看到梁柱式和拱形结构技术的不断发展，但是真正意义上的建筑技术的飞跃则还要从现代工业技术革命开始，伦敦水晶宫和埃菲尔铁塔都是近现代建筑技术发展的见证。而建筑中的技术飞跃直接促成了"高技派"的诞生，而既然是"高技"的，技术的表现与抽象自然是它的永恒的主题之一。

　　高技派（High Tech）建筑的构思来源往往是力图挣脱传统建筑的模式，以时代理念和技术美学来拓展建筑设计的可能性。高技派的作品是现代工业技术高度发达的产物，早期的作品一般使用最新的材料和技术，如钢材、硬铝等材料设计大跨度、大空间，或者制造可灵活装配、自由拆卸的建筑，具有预制装配化、构件标准化和设计参数化的特点。高技派的作品多由显现时代技术特征的预制构件构成，建筑不仅暴露内部结构，构件也可以直接暴露甚至重复再现来形成复杂丰富的立面效果和机器美学的特征，最终这种由技术带来的直接性、外露性和工业性便被抽象为一种美学上的建筑风格。

　　作为高技派风格的代表建筑，蓬皮杜文化艺术中心是1970年代开始盛行的高技派建筑原型之一，它的形态中流露出的直接性、外露性和工业性都可以视为技术抽象的代表特征。从形态上看，这个建筑也许是和环境格格不入的，但是联想到现代建筑必须具备的时代性，其实不难理解其美学价值，即以现代社会的机械性、灵活性和多样性来直面环境的复杂与凌乱，以高技形态和文化宽容来介入城市空间和城市生活。抽象机器是高技派的另一个抽象方法，高松伸在1980年代连续设计了麒麟公司大楼和牙科医院等外形金属刚硬的现代建筑，一方面犹如突然降临城市的机器人和外星客，另一方面笔者认为也是日本传统文化中追求阳刚和短暂绽放的"武士道"精神在建筑中的文化表达。❶

　　随着科学技术的进一步发展，高技派建筑也显示出一种与时代接轨的新趋势：不再刻意追求刚硬的外表和冷漠的表情，转而趋向于高效、轻便和生态化，以此来表达一种人类对技术的更高层次的驾驭以及对和谐、理性的社会秩序的追求。由福斯特设计的建成于2002年的伦敦市政厅的外观犹如一个斜置的卵形，主体结构为钢网架外覆玻璃，轻盈通透。建筑倾斜的原因则是向南倾斜可借上层的出挑来遮挡烈日的暴晒，这个建筑的整体空间形式是经过精确计算以获得最佳的节能效果的。

　　在这个被专业化和支离的事物所包围的世界中，很少有建筑师可以被称为"全才"，但圣地亚哥·卡拉特拉瓦（Santiago Calatrava）却是那凤毛麟角中的一员。在他的建筑、工程、雕塑和家具设计中，这位在实践上扎根于瑞士学派的西班牙建筑师从结构与空间运动中创造出一种新的建筑形态。一些学者认为，卡拉特拉瓦的建筑作品有别于传统意义上的分类："用

❶ 日本的当代建筑和建筑师，在笔者看来至少有三种传统文化意向上的取向和联想：一是以黑川纪章为代表的建筑师，他（们）设计的建筑在整体意向上有着"艺伎"般古典、粉饰的类比；二是以高松伸为代表的建筑师的建筑作品，犹如传统的"侍"（日语，武士的意思）所体现的武士道精神，阳刚、机器；三是"禅道"意境在建筑上的追求和流露，代表建筑师是安藤忠雄。

❶ 参见亚历山大·佐尼斯著，张育南、古红樱译，《圣地亚哥·卡拉特拉瓦：运动的诗篇》，中国建筑工业出版社，2005，p.15。

'发明'来形容就忽视了其中体现的传统价值，用'机械'来描述则减少了其中蕴含的文化价值。"❶ 一般意义上认为，卡拉特拉瓦是通过对建筑结构的形式设计导致了他的建筑空间及其形式。笔者认为，抽象无疑是卡拉特拉瓦常用的建筑手法之一，但他对抽象的认识和引用决不仅仅限于建筑结构，而是建立在更为广泛意义上的建筑技术的升华和总体认识上的。其实这一点可以从他的教育背景中探出端倪：卡拉特拉瓦曾先后就读于巴黎美术学院和苏黎世联邦高等工业大学（ETH），这两个学校的教育背景使得他可以自由游走于建筑、艺术和工程领域之间，并遵从着建筑面向工程领域严谨、抽象、数字化的思维来展开建筑构思。

1979 年，卡拉特拉瓦在 ETH 完成了博士论文《可折叠的空间结构》，这篇论文可谓卡拉特拉瓦以抽象而深奥的理论开始建筑实践的职业宣言，论文的理论力图系统地生成和示范将三维空间结构折叠成二维结构再变为一维结构的所有可能性。卡拉特拉瓦将这些抽象的几何体假设成用刚性杆和活动节点连接形成，使得多面体可以进行移动、折叠、打开等运动。这个强有力的体系暗示了安装和拆除结构体系的方便性，以及如何用它们生成无穷无尽的曲线形式——"一个三维的结构体"，或者一个在数学上被称为"连杆系统"的机械装置。这个结构可以生成难以预料的体量，复杂的技术和无拘无束的像朗香教堂那样的形体再也不是眩目或夸耀的想象，而是可以像所有的其他建筑一样是可以生成的形体（图 2-48）。

图 2-48　卡拉特拉瓦《可折叠的空间结构》

众所周知，卡拉特拉瓦在里昂铁路航空站（1989-1994 年）的设计中采用了仿生的手法。这种仿生的概念是以我们看到的象征性的形体和更为抽象的设计手法的结合达成的，并通过几何形体暗示了建筑的运动感。宛如桥梁一般，里昂铁路航空站可以被视为一座被拉长了的，由结构、管道和跨越性构造复合而成的综合体。桥梁的原型是一种结构和输送途径的复杂综合体，它的出现是为了解决自然地表上巨大的开口和难以逾越的断裂，如河流和峡谷。卡拉特拉瓦在此采用的高度综合的设计方法，对完全不同的元素加以内在联想的构思——本身就是一座抽象的"桥梁"，通过这座桥梁，卡拉特拉瓦表现出把技术、雕塑、科学和艺术融为一体的设计思想，同时也表达了设计可以结合环境，通过桥梁加强景观品质，改善城市生活质量和修复交流与社会交往。

正如高迪的杰作圣家族教堂一样，卡拉特拉瓦在 1991 年完成的纽约圣约翰教堂的设计中，将真实的材料如石头、钢和玻璃赋予人们在场所、技术方式和审美意识上具有的一贯的神圣感。这个建筑通过对传统哥特式教堂的技术方式的重新抽象再现和诠释而使传统形式得到了新生，他在传统教堂十字形平面正上方 50 米以上设计了一个"伊甸园"——一个由新型技术支撑的"生态圈"：一个巨大的环形的开敞空间，以轻型材料替换了原有木结构，并引入旋转嵌板体系来设计构造，这种构造保证了在嵌板打开时可以使光线、空气和雨水进入空中花园。通过重新表达典型的哥特式建筑，卡拉特拉瓦向我们展现了一个新时期的范例，教育了在建筑、技术和建筑形式以及审美哲学上的初学者。这不仅仅是他对传统的热爱，更是利用已有的建筑实体形式和含义的方式来从历史中继承并实现创新。

当然，新时期的技术抽象还表现在以新的技术条件来实现空间的抽象性这个特点上。以赫尔佐格和德梅隆（H&dM）设计的东京 Prada 为例，这座建筑将建筑结构、构造和表皮结合在一起，模糊了通常的楼层、楼板、窗户、框架这些概念，从技术上将传统意义上的结构"消隐"，从而使表皮成为室内外空间之间的薄膜，承重的结构网架则成为了表皮的骨骼，退隐于后（图 2-49）。柯布西耶在《走向新建筑》中曾经认为："体块被表皮包裹，建筑师的任务是使包括体块的表皮生动起来，防止它们成为寄生虫，遮没了体块并为它们的利益而把体块吃掉。"[1] 但在赫尔佐格和德梅隆的设计中，体块一向是次要的，有趣的是"内"和"外"的关系和材料的意向。

[1] 勒·柯布西耶著，陈志华译，《走向新建筑》，陕西师范大学出版社，2004，p.33

图 2-49　东京 Prada 建筑表皮及室内空间

　　水滴形并不是近期才出现的设计概念，连续曲线的建筑也不仅仅是电脑中处理参数的结果。由基斯勒的无止境住宅（Endless House，1947-1961 年）畅想到尼迈耶的蜿蜒的曲线性建筑，20 世纪现代主义受到许多大胆的非直角形式的影响。这些项目不采用严格的量化设计，将直角与曲线融合在一起，吸引着人们去感受，但直到 2010 年由西泽立卫（合作者：内藤广）设计并建成的丰岛艺术博物馆问世后，"水滴"才化为可以进入、可以体验的真正的建筑实体。西泽在此采用了隐喻的手法将美术馆的外形设计成一滴水的样子，水滴的小小尖角（入口）表现着它刚刚落下或凝结，同时两个硕大的无玻璃圆顶开口，使自然景观可以进入到这个结构的内部。透过圆形开口，可以感受到微风、细雨和天空（图 2-50）。

图 2-50　西泽立卫设计的丰岛艺术博物馆

　　"丰岛艺术博物馆其实是无形的——实际上也可以说是空无一物的，内部几乎完全是空的，里面几乎没有什么物品，内部流动的结构如同一片混凝土薄膜覆盖于地面之上，将边缘包裹起来，以低矮流畅的圆顶横跨于空中。"[1] 为了达成这座建筑"空虚"、"抽象"的空间形式和整体概念，建筑结构为有机单体，无柱无梁。20 世纪后期，墨西哥的坎德拉（Felix Candela）和瑞士的艾斯勒（Heinz Isler）等建筑师和结构师都对混凝土壳体的结构设计有过详细的创造和研究，正是在这些前辈大师的基础上，西泽也找到了最理想的结构厚度（这座混凝土结构全部为 250 毫米厚），并以同样的厚度形成通透的结构，不使用横梁，特别在开口处不用过梁，以免影响视觉效果。这座建筑物是一个大约 40 米 ×60 米的一间式大空间，采用厚度只有 250 毫米的混凝土壳体结构。为了打造内外都无缝式的外形设计，在结构设计中没有使用常见的模板浇筑，而是采用了在填土之上浇筑混凝土，混凝土硬化后再将土挖出来的方法。这种方法看上去好似铸造，其实在古代的时候人们就使用过这样的技术。但是在这个项目中，设计和施工使用了计算机技术、测量技术和施工技术第一次实现了这种全新的施工方法。一边凝固现场的土，一边修建建筑物的形状，用灰浆进行表面成型，通过对约 3500 个点的测量和调整，模板的精确度达到了 ±5 毫米。混凝土使用了白色水泥，这样从两个大开口射进来的阳光，可以更好地延伸到

❶ Raymund Ryan，《濑户内海中，奇妙展现"空"之概念的美术馆：西泽立卫与内藤广创造的真实感官体验》，《Domus China》2011/6，p.57。

大空间的每个角落，保证了明亮的、空虚的、抽象的空间效果。

3. 建构与材料抽象

"建构"（tectonic）一词源于希腊文，意为木匠或建造者。根据肯尼斯·弗兰姆普敦在《建构文化研究》一书中的理解，建构由两层含义构成：首先，建构与建造（construction）有关，而建造属于结构技术性问题。1999 年弗兰姆普敦在国际建协大会上曾经指出："建筑具有本质上的建构性，所以它的一部分内在表现力与它的结构的具体形式是分不开的。"❶其次，建构又决不仅仅是一个建造技术的问题，建构是建造的诗，或者说是诗意的建造。弗兰姆普敦曾引用建筑史学家斯坦福·安德森的话说："建构一词不只是指造成物质上必需的建造活动，而是指使此种建造上升成为一种艺术形式的活动。"❷因此，建构本身就是一门艺术，是一门关于建造的艺术，也是一门既具象又抽象的艺术。

在密斯设计的巴塞罗那德国馆中，8 根十字形钢柱毫不含糊地体现着建筑的建构价值，而空间的围合则通过与柱子分离的片墙来完成。柱子与墙体之间表现出一系列有关建构的抽象张力：框架与砌体、垂直支撑与水平分割、传统材料与无限空间。板片墙体的轮转状布局蕴含着工艺美术的非对称平面和建造（building）观念，而列柱形式则与古典建筑学（architecture）有关。钢柱本身的非物质化（dematerialized）处理也进一步强化了"建造"与"建筑"的两分关系，共同验证了密斯将建构意义与抽象形式相统一的非凡能力（图 2-51）。

❶ 弗兰姆普敦，《千年七题：一个不适时的宣言——国际建协第 20 届大会主旨报告》，《建筑学报》1999/8，p.20。

❷ 转引自王群（王骏阳），《解读弗兰姆普敦的建构文化研究》，《建筑与设计 a+d》2001/1，p.71。

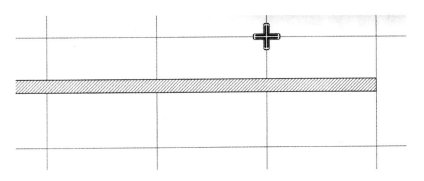

图 2-51　密斯的建筑展现出柱和墙之间若即若离的建构关系

安藤忠雄说："住宅＝城市＝宇宙"，并认为自己的建筑就是一个小城市，因此他在设计时使用一种相对固定的模数来控制建筑，就像大多建筑师使用平面柱网来控制建筑一样。"安藤模数"一般是建筑墙面中采用的900 毫米 ×1800 毫米的清水混凝土模块（其上水平间距 600 毫米、垂直间距 450 毫米布置六个模具支撑点，支撑点与左右边水平间距为 300 毫米，与上下边间距 225 毫米，这样可以确保整个墙面在模板拆除后形成均质的小孔）。这个模数保证了逻辑上的抽象性和数学上的精确性，并运用到各种不同尺度的建筑中，是安藤建筑的基本单元。安藤在绝大多数建筑中力求模数的完整，但在遇到进深、面宽或梁柱、女儿墙等导致残缺模数时，则采用立面设计上的灵活手法，如住吉的长屋的立面就是形而上的，立面是抽象形式的古典对称而非结构逻辑的直接表现，两个减小的

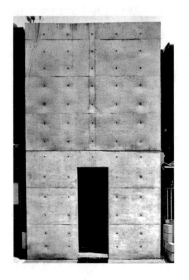

模数中间剩余的300厘米的部分正好放在入口门洞的上方，保证了建筑严格的中轴对称。

同时，安藤作品的施工图中还包含了一个细节：在他的建筑外墙处理中，楼层之间在梁的顶端的位置总有一条横向分缝，宽度为20毫米，明显宽于其他"模数"之间的分隔缝宽度。由于阳光的阴影关系进一步凸显了垂直方向的"层"的分隔位置。由此可推断，安藤以此微妙的建构做法刻意强调建筑在垂直方向的叠加关系（图2-52）。

图2-52　安藤忠雄的建筑表达出一种清晰的模数化建构效果

与安藤通过建构来强调建筑的物质性和实体感相反，隈研吾将目光投射到材料的建构，以"消解建筑"作为建筑建构的目标，并提倡对形式采取弱化的手段来达成对自由的追求。为此隈研吾提出了"微粒建筑"、"消解建筑"等概念，设计出的建筑既没有轮廓鲜明的边线，也没有突出的视觉焦点，而是融化于环境的、消解了室内空间与外部环境的介于具象与抽象之间的构筑物。

如果说在安藤广重美术馆中大量使用的金属格栅是一种对日本传统中的木格子、竹帘、帷幕的抽象再现的话（图2-53）。那么在石材美术馆中，隈研吾构筑出的两种形态的石墙：办公区走廊的"百叶石墙"和展示区域中的"类织物墙"，则是对传统的石头砌筑方式的分解，整体上的分解砌筑的方法创造出一种细化物质的纯净效果，以概念中"厚重"的石材完成了几乎是不可能完成的任务——"透明"和"轻盈"，从而以颠覆的方式实现了建筑的抽象建构。对于隈研吾来说，无论是细腻的格栅建构还是举重若轻的石材表皮，他想真正表现的都是穿透建筑形式和材料本身的属于日本传统文化中的时空观和轻盈感。

图2-53　隈研吾在安藤广重美术馆的立面草图中表达了一种消解建筑于环境的效果

　　研究当代建筑师的建构处理，彼得·卒姆托是一位绕不过去的建筑师，卒姆托不止一次提到巴赫的音乐对他的影响，因为在巴赫的音乐中他听到了"建筑"，听到了"人体结构"，听到了明彻逻辑的构造和透明的结构，听到了整体与细节互为印证，不可重构、不可拆卸。正如卒姆托所言："就在具体的材料被装配和建构的同时，我们的建筑成为真实世界的一部分。"❶ 在此笔者认为，卒姆托的建筑从建构的意义上看是"具象"的和"真实"的，卒姆托的建筑自然也有它的抽象的一面，但这种抽象性更多的是来自建筑的表皮或整体表情的抽象特点，而不是来自建构本身。日本建筑学家香山寿夫认为卒姆托设计的布列根兹艺术馆是古罗马建筑的抽象版本，事实上布列根兹艺术馆的表皮随一天中的时间变化确实有着表情的细腻差别，而且整个建筑也确实有着古罗马神殿般的抽象存在感。相比之下，在建构和表皮的游走之间尽显"抽象"这一特点的还得看同样来自瑞士的赫尔佐格和德梅隆。

　　赫尔佐格多次在公开场合表示：比起建筑他们更喜欢艺术，比起建筑师的方式他们更喜欢艺术家的方式。他们经常性地与艺术家合作，并且深受德国行为艺术大师约瑟夫·博伊斯（Joseph Beuys）❷ 的影响。博伊斯的"扩展的艺术概念"通过意义及其联想的浸润将材料变得真实，而赫尔佐格和德梅隆的作品是通过对材料从其意义、联想中的分离来得到抽象性的实现。

　　莫里欧在评价赫尔佐格和德梅隆的作品时说道："赫尔佐格和德穆隆的作品与极简主义的关联，可从 1992 年的戈兹美术馆（Goeta Art Gallery）中清楚看见。在这个作品中，建筑师只有一个目标，就是将一个纯粹的抽象空间抽离。在此，一件艺术品就足以让我们置身在它全部的壮丽里。从他们开始执业，赫尔佐格和德梅隆便勤奋地追求将抽象与一般性的实体转变成建筑物。"❸ 具体到这个美术馆的设计，整体形体表达出一种强烈的"切割"意识：建筑基础被地平切割成地下与地上两个部分，建筑表皮被水平切割为玻璃、木、玻璃构成的三段式，平面中的长方形也被短轴方向的墙体切割成展厅和楼梯间。这种切割造成的整体空间的机制更接近细分（subdivision）而不是群组（grouping），建筑平面也显示出空间分割并不是借由已知的元素完成，而是持续地排除任何和元素可能有的参照，因此从建造的角度来看，使得不同空间或房间具体化的墙面几乎没有厚度，且也无法被界定为门框，无法称作门。这个美术馆的另一个值得注意的则是建筑材料结合的方式，胶合板、磨砂玻璃、未加工的铝板等不同材料使体形简单的建筑产生了细微而丰富的差异，而弥散性的光线正是将不同材料的物质性和随时间所发生的视觉变化赋予这种差异以意义的前提条件。戈兹美术馆的室内是向赛维所谓的"罗马静态空间"的回归，但是虽然它的空间是基本的、古典意向的，其构造却充分体现了 20 世纪晚期

❶ 转引自张彤，《真实建筑——彼得·卒姆托的作品和思想》，《建筑师》编辑部编，《国外建筑大师思想肖像（下）》，中国建筑工业出版社，2008，p.222。

❷ 约瑟夫·博伊斯（Joseph Beuys，1921-1986 年），二战后欧洲艺术家中最重要而又最富有争议的德国艺术家，他的"扩展的艺术概念"（expanded concept of art）堪称高瞻远瞩，融生态、宗教以及政治、经济等观念为一体，以此对艺术体制进行挑战。博伊斯对当代建筑师具有很大的影响，包括卒姆托、赫尔佐格等。

❸ 洛菲尔·莫内欧著，林芳慧译，《八位当代建筑师——作品的理论焦虑及设计策略》，田园城市，2008，p.442。

材料和工艺技术的精确之美，因此它创造的效果也是带有强烈现代特征的（图 2-54）。

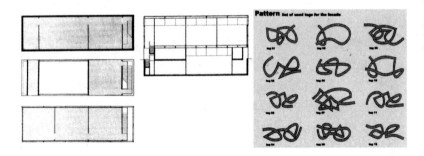

图 2-54　H&dM 早期戈兹美术馆平面和剖面的一致性切割与 21 世纪的表皮研究

就赫尔佐格和德梅隆的建筑作品几乎全是简单形体这一点来说，表皮（surface 或 skin）在他们创作中的重要性是不言而喻的。建筑学者王骏阳将他们的"表皮策略"概括为以下三类：一是通过材料的纯粹物质性赋予表皮以特征，如戈兹美术馆；二是将构造和表皮合二为一，如沃尔夫信号楼；第三种策略是在严格的二维意义上将某种图案主题通过丝网印刷法在立面重复使用来改变表皮的性质，代表建筑为瑞科拉公司欧洲新厂房。王骏阳认为第三种策略是安迪·沃霍尔式的，即用重复、韵律和夸张来改变意向固有的意义和再现功能。笔者认为这三种策略也是他们在"抽象—具象"之间游走的三种建构手法。

2.2.3　场所抽象：环境和基地抽象

作为实体的物质性建筑是不可能孤立于其具体的场所和环境而存在的，而每个建筑（建筑群）的环境和基地是各有差异和特点的，这就需要建筑师在设计中利用抽象思维和环境本身的抽象特点来共同构思设计。具体看来，对于环境和基地的抽象构思涉及两个方面的内容，一是内向型的建筑本身的抽象路径设计，如柯布西耶的"建筑漫步"概念事实上就是一个经过抽象加工的对建筑内部路径的提炼；另一个是外向型的抽象构思，直指建筑所在的具体的城市环境，其最终目标是让建筑本身成为城市景观中的一员。

2.2.3.1　抽象路径

柯布西耶设计的萨伏伊别墅不但标志着现代建筑的崛起，也是"建筑漫步"理念的最早实践者，这座建筑不仅从平面到剖面都揭示了柯布关于时间、空间和运动的态度，也成为后代建筑师的一个"路径建筑"原型。库哈斯在他的设计中不仅继承了柯布的这个原型，还发明了"路径剖面图"和"路径模型"来表达和再现建筑中的这个抽象概念。"路径模型"以一种透明、直观的方式体现出路径在当代设计中的重要性，而"路径剖面图"则可谓一个对传统剖面图的拼贴化处理，通过它，可以清楚地描述和感知复杂的行为路径（图 2-55）。

当代建筑中对于路径的抽象思考不仅仅是"向前"的，也完全可能是"向后"的，即作为"穿越"、"漫步"的建筑，在其中的漫游路径其实也是可以指向传统的抽象和地域性抽象的。印度建筑师查尔斯·柯里亚在设计中常常以轴测图和鸟瞰图来表达他的"漫游路径"的理念，按照柯里亚的理解，东方宗教仪式的进行常常以长途跋涉来表达虔诚，如"钵喇特崎拿仪式"（pradakshina，

图 2-55　库哈斯在摩洛哥阿加迪尔会议中心的设计中采用的"路径剖面图"

意为"右绕"，即逆时针路径），因此在他的设计中常常看出对这种东方仪式化的路径的抽象再现。柯里亚对此进一步总结道："将建筑形体分解成系列彼此独立、有相互关联的体量，这在印度建筑中非常普遍。它们使用漫游的路径来贯穿整个空间组合，不但赋予建筑丰富的体量造型，而且能够与地域气候条件相适应。"❶

卡洛·斯卡帕（Carlo Scarpa）设计的布里昂墓园（Brion Tomb，1970-1975 年）是一个经典的建筑和景观案例，一方面这个建筑融合了围墙、门扇、台阶等建筑要素，同时路径、水面和亭子等又构成了主要的景观要素，整体环境显示出一种接近东方"禅"文化意境的效果，难怪日本学者横山正和槙文彦在各自的文章《高贵的庭院》、《数寄的艺术》中，都将布里昂墓园与日本庭院做了类比研究。建筑学家乔治·多兹则在分析这个案例时提出了"抽象人体"的概念，即"访客对于这个建筑的探访是双重的：一个是现实的，也就是访客身体的真实造访；另一个是概念性的，是出现在斯卡帕设计草图中抽象的人体，它们在设计中存在着的某些精确的观景位置。"❷借助于多兹的"抽象人体"概念，我们可以进而将这座建筑划分为被生死两界的人们占据着的"真实世界"和"抽象世界"，在这个划分的基础上，斯卡帕精心设计的那些建筑元素构成的环境的深意慢慢地一一浮现出来（图 2-56）：❸

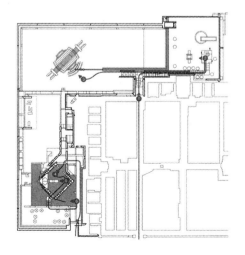

图 2-56　斯卡帕设计的布里昂墓园是路径设计的经典代表

❶ Hasan-Uddin Khan, Transfers and Transformations, In Charles Correa, Mimar, 1987, p.130.

❷ 转引自王方戟，《迷失的空间——卡洛·斯卡帕设计的布里昂墓地中的谜》，《建筑师》2003/5，p.87.

❸ 王方戟，《迷失的空间——卡洛·斯卡帕设计的布里昂墓地中的谜》，《建筑师》2003/5，p.87-89。

（1）路径：斯卡帕用铺地与草地的交接设定了"抽象路径"：受规则制约的、生者占据着的"真实世界"表现为铺地；被死者占据的"抽象世界"则对应着草地。铺地和草地之间的连接表现为突然中断，形成一个路径中的"谜"。

（2）门：在布里昂墓园中，斯卡帕几乎没有设计真正的驻足点来让人停留，即使设置了一个亭子也以玻璃门隔开了亭子的两侧，于是那扇奇妙的玻璃门几乎就是"真实世界"与"抽象世界"的界定：门内水中的小岛成为一个被抽象化再现的人间静地，门外则代表着现实世界的日常与喧嚣，门的分隔见证了这两个世界的存在与差异。门所采用的玻璃材料也说明了真实与抽象可视而不可触摸，近在咫尺却又遥不可及的距离。

（3）台阶：作为整个墓园路径终点的台阶连接的不是两个场所或空间，而是被分割的两个世界的连接象征，台阶，这个基本的建筑元素在此描绘出生与死的界限，也刻画了从现实世界走向抽象世界的心理境界。

如果说布里昂墓园尚作为一个尺度扩大化的建筑而存在的话，那么伯纳德·屈米在拉维莱特公园的设计中采用的路径设计则是一种城市尺度上的路径。屈米将科学设计中的"横断程序设计"方法引入到城市设计，所谓"横断程序设计"，正如屈米自己所言："抛弃一切已有的比例，从中性的数字构形或理想的拓扑构成着手使其成为未来转换的出发点，设计出三个自律的抽象系统——点系统（物象系统）、线系统（运动系统）和面系统（空间系统）。"[1] 屈米使这三个系统相互叠合，形成相互冲突，最终从这种叠合冲突中得到一种程序和一种形式。可以看出，在这个设计中，屈米提出的三个抽象系统的概念明显受到构成主义抽象概念的影响。

2.2.3.2　抽象景观

在葡萄牙的建筑学教育中，将建筑、场地、景观视为一个共同体是一个基本的共识。阿尔瓦罗·西扎认为，在建筑与城市之间，在平衡中找到基调，是一名建筑师最重要的任务。因此，西扎对建筑与场地因素的处理往往采用斗争与合作相结合的方式，使建筑在新的片段和旧的片段之间滑动，将场所的分离与对抗、历史与现实同时表现于特定的建筑之中。在西扎早期的博阿·诺瓦餐厅、康西卡奥游泳池等作品中，复杂的几何形式与坡道、矮墙、平台的结合对乡村的场所环境做出了回应。帕尔梅拉游泳池则以一种抽象的几何学方式呈现出对现场地形构成特征的呼应，反映出西扎将地理学立场介入建筑设计的高明之处。西扎在此采用的抽象几何学方式是自然中片段化的几何学的再现方式，也就是说西扎将建筑视为人工化的城市向自然化的环境过渡的抽象媒介，建筑因此也存在于自然的关系系统中。

在加里西亚当代艺术中心（1998年）的设计中，西扎使建筑以一种

❶ 转引自《建筑师》编辑部编，《从现代向后现代的路上（Ⅱ）》，中国建筑工业出版社，2007，p.148。

巧妙而精确的方式嵌入城市肌理之中，建筑采用的两个直线形体量相互交织创造了一个多重方向的空间领域。特别是与相对封闭的外表相反，建筑的内部空间却具有极大的开放性，在建筑内部可以感受到内外空间的强烈的共通性，甚至可以感受到建筑内外空间关系的反转（图 2-57）。威廉·柯蒂斯曾经说："西扎最好的建筑其实不是真正的建筑，而是嵌入当地文脉中的广域空间的容器。"❶ 或者如西扎自己所言："我的意图在于重新获得已经失去的自发性，一种为特定的城市事件找寻或塑造场所的不受抑制的整体能力。"❷ 因此对西扎而言，建筑只是场所中的抽象的光、空气、阴影、空间以及发生在其中的活动和事件。

❶ 转引自张路峰，《阅读西扎》，《建筑师》编辑部编，《国外建筑大师思想肖像（下）》，中国建筑工业出版社，2008，p.195。

❷ 蔡凯甄、王建国编著，《阿尔瓦罗·西扎》，中国建筑工业出版社，2005，p.328。

图 2-57 阿尔瓦罗·西扎设计的博阿·诺瓦餐厅是他早期结合环境设计的代表作

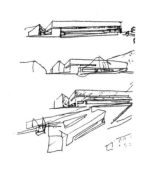

图 2-58 阿尔瓦罗·西扎设计的加里西亚艺术中心可谓一个嵌入文脉的空间容器

美国建筑师安托万·普雷多克（Antoine Predock）常常将地形景观中的一个个细小到诸如马赛克般的点状元素抽象后放大并运用到相应的基地脉络中。圆锥体、四棱锥、地穴、立方体、厚重的墙体经常会出现在他的作品中。在美国史迹中心中，椎体造型的文献收藏厅像是一座金字塔或是印第安人的盔甲出现在草原之上；拉斯韦加斯图书馆的巨大锐角形体则好像有棱有角的沙漠巨石伸出地面，向遥远的水平线延伸——既是抽象的几何体矗立于大地上，又是融入现实的构筑物，成为大地景观的一部分（图 2-59）。

在凤凰城的亚利桑那科学中心（1990—1997 年）的设计中，普雷多克将自然的地形、地貌和环境以抽象的手法化为系列的台地、峭壁、高原、

图 2-59 普雷多克的建筑就是美国西部大地上的一员

土堤和山峰，将用地地理特征上的自然力量抽象再现。展示厅、剧场和天文馆向内聚合而形成一个完整的拟自然风貌的人造景观，并且与美国西南部的整体地理环境特征取得呼应。一片尺度巨大的铝板墙面横切入中央形成东西轴线的建筑元素，从而将看似凌乱的体量组合成一个整体，最终将造型、空间与光线融合消解在建筑元素中，创造出与周围的沙漠环境融为一体的动人亲和力，整体上旨在激发多重的联想：时而是沙漠之舟，时而是海市蜃楼。因此在这个疏离都市的环境中，这个建筑仍植根于大地，仍指向天空。

　　一般说来，在建筑单体中的基地抽象构思来源往往是来自于建筑物之外的外在性环境与景观，但也有个别建筑仅仅关注于基地的文化特征和内在性记忆同样可以实现建筑对场所的抽象构思。2012 年由赫尔佐格和德梅隆（H&dM）与艾未未合作设计的伦敦肯辛顿公园蛇形画廊❶就是这种构思的代表作品。这个设计将 2000-2011 年的蛇形画廊的平面图重叠在一起，以一种类似于考古学和地图学的手法将时间、记忆、痕迹、历史重叠在一起，在此基础上形成了一个新的地表特征的小品建筑，挑出的圆形屋顶设计成一个水池，倒映着周围的环境。赫尔佐格和德梅隆与艾未未在解释这个设计时说道："所有的之前的（十一座）画廊的痕迹被重新发现和重新建造，之前的印记重叠而成新的复杂的缠绕的线形，就像是一种缝纫线，并最终形成一种具有偶发特征的建筑形式。"❷ 正是基于建筑师的这种对基地记忆与痕迹的抽象性挖掘与偶发性处理，这座建筑才在环境与场地之间建立起某种时间性的联系，建筑本身的形态则介于装置与构筑物之间（图 2-60）。

❶ 蛇形画廊（Serpentine Gallery）项目始于 2000 年，每年夏天会邀请一名建筑师设计这个位于伦敦肯辛顿公园的临时建筑，至今为止邀请的建筑师包括哈迪德、伊东丰雄、库哈斯、辛姆托、盖里等。

❷ Herzog & de Meuron and Ai Weiwei, Serpentine Gallery Pavilion 2012, GA Document 122,2012, p.106

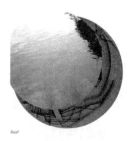

图 2-60 2012 年蛇形画廊抽象地展示了一种"地形的痕迹"

总体来看，基于环境与基地特征而建立的场所抽象在整体上要求我们建立一种基于场所的"隐匿"的建筑学思考，即既要发现存在于自然中的关系系统的复杂性，还要探求在建筑与自然之间建立一种完美性，这种复杂性和完美性既是建筑学内在的精神准则，也是建筑学必须具备的外在表现。

2.3 "现代建筑与抽象"的反思

蒙德里安和康定斯基代表了人类精神的两种根本不同的方向，一种是高度的容忍，另一种则是极端的奔放。康定斯基显示了来自抽象艺术无限自由的全部财富，而蒙德里安则相反地以简化还原的表现手法创造了最简单的因素，并通过精神上的深思熟虑以达到这种淳朴的要求。

——米歇尔·瑟福 ❶

回顾 20 世纪现代建筑发展的历程可以发现，抽象性作为现代建筑的一个基点在现代建筑兴起的过程中起到了重要的作用，现代建筑中的"抽象介入"本身也经历了一个从观念革新到设计手段再到多元化表达的发展过程。虽然在 20 世纪后半叶由于"国际派"风格的全球风靡，"抽象"的一些固有缺点开始暴露，但正如威廉·柯蒂斯在《20 世纪世界建筑史》中描述的那样："20 世纪 80 年代，'抽象'通常会被等同于一种空虚的形式主义，等同于对一种建筑语汇本质的困惑。但是，新生一代建筑师阵营中一些最具探索精神的建筑师们，他们运用抽象来强化他们自己设计的形式意义，来强化设计体验，甚至用来让设计和自然力或是不可见的场所精神产生共鸣。" ❷ 因此，现代建筑中的"抽象介入"在过去和今天都是重要的议题，在将来也不会过时。

在此，基于前文研究，有必要对现代建筑的抽象性做一个双重的"检阅"。从"形而上"（概念）与"形而下"（操作）的双重层面展开论述，并在此基础上对现代建筑的抽象性展开必要的批评性思考。

2.3.1 "形而上"——从现代性到真实性

总体看来，建筑的抽象性是一种思想的方式，即摒弃一切传统具象的影响，试图找到建筑超越时空的本质，将思维向抽象意识的极端方向推进。今天，从全球范围来看，无论是社会、经济、文化还是建筑，都处于或平稳或激烈的变革之中，传统与现实之间的差异不断加剧，并处于巨大的矛盾之中。笔者认为，对于今天的建筑学界，尤其是对于中国的建筑学界而言，抽象性是一种基于传统与现实差异的一种具有当代精神的思考，是一

❶ 米歇尔·瑟福，《抽象派绘画史》，广西师范大学出版社，2002，p.37-38。

❷ 威廉 J·R·柯蒂斯著，本书翻译委员会译，《20 世纪世界建筑史》，中国建筑工业出版社，2011，p.677。

种可以产生既非复制传统，又非模仿西方当代建筑创新思维的基点。

纵观"抽象介入"的现代建筑发展历史，现代建筑的抽象性首先作为一种体现"现代精神"的观念上的革命而存在，因此抽象性是现代性的一种体现。而现代主义本身是不断修正发展的，在这个发展的新阶段，人们必然会重新检查它的一些原则、方法和秩序，并使之继续发挥作用。

随着 20 世纪末世界政治格局的变化、经济发展不平衡的加剧和生态危机的出现，越来越多的人开始将地球作为共同的家园，从政治到经济，从文化到艺术，"全球化"成为一个新的关注焦点。虽然自然和社会的变化和变革在视觉形式与隐喻的层面的转译相对缓慢，但越来越多的人开始接受本土差异性观点，这种趋势也激发了崭新的关于"现代性"的内容，并依此修正了历史的进程和当代的设计对策。我们可以发现，在 20 世纪末及 21 世纪初期以来，那些最具精神意义和探索性的作品，大多具备如下这些特征：由具有现代意识的片段构成的形式与功能并置的真实世界，它们大多不会照搬历史形式和模式，也表现出对极端激进的技术发展的抵制，总体上追求一种能够唤起人、事物与观点之间一种理想化的关系——既是对真实性建筑的探求，也是对世界大同的缩影和再现。

❶ 威廉 J·R·柯蒂斯著，本书翻译委员会译，《20 世纪世界建筑史》，中国建筑工业出版社，2011，p.689。

威廉·柯蒂斯在《20 世纪世界建筑史》一书的结论中提出："我们不必太在乎现代性，因为真正重要的是真实性。"❶ 柯蒂斯同时对这个真实性作出定义："凭借非凡的抽象，其材料、细部、空间和形式将设计意图的不同层级展现出来。这绝不仅仅是一种理性的结构解决方案，抑或仅仅是一个形式的精致表演，而是社会视角的物化，是人类制度的直觉诠释，是某种理想化的表达。"❷ 笔者认为这个观点同样可以运用到关于"抽象介入"在当代建筑走向上的作用中，而这种抽象介入的真实性在笔者看来有两个要点：形式来自原则、结构来自逻辑。这里的"形式"和"结构"（不仅仅是狭义上的建筑结构，而是作为事物的内在结构）也恰恰呼应了笔者关于 20 世纪以来对于"抽象"的定义的两个重要分类，即形式的、视觉的、表现性的抽象和结构的、知觉的、逻辑性的抽象。

❷ 同上。

欧文·维瑞（Erwin J. S. Viray）在评价瑞士建筑师克里斯蒂安·克雷兹（Christian Kerez）设计的洛伊特申巴赫学校（2008 年）的结构模型与建成实景时说："从模型直至竣工，它都不曾让我失望，它让我联想起哥特式大教堂：结构造就空间，空间造就结构。大大小小的所有构件都遵循统一逻辑，比例均匀，整座建筑如同自发生长出来一般。所谓见微以知著，见端以知末。"❸ 当然我们可以由这段话引申出克雷兹设计这个学校体现了哥特教堂的当代抽象（图 2-61），正如香山寿夫所说的卒姆托设计的伯瑞根兹艺术博物馆表达了罗马万神庙的当代抽象一样。但是笔者在此认为这座建筑体现出的"真实性"的意义已经超过了其"抽象性"，或者笔者可以套用前文威廉·柯蒂斯的话来表述为：我们不必太在乎抽象性，因为

❸ 欧文·维瑞，《瑞士随想》，A+U 中文版 2011/6，p.33。

真正重要的是真实性。

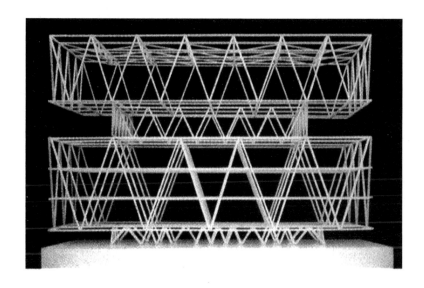

图 2-61 克雷兹设计的洛伊特申巴赫学校的结构模型具有哥特教堂般的形式与逻辑

我们还可以继续探求克雷兹的知性思维的发展源泉，2008 年克雷兹发表了以《迷恋》为题的观影记录，其中以日本电影为主，包括沟口健二的《雨月物语》、北野武的《沸点》和塚本晋也的《六月之蛇》等，这些电影的图像元素都围绕着故事情节、按照适当的比例，由完善的架构组成，而克雷兹从中一定感受到了他在建筑中所追寻的那种"真实"和"自然"吧。另一位瑞士建筑师彼得·卒姆托也在一些访谈中提到对芬兰导演阿基·考斯基马基（Aki Kaurismaki）的欣赏，并说自己要做出考斯基马基电影般的建筑。笔者为此曾专门观看了考斯基马基的一些电影，并由此明白卒姆托所言的含义：卒姆托所追求的是真正的建造性和建构性的建筑，建造就是建筑，建筑就是建造，所有的建造元素：砖、石、柱、梁都应该是明晰的和真实的，犹如考斯基马基的电影中不露表演痕迹的那些演员和极其平淡、日常但也极其真实和自然的生活化场景一样。

因此，从概念和观念的"形而上"角度分析，"现代建筑与抽象"存在着一个由现代性走向真实性的整体趋势和追求。为了保证和探求建筑在观念上的一种真实的抽象性，建筑师一方面必须坚持对建筑形式原则的探索，另一方面还要对建筑物自身的逻辑性结构做出深层思考。

2.3.2 "形而下"——从手段到方法

自人类进入 21 世纪以来，随着互联网时代的来临和社会的多元化发展，新的建筑问题不断浮现，新的生活方式也引发了新的价值观和新的空间需求，这两者都需要在建筑中寻求新的建筑表达。而现代建筑潜在的由形式和结构共同组成的概念体系和物质体系依然具有强大的持续性，但是这种持续性必须从当下的任务、技术、审美等多重角度介入具体的建筑设计。从"现代建筑与抽象"的角度来看待这个问题更会发现，在这个时代背景和社会背景之下，对历史经验的倚重如同对历史形式的挪用一样是无效的或低级的，因此，我们有必要从"形而下"的层次来理解和反思"现代建筑与抽象"对于建筑学的实践意义和价值。

从前文归纳、分析的大量现代建筑抽象性的类型中可以发现，从20世纪初现代建筑崛起以来，"抽象介入"事实上已经成为世界上优秀建筑师的一个创作基点，几乎在所有的优秀现代建筑中都可以找到某个方面的抽象特征。但客观地分析，也可以发现在过去的约100年的时间里，"抽象介入"更多的是作为一种实用性的创作手段和实践性的创作工具而存在。从设计操作的角度来看待"抽象介入"，我们有必要将"抽象介入"从手段发展到更高层次的方法。而对于这个"方法"的探索，可以从跨学科的思维领域以及对于现代建筑本质和原理的操作两个方面来展开。

首先，有必要从更广阔的思维和艺术领域展开对"抽象介入"的探究，达成共同启发。过去关于"抽象"的研究大多聚焦于抽象艺术尤其是抽象绘画（雕塑）领域展开。这种研究有其必然性，如抽象绘画的直观性、平面性等特征在现代建筑的研究中具有较高的"可挪用性"，但这种方法有着以偏概全的危险。一般认为，作为学科的建筑知识主要由三部分构成：科学、艺术和哲学。以此为出发点我们有必要在联合了绘画、雕塑、音乐、文学、影像等艺术门类的更广阔的范围内来寻求作为"意义"的现代艺术之间的相通性，并将这种寻求与抽象思维有效地结合在一起。

2010年，艺术史学家彼得·维果（Peter Vergo）出版了《绘画的音乐性》❶，这是一本将音乐和绘画结合在一起的艺术著作，其中也涉及了大量抽象绘画与现代音乐的对比研究。而在建筑界将建筑与音乐进行对比性的实验研究则由来已久，2008年，日本建筑学家五十岚太郎与菅野裕子合著了《建筑与音乐》一书，在题为《至死不渝地恋慕缪斯女神的戴米乌尔格斯》的自序中，作者从"比例论派系"、"视觉与听觉的互换"、"建筑是冻结了的音乐"等角度揭示了将建筑与音乐进行对比和联合研究的必然性。中国建筑学者王昀曾经以《论音乐空间和建筑空间的对应性》、《音乐中的数和建筑中的数》等论文展开对音乐和建筑在数理构成、句法特点、空间关系等方面的研究，并以概念性设计"撒蒂的家"❷（1994年）做出了实践性的回应。

值得注意的是，1994出版的《建筑小册》第16期《作为音乐转型的建筑》和彼得·维果的这本《绘画的音乐性》都重点提到了约翰·凯奇❸这位神奇人物，由此可见凯奇的艺术思想作为一种被抽象化后的艺术语言是完全可以在音乐、绘画和建筑的层面上展开共同联想的（图2-62）。即使在今天看来，《作为音乐转型的建筑》依然可谓一个跨门类建筑研究的

❶ 这本书的副标题是"从浪漫主义到约翰·凯奇：作为现代视觉艺术的音乐"。

❷ 埃里克·撒蒂（Erik Satie，1866-1925年），法国著名先锋音乐家，他的音乐曾被评论家们贴上印象主义、象征主义、未来派、达达主义和超现实主义等不同的标签。

❸ 约翰·凯奇（John Cage，1912-1992年），美国著名实验音乐作曲家、作家、视觉艺术家。1961年出版的演讲、论文集《无声》确立了他作为当代一位主要的音乐理论家和美学思考家的地位。作为"机遇音乐"的代表人物，他曾深受远东哲学、美学尤其是佛学禅宗的影响。

范本，由伊丽莎白·马丁编辑的
这本专辑汇集了当时重要的艺术
家、音乐家和建筑学家，如伯纳
德·李特娜（Bernhard Leitner）、
斯蒂文·霍尔等，相关研究由三
部分组成：声学基础（音乐）、
作为建筑的乐器和层级关系。在
建筑实例部分，霍尔将其早期
的建成住宅作品"穿透住宅"
（Stretto House，1991 年）作为

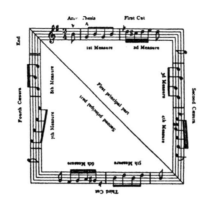

图 2-62　约翰·凯奇的音乐分析
图显示了一种普遍性的艺术抽象
特点

一个以"时间—空间"、"声音—光线"展开建筑与音乐设计实验的作品。
伊丽莎白·马丁在本专辑的前言中表明了研究性立场："这种建筑结合音乐
展开的研究只是一个过程，而不是一种关于音乐转型为建筑的定义和终极
意义。"❶ 根据笔者的理解，这个研究真正在意的应该是有关建筑和音乐
带来的"视觉—听觉"的对话，正如从抽象绘画到现代建筑的抽象性，对
隐藏在以绘画、音乐、建筑为代表的艺术之间的相通的"抽象性"才是这
系列研究的核心所在。

❶ Pamphlet Architecture
16, Princeton Architectural
Press, 2011, p.9.

　　其次，在建筑设计和建筑研究领域，进一步围绕原理和本质展开是必
要的。20 世纪以来，尽管每个时代的先锋都声称他们正在引发建筑的变革，
但大多数先锋建筑呈现的只是局部的发展和重构，而非本质性的决裂和革
命。笔者认为这是一种理性发展的正常现象，其背后展现出来的是一种对
现代建筑原理和本质的连贯思考。对于这种原理和本质的思考，我们今天
需要做出的不是轻视，而是加强和反思，因为种种迹象已经表明，对原理
和本质的忽视已经造成了目前建筑界某些急功近利的不良状况。

　　实践也证明，以"抽象介入"的思路展开关于现代建筑原理和本质的
探索是完全可行的。这种探索既体现在年轻建筑师的大量建筑实践中，也
展现在以建筑教育为代表的当代建筑学试验中。美国麻省理工学院建筑学
院将这种探索理解为"关于失败的实验"（testing of failure），也就是承认
实验的过程比实验的结果更重要，因为当代建筑的表象在进入数字化时代
以后已经变得纷繁复杂，唯有在抽象的层面上对其原理和本质做出动态
的把握，才能有效、及时地制定出设计策略，建筑教育在这一点上有必要
做出前瞻性、预示性的研究。香港中文大学柏庭卫教授（Vito Bertin）自
1999 年以来一直坚持以"杆作"这一单一元素作为研究对象，从材料、建构、
空间、设计的多重角度来揭示有关建筑设计教学的多种可能，并将这个过
程命名为"一个原理、多种形式"。

　　这些设计领域的新动态标志着"本质和原理"的回归时代已经到来，
也表明从"形而下"的层面来思考"抽象介入"在当代已经走向了一个理

论联系实践的阶段。

2.3.3 现代建筑抽象性的不足与反思

当我们疑问"什么是抽象？"时，我们同时也在疑惑"什么是真实？"，因为抽象来源于真实事物，并也是事物的组成部分。抽象是一个挑战真实的过程，也是一个我们如何与真实之间保持距离的方式问题，这种抽象与真实之间的距离标志着新的价值的特性，所以我们如何定义抽象也决定了我们如何定义价值本身。对"抽象"的理解并不直接意味着对建筑的积极或消极意义，因为"抽象"过程的意义更多地在于解释及意图（interpretation and intention），抽象既可以是人类世界的理性秩序，也可以是现实社会的人文反叛或虚无再现。

在普遍的理解中，现代建筑的基本理论、知识和技能构成由两个不同"高度"的方面构成："高的一个是意义层面，即对文化历史的认识，对社会经济现象和对策的理解，以及立意诠释的能力；低的一个是技术层面，即对技术与应用科学知识的掌握。"[1] 但现实中的现代建筑目前正面临着一种尴尬的状态：当关照和解决了一个问题时往往造成了新的其他问题。我们总是想在文化的传统中来定位今天这个时代，最终结果往往是将历史（history）与历史主义（historicism）混淆，简单地用美学的形式来取代象征的意义，而为了达到形式的目的，一味地将建筑表达视为重点和中心，而事实上这一切努力一方面来自于建筑抽象性的功劳，另一方面对抽象性的专注自然也造成现代建筑某些事实上的不足。

曼弗雷多·塔夫里在《现代建筑》中认为："当代建筑历史不可避免地居于多重性和多面性：它既可以是一部独立于建筑本身、构成人类环境的历史，也可以是一部尝试掌控和制定这一结构发展方向的历史；既可以是一部致力于这一尝试的知识分子寻找方式方法的历史，也可以是一部不再追求绝对和确切言词为目标，但努力为自身的特质划定界限的新型语言的历史。"[2] 也就是说，现代建筑应该在不同的层面上表达文化的含义，不仅需要图像化地（iconographically）表达意义，还应通过建构形式表达建造的逻辑。从这个意义上进行反思，抽象性作为现代建筑的一个基本特质，反映的是现代建筑单一角度的特征，因此抽象性本身也必然存在诸多的不足。

现代建筑的抽象性的主要不足在于：空间与抽象形式导致对建构的忽视而缺乏应有的"物质性"。

从现代建筑的发展过程来看，"空间"概念的产生可谓意义深远，它使建筑与绘画、雕塑等其他艺术形式相分离并获得了自主性。但是从某种意义上看，抽象性本身确实是存在着"先天不足"的，对作为"物质"的建筑的建构的轻视就是其中明显的一点。这个"先天不足"在 20 世纪末成为当代建筑的课题之一，也成为弗兰姆普敦撰写《建构文化研究》一书

❶ 莫天伟，《我们目前需要"形而下"之——对建筑教育的一点感想》，《新建筑》2000/1，p.18。

❷ 曼弗雷多·塔夫里、弗朗切斯科·达尔科著，刘先觉等译，《现代建筑》，中国建筑工业出版社，2000，p.120。

的初衷之一：他试图以对建构的研究来展开关于建筑本质研究的回归，并以建构来抵制和对抗后现代主义时期以来的种种弊端。弗兰姆普敦为此将矛头主要指向日益泛滥的当代建筑"布景术"（scenography）的趋势。

随着 20 世纪后期"后现代主义"在全球的短暂胜利，以文丘里倡导的"装饰蔽体"使现代建筑仅仅成为一种装饰性的形式的替代物，具体的建筑形式和建筑形象成为现代建筑的焦点，而建筑背后的抽象理念和建造本质遭到冷落，弗兰姆普敦将这种带有虚幻和虚假色彩的建筑表演斥为"布景术"。作为一种对"布景术"的批判，弗兰姆普敦主张通过建筑本质特征之一的建构展开回顾与研究来寻求一种 19 世纪以来的建筑学中的"建造诗学"。这也是弗兰姆普敦否定柯布西耶"多米诺结构"的建构价值的原因，在他看来，"多米诺结构"的出发点更多地来自抽象的形式塑造，而非呈现结构机制和受力关系的性格塑造。

在《建构文化研究》一书的中文版译者王骏阳看来，"布景术"趋势在当代建筑中的现状已经比文丘里的定义表现得还要糟糕和令人痛心，"在文丘里式的具象历史主义建筑语言似乎大势已去的今天，另一种'装饰的蔽体'已经悄然兴起，并大有取而代之、成为当今建筑学新主流之势，这就是以'新前卫主义'面貌出现的各种建筑'奇观'。以 20 世纪 80 年代末的'解构主义'人物弗兰克·盖里为例，无论他设计的毕尔巴鄂古根海姆美术馆还是洛杉矶迪斯尼音乐厅，都在某种意义上将建筑学推向了一个更为深重的布景术境地。在那里，'形象'具有至高无上的重要性，而且在这种形象塑造中，结构除了作为造型的手段之外没有更多的建筑学意义。"❶ 当然，造成现代建筑"布景术"和"图像化"的原因至少有两条：一是文化变革衬托出的时代背景。由于建设量的增加和建设周期的缩短造成当代建筑教育的速成化和批量化，由此在一定的程度上削弱了对建筑建构观念的重视，而现代社会文化产业的市场化和流行文化的扩大化正在造成包括建筑在内的艺术领域的图像化发展趋势；二是技术角度出发的专业背景，随着建筑工程领域专业的分工明细化，人们对建筑问题的认识更多地基于单一、独立的专业角度而非整体的角度，建筑设计作为一种社会服务专业的性质随之也发生转变，建筑师的工作开始趋于两个内容：①仅仅设计一个抽象的外壳，②在这个外壳中填充具体的功能，而本应联系两者的重要的建造问题被不幸地遗忘了。

对现代建筑抽象性的片面性认识和不完全应用往往会产生"为艺术而艺术"的错误认识，即将建筑视为"纯艺术"的脱离场所、脱离结构方式和建造手段而存在的艺术作品，或者将建筑视为可以"使用"的雕塑。认识到这一点，可以有助于我们认识和区分当代建筑潮流中的个性与特点。如同样是塑性建筑的代表，弗兰克·盖里本质上是个浪漫的艺术家，他的那些犹如抽象雕塑般的建筑因此只能属于抽象绘画和雕塑的艺术时代；扎

❶ 王骏阳，《建构文化研究译后记（下）》，《时代建筑》2011/6，p.103。

哈·哈迪德的建筑则犹如一件件散发着抽象艺术品味的时尚产品，犹如时装、珠宝，圆滑、世故但是流行；而 UN Studio 的建筑犹如一辆跑车、一架飞机，金属味、机器般的冰冷，但也是客观的、冷峻的和真正的有着逻辑性的抽象。从抽象性的意义和目的联想，UN Studio 的建筑也许更准确地对应着互联网时代所需要的抽象。

因此可以说，现代建筑早期的空间和形式革命是具有一定的局限性的，仅仅建立于现代艺术基础之上的建筑的抽象性是一种脱离现代建筑的建构本质和场所性质的抽象性，从而使现代建筑的形式化本质突显得到了过分的"放大"，并在一定的程度上造成了当代建筑创作中的"图像化"特征。现代建筑的抽象性导致的对建构的轻视的一个主要原因应该和我们对现代建筑抽象性的片面理解有关，即大多数人只关注于建筑的绘画性抽象，而忽视建筑的物质性抽象、结构性抽象和语言性抽象。也就是说，抽象或者抽象性本身也是在不断发展中的，只有全方位地理解和掌握了它的特点，才能真正避免由此带来的不足。

2.4 本章小结

本章首先着力于探讨现代建筑抽象的语言特质，然后将其应用于大量的现代建筑实例，从中概括出现代建筑抽象性的主要类型。最后从"形而上"与"形而下"的多重角度对现代建筑的抽象性进行了总结和反思。

本章将从抽象性研究出发的现代建筑语言特质研究分为两大类的四个概念：一是由形式性（绘画性）出发的语言特质，包括同时性、视觉动力性和透明性；二是由哲学性出发的语言特质，即建筑现象学的还原性。对于这四个语言特质中的抽象性研究可以从两个角度来理解：一是"过去式"的，即这四个特质来源于现代建筑的起源和发展之中，对它们的研究有利于进一步探究抽象性在现代建筑进程中的性格特点；二是"现在时"和"将来时"的，也就是说了解了这四个特质，不仅有助于我们来分析和理解当代纷繁复杂的建筑作品和建筑现象，还可以帮助我们建立一种基本的对将来可能出现的建筑类型和建筑现象的"抽象分析观"。

现代建筑的抽象性具有多种可以辨析但难以明述的特点，本章的第二节对现代建筑抽象性的类型进行了必要的分类和整理。对于现代建筑的抽象性的类型，笔者概括为现代建筑抽象性的内涵和外延两个方面：一是从其表现性来分类，表现性与绘画性相关，表现性可谓现代建筑的外延，但是由于现代建筑抽象性的起源和抽象艺术、抽象性思想密切联系，因此这个作为外延的表现性对于现代建筑来说，极其重要；二是从其建筑性来分类，建筑性也是一种物质性。建筑性是现代建筑的内涵，涉及现代建筑的空间概念、功能构成和建造方式等具体的专业领域。而场所抽象居于这两者的交界。因此在这个小节中，本书不仅从几何抽象与抒情抽象两个方面来研究了现代建筑的表现性抽象，还以空间抽象与建造抽象的分类来阐述了现代建筑的建筑性抽象。同时还从环境抽象与基地抽象的角度探讨了现代建筑如何在具体城市和具体景观中达成抽象性的一些必要手段。

在学术领域，以一种批判性的研究态度对现代建筑抽象性展开反思是必要的。在本章的第三节中，对于现代建筑抽象性的总结性思考首先建立在"形而上"和"形而下"的两个层面上："形而上"表达的是一种概念高度的反思，本章将现代建筑的抽象性概括为一个由现代性（启蒙）到真实性的必然过程，真实性也是一种客观的当下精神的代表；"形而下"则是一种操作层面的探讨，也就是有必要将"抽象介入"从手段发展到方法来延续它的生命力。对于现代建筑抽象性的主要不足，笔者认为，抽象性与现代建筑的建构本质之间存在着某种相互削弱、抵消和抵抗的现实，这一点与两者的特质有关。意识到这个不足，可以使我们在实践和理论的层面上有意识地强化优点，避免缺点的凸显化，并通过对对方的引用和操作来达成一种形态与语言、形式与建造的平衡。

最后，基于本章的研究成果，本书以"现代建筑师抽象取向特点"为题绘制了一个总结性图表（表2-2）。从这个图表中也可以发现两条"现代建筑与抽象"的发展线索：一是几何抽象与抒情抽象、空间抽象与建造抽象的交替发展，这一点符合所有建筑风格发展的特点，即一种曲线或螺旋形的进化特点；一是由形式抽象走向结构抽象的必然，这一点也验证了作为良性发展和进步的现代建筑对事物（建筑）本质的探求和追寻的坚持。当然，这个图表也可以作为下一章节研究内容"现代建筑师与抽象"的研究基础和出发点。

现代建筑师抽象取向特点分析表   表2-2

抽象类型 总体倾向 建筑师	表现性（绘画性）抽象		物质性（建筑性）抽象		总体特征上的抽象倾向	
	● 几何抽象	○ 抒情抽象	■ 空间抽象	□ 建造抽象	▲ 外向状态 形式抽象	△ 内在方法 结构抽象
勒·柯布西耶	●		■			△
密斯·凡·德·罗	●		■	□	▲	
弗兰克·L·赖特	●		■		▲	
路易斯·康	●		■	□		△
彼得·艾森曼	●		■			△

抽象类型 总体倾向 建筑师	表现性（绘画性）抽象		物质性（建筑性）抽象		总体特征上的抽象倾向	
	● 几何抽象	○ 抒情抽象	■ 空间抽象	□ 建造抽象	▲ 外向状态 形式抽象	△ 内在方法 结构抽象
约翰·海杜克		○	■			△
弗兰克·盖里		○	■		▲	
扎哈·哈迪德		○	■		▲	
UN STLIDI0		○	■			△
丹尼尔·里布斯金		○	■	□		△
雷姆·库哈斯	●		■	□		△
S. 卡拉特瓦		○		□	▲	
A. C. 巴艾萨	●		■			△
阿尔瓦罗·西扎	●		■			△
阿尔多·罗西	●		■			△
MORPHOS IS		○	■		▲	
H & dM				□	▲	
彼得·卒姆托	●			□		△
斯蒂文·霍尔	●		■			△
MVRDV		○	■		▲	
篠原一男	●		■			△
矶崎新		○	■			△
安藤忠雄	●		■			△
伊东丰雄	●			□		△
SANAA	●		■	□	▲	
藤本壮介	●		■		▲	
张永和	●		■			△
王澍	●			□	▲	

第三章

现代建筑师与抽象

❶ 贡布里希著，范景中译，《艺术的故事》，三联书店，1999，p.15。

❷ 建筑师（architect）的字根来自于希腊文的"领袖"（chief）和"木匠"（carpenter），意味着设计与营建的独立的专业人士。

"实际上没有艺术这种东西，只有艺术家而已。过去也好，现在也好，艺术家还做其他许多工作。只是我们要牢牢记住，艺术这个名称用于不同时期和不同地方，所指的事物会不大相同。"❶ 这是贡布里希（E. H. Gombrich）著名的《艺术的故事》的开场白。在笔者看来，这段论述用在现代建筑和建筑师身上也同样成立——其实没有现代建筑，只有建筑师❷ 而已。因为进入现代以来，建筑师才是真正的时代的主宰。对比历史也可以发现，现代建筑师的个性和特点越发鲜明和独特，尤其是所谓明星建筑师（stararchitect）的出现，进一步标明了建筑师的社会形象。正因为此，现代建筑的表情和含义也才越发丰富。

以抽象性介入建筑设计既是一些建筑师的建筑表现形式，还被另一些建筑师理解成一种自发性的专业性语言，如艾森曼所采用的形式转换（formal transformation）与海杜克对建筑元素的抽象性研究。本章主要揭示和研究现代建筑师对于"抽象"这一"武器"运用的个性化表现。以建筑师及其作品作为本章节的研究内容，期望从个案研究中找到"抽象"的一般思路、共性和个性。

本章所研究的现当代建筑师的设计思想和建筑作品中所体现出来的"抽象介入"特点，可以初步分为以下几种类型：

- 建筑状态的抽象——密斯·凡·德·罗；
- 设计过程的抽象——彼得·艾森曼；
- 设计方法的抽象——丹尼尔·里伯斯金；
- 折中的抽象（东方的抽象）——日本建筑师。

3.1　密斯·凡·德·罗——虚空的抽象

密斯·凡·德·罗的理想主义绝不是伤感的，而更像是尼采哲学对于希腊的理想化。密斯的理想主义是一种孤独，它是一种并不怀旧的孤独，却照亮了混沌与污浊。

——马西莫·卡奇亚里 ❸

❸ 转引自肯尼斯·弗兰姆普敦，王骏阳译，《建构文化研究》，中国建筑工业出版社，2009，p.163。

密斯·凡·德·罗（Ludwig Mies van der Rohe）是 20 世纪最伟大的建筑师之一。作为第一代现代主义建筑大师，对东西方哲学一直着迷并运用自如的密斯在 1920 年代率先提出了一个全新的空间概念：空间不仅是由墙体限定和围合出来的形态，还应包括建筑作为整个围合体的内部，由此我们开始进入一个可以体会到强烈自由感、开放感的空间中去，进入"墙体之间呈序列展开的空间与虚空之中，空间的活力则要比墙体本身更为重要"❹。最终虚空（void）变成了"内容"，变成了一种建筑的"状态"，

❹ 转引自维尔纳·布雷泽，苏怡、齐勇新译，《东西方的会合》，中国建筑工业出版社，2006，p.13。

也就是事实上的主题。可以说，密斯空间的本质存在于这种有组织的、从人类的秩序中提炼出的虚空中，这种虚空就是密斯建筑的"抽象"状态，这种抽象给现代建筑空间带来了新的秩序。

从空间状态来看，密斯设计的抽象化建筑空间达成了一种沉思的、冥想的、神圣感的空间状态。密斯的意图十分明确：建筑通常都是意志的空间表达，巴塞罗那德国馆就是想把"无"（invisible）和"超自然"（supernatural）带入现实世界的一个尝试。从这层意义上来看，当人们谈论"诗意空间"的时候，就会想到密斯的建筑定义："建筑是一种讲究语法规则的语言，在日常生活中，这种语言可以用来写散文。"❶ 当然，作为优秀的建筑师，密斯就是散文家，就是诗人。

肯尼斯·弗兰姆普敦认为密斯对于抽象艺术的表现有两种不同的态度：第一种态度体现在他对保罗·克利（Paul Klee）绘画作品的认识之中。密斯喜欢克利创作的具有神秘象形文字特征的绘画作品，因为他觉得自己可以将这些作品用在建筑空间中自由浮动的板片元素之上，使板片墙面表面获得双重的象征涵义，从而与其他更为物质化的独立式分隔墙面区分开来。密斯对待抽象艺术的第二种态度是新至上主义的取向，它与抽象艺术虚无飘渺的特质有着直接的关系。❷ 密斯似乎更热衷于平面图像的非物质化（dematerialized）效果，也喜欢将一些并不完整的形体与先锋派流通空间结合起来，因此人体图像通常会分散地出现在密斯的透视图中。在这一点上，密斯对至上主义的认识与马列维奇的非客观世界（nonobjective world）的跨理性主义（transrational mysticism）显得十分投缘。可以说密斯"少到极致"的观念就是弗里德希❸ 风景画中雾气腾腾的光线与马列维奇虚无缥缈的"充满至上主义灵感的环境现实"这两种同样晦涩难懂的思想的混合体，它为密斯重新诠释辛克尔学派的传统提供了契机，其最杰出的成果也许就是他早年设计的自由式平面住宅中使用的镀铬钢柱。弗兰姆普敦说："在现代文明的世界中，人们也许再也找不到比密斯的镀铬钢柱更为精简的隐喻形式了，因为它们已经将文化的广泛涵义简化为一个单一的建构标识（tectonic icon）。"❹

密斯非常认同经院哲学家托马斯·阿奎那（Thomas Aquinas）"真理就是事实的意义"的定义。"真理就是事实的意义"就是说真理在某种意义上决定了事实或事物的意义，"事实"就是"事物运动造成的现实"，它是抽象的"事物"，而按照阿奎那哲学一派的理解，事物可以分为形式与质料。密斯将这个理论运用于现代建筑，在他看来，建筑在形而上学中存在着一个原型，这个原型就是建筑的本质，而且这个原型是人们无法改变的。

3.1.1 抽象的形式——"少就是多"

在整个西方建筑历史中，从古希腊、古罗马、哥特到文艺复兴建筑，

❶ 转引自维尔纳·布雷泽，苏怡、齐勇新译，《东西方的会合》，中国建筑工业出版社，2006，p.13。

❷ 参见肯尼斯·弗兰姆普敦，王骏阳译，《建构文化研究》，中国建筑工业出版社，2009，p.206。

❸ 卡斯帕·大卫·弗里德里希（（Caspar David Friedrich，1774-1840 年），德国浪漫主义画家，新风景绘画的代表人，他的风景绘画被认为具有崇高的精神力量。

❹ 参见肯尼斯·弗兰姆普敦，王骏阳译，《建构文化研究》，中国建筑工业出版社，2009，p.180。

图 3-1 密斯认为正方形和长方形就是建筑形式的本质

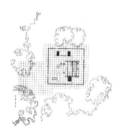

Fifty foot by fifty foot house.

Farnsworth House. Plan.

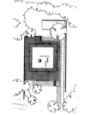

Bacardi Office Building, Santiago de Cuba.

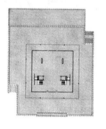

New National Gallery, Berlin.

Convention Hall. Plan.

❶ 转引自肯尼斯·弗兰姆普敦著，王骏阳译，《建构文化研究》，中国建筑工业出版社，2009，p.207。

所有的基本风格都是偏向感性与雕塑感的，很难与作为真理性或精神性的"形式"画上等号。密斯受到立体主义和至上主义的双重启发，把建筑形式的"真"分别理解为二维的方形（正方形和矩形）及它们的组合，认为建筑形式的本质就是二维的方形，而三维的方体（立方体和长方体）可以由二维的方形演化出来。在密斯看来，方形就是建筑形式的本质，建筑平面原型就是抽象的方形，建筑体量原型就是抽象的方体。"少就是多"就是密斯这种追求哲学中形而上的"真理"过程的高度总结（图 3-1）。

方形是密斯的建筑形式的实质，密斯在平面上喜欢正方形或矩形平面，在造型上偏爱方体。密斯主观上追求作为"真理"的形式，客观上却造成了"少就是多"的思想，以为只有把现实生活中充满细部和繁琐装饰的建筑通过一系列的精简和抽象才能还原为设计的方形和方体，这样就必然产生删繁就简的抽象过程，"少就是多"就是密斯为自己高度抽象的方形和方体建立的一个理论依据。

"少就是多"至少包含两个层次：一是纯净形式，即使用简洁而抽象的方体，删除一切装饰，成就一个玻璃和钢构成的方盒子；二是通用空间，使用简洁而抽象的方形平面，把原型作为圣经，以简制繁，以少胜多。同时必须注意到，由于平面的高度抽象，必然造成功能上的某些无所适从，因此，"功能服从形式"就成为密斯随之而来的理论推导，在客观上其实导致密斯建筑的最大诟病——功能使用上的一些不便。

无论在思想层面，还是在现象层面，密斯的建筑总是包含着对立统一的原则。在这方面，辛克尔（Karl Friedrich Schinkel）可谓密斯的榜样，因为辛克尔毕生都试图将理性秩序与建造实践结合起来，用它们来为充满神秘意义的城市服务。在密斯的建筑中，辛克尔式的元素主义（elementarism）从来都一直存在着，密斯在设计柏林美术馆新馆的过程中，在一次演讲中谈道："在老博物馆中，辛克尔对柱、墙、顶棚等建筑元素进行了分离，我认为这也正是我最近建筑作品所努力追求的。"❶ 看起来，正是这种分离原则使密斯有可能将原本纠缠在一起的建筑元素进行完全不同的组合，从而形成了密斯的高度虚空、高度抽象的建筑空间。

1947 年由菲利普·约翰逊（Philip Johnson）策划，在纽约现代艺术博物馆（MOMA）举办了著名的题为"密斯·凡·德·罗"的个人作品展。布展设计是密斯本人，约翰逊编辑出版了关于这个展览的书籍。在书中，约翰逊将密斯欧洲时期与美国时期的作品进行了对比研究，他认为密斯在欧洲的作品是他在美国作品的前奏，同时约翰逊还强调了密斯早期欧洲作品的"传统"风格和后期美国作品的普适化、国际化风格之间的区别和发展过程。约翰逊认为，密斯职业生涯的一个重要特点就是他日益加深的抽象性——从里尔住宅的"流行的传统"风格到伊利诺伊理工学院建筑系馆和行政楼的形而上的新柏拉图主义。

对于密斯在美国的设计，约翰逊对其在形式上和形而上的抽象化上的定位总体上看是准确的，但约翰逊对范斯沃斯住宅脱离环境的指责是有待商榷的。即使从抽象的角度来分析范斯沃斯住宅的建筑形式，它也展示了一种和场地的常识性的联系：结构用柱子抬起为的是避免邻近的福克斯河水的泛滥，整个结构好像浮在土地上，只是在需要情况下和土地有所连接；露台更像是一个悬浮的站台而不是坐落在土地上的平台，很明显地抗拒着地球的引力；建筑光洁耀眼的外表似乎无论是表面上还是形式上都是可以移动的。范斯沃斯住宅不仅改变了自己周围的景观，还似乎是一个更大、更抽象的宇宙的一部分，不仅仅是一个完整的自我，它的建造、空间品质和透明的表皮都使得这个建筑看上去像一个基本的单元，可以复制成其他建筑，比如密斯后来设计建成的芝加哥湖滨大道860 号公寓。这种"单元—单体"的演进方式正是现代主义建筑的特征之一。

3.1.2　抽象的质料——"上帝就在细节之中"

消除空间周边限定而不是去围合空间，这对密斯而言是非常重要的，这一切是通过材料与建构实现的。从某种意义上说，巴塞罗那德国馆和土根哈特住宅中的钢立柱借助一个十字形构件而被"虚化"和"抽象"了，而密斯又把柱子的表面镀上了镍，其表面的反光效果也让柱子在视觉上被进一步消解和抽象化。这种在抽象化的同时又讲求材料精美的处理手法使得密斯的建筑成为一种概念上的审美对象，而大量出于功能考虑的构思却被忽视。这说明密斯认为建造艺术本质上是一种诗性的活动，而建造成为艺术的前提条件不仅是取决于建筑形式、建筑材料的品质，而且还需要材料与材料之间的精确表现来揭示建造的本质。

密斯的建构由两个层面构成：一个是建筑材料质感的利用，另一个是建筑的细部设计。前者离不开相关技术和工艺，后者则是对材料连接方式的设计，两者都和技术有关。在第一代建筑大师中，对技术最敏感的非密

斯莫属，乃至于密斯敢放言："当技术实现了它的真正使命，它就升华为艺术。"❶

"纯净形式"作为"少就是多"的理论推导，由于删除了不必要的建筑装饰，建筑形式不可避免地走向生硬与粗糙。为了弥补这种建筑形式上的不足，必然需要采取其他的设计手段来填补这种空白，密斯的手段就是利用技术和材料的细部特征来发展自己的理论主张，这就是"上帝就在细节之中"。密斯的这种对质料的处理可以概括为两点。

（1）非物质化抽象倾向的玻璃美学

密斯认识到玻璃的美学性能在于反射，不在于体量关系（柯布西耶理解的古希腊建筑是体量关系）。玻璃在反射周围环境的映像的同时消隐了自身的实体感，玻璃在室外反射自己以外的物象，而在室内由于光线的多重反射而造成空间虚幻的感觉，正如弗兰姆普敦所言："密斯用材料的非对称创造了视觉的对称，自然光线反射到顶棚上，看上去是一种天空的感觉，空间似乎在漫无边际地扩展。"❷ 从这个意义上看，密斯的建筑具有强烈的非物质化的抽象性。

（2）建构的抽象化

在密斯设计的建筑中，建构的特性主要在于表现钢结构和玻璃之间的连接问题。密斯建筑中的柱子也延续了玻璃美学的非物质化思路，巴塞罗那德国馆的柱子既没有柱基，也有意省去了柱头；同时8根柱子是在组合式的核心钢柱之外再包裹镀铬钢皮，柱子表皮的银白色和周围环境的映像也抽象出非物质化的空间——这种处理手法既突破了传统柱子的安全坚固的意向，也使建筑的整体梁、柱、板构成的结构支撑概念抽象化，同时表达了建筑空间在"建造"与"建筑"两个层面上的意义，也显示了密斯将建构意义与抽象形式统一在一起的高超能力（图3-2）。另外惯常的梁柱之间的受力也隐含到结构之中，这样屋顶的重量感消失

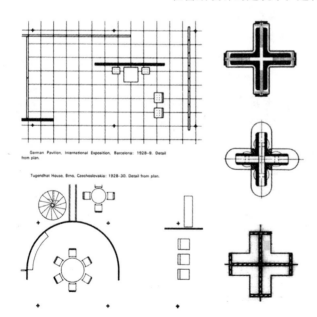

German Pavilion, International Exposition, Barcelona: 1928-9. Detail from plan.

Tugendhat House, Brno, Czechoslovakia: 1928-30. Detail from plan.

图 3-2 密斯建筑平面的元素构成和柱子的终极意义

了，好像是漂浮在柱子和隔墙之上。地面是意大利灰岩大理石，隔墙是抛光大理石或者玻璃支撑，这些元素五光十色，在它们的作用下，建筑的稳固感被消解了，正如建筑评论家荷塞·凯特格拉斯（Jose Quetglas）一针见血的论断所言："巴塞罗那馆的空间领域处处弥漫着不确定的虚幻和空洞的抽象特质。"❸ 这种"不确定性"的建筑映像以及建造细节被半个多

世纪以后的日本建筑师如伊东丰雄、妹岛和世等继承和发扬。

3.1.3 虚空的抽象——有还是无?

在人类的生存中,在人类对宇宙和自身的探究中,边界与边缘总是一个趣味点,从日常生活中确定某个特定的位置到科学、哲学以及神学领域中艰难地探求问题的解答,寻求不同边缘之间的交汇点是大多数人的愿望。东方的老子对于这种交汇点的叙述是:"有无相生,有之以为利,无之以为用。"密斯则说:"并非所有发生的事情都会出现在有形的世界中,看得见的也只是传统形式最终落实的结果而已。"❶ 这两种说法都是对有形空间和无形空间所进行的描述,也就是说,要想营造出一个空间就需要让无变成有,就需要把无限的虚空先组织成一个片段继而形成一个真实存在的、"有"的空间(图 3-3)。

❶ 转引自维尔纳·布雷泽编,苏怡、齐勇新译,《东西方的会合》,中国建筑工业出版社,2006,p.17。

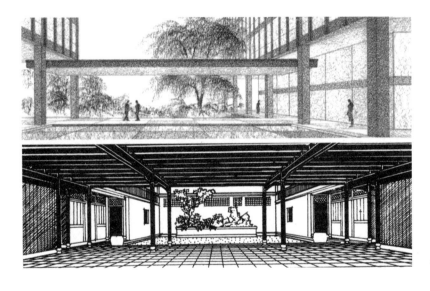

图 3-3 密斯建筑的整体追求体现出一种东西方的融合

(1)空间与秩序

一般认为,建筑不能抛开实用和功能,并且还要借此强调结构的重要性,而密斯却说:"建筑的目标就是为我们狂乱的时代创建秩序。"❷ 联系到密斯在 1920 年代的早期建筑生涯撰写的纲领性文件中给建筑下的定义:"建筑始终都要用空间来把握时代的意志。"❸ 似乎可以判定他更多地强调空间,在意形式而忽视功能。

❷ 同上。

❸ 同上。

其实不然,密斯关于功能问题的态度和策略事实上存在着一个发展的过程:早期确实存在着过分强调材料功能的倾向,也有着关于形式决定秩序的唯心主义原则的观点;但随后他开始转而表达了一个全新的"有机秩序"追求,即物质与精神、功能与空间、技术与艺术这些对立的概念,都可以被归纳到"以人为本"这个核心中来:"我们应该力图让自然、房屋

❶ 转引自维尔纳·布雷泽编，苏怡、齐勇新译，《东西方的会合》，中国建筑工业出版社，2006，p.17。

和人共同构成一个高度统一的整体。要想创造环境，就要先赋予内涵，这对建筑同样适用。"❶

因此，在密斯的建筑中，人和自然以及本质意义之间的关系是一个不可分割的抽象综合体：室内、室外两个极端跨越了空间界限构成了一个整体，让人感觉到自由的空间，体验到渗透、灵活和轻盈；借助由墙体构成的网格体系来突出"空"（void）的目的，"无"（invisible）借助"有"（visible）来发挥作用并且定义价值和意义。

密斯的这种有机秩序的态度应该和同时代的赖特最先提出的"有机建筑"观点有关，但本书在此并无意探讨两者之间的渊源关系，而是想对比一下密斯作品与路易斯·康作品中呈现出的关于秩序的异同。虽然密斯和康都继承了马列维奇至上主义中的那种意志力量，从而形成了一种秩序的法则，但康主要采用的是一种精心设计的几何抽象来达成整体的空间秩序，可以视为列杜的"新帕拉第奥式"的现代版本；而密斯在意的是一种整体的"空虚"，建筑的建造中采用精确、清晰、逻辑的手段，但整体效果追求的却是一种相对"混沌"的秩序。或者也可以这样理解：如果说康的建筑可以视为马列维奇的三维版本的话，那么密斯建筑的整体状态更接近于罗斯科（Mark Rothko）绘画中的那种神秘和崇高。

（2）对立与相反

在密斯的职业生涯中期，当他对"通透"观点的研究面临困惑时，瓜尔迪尼（Guardini）在对立哲学中所表述的观点拯救了他并为他的建筑提供了一种新的解决方法，单独为密斯打开了一条通向建筑世界的道路。

矛盾是人类生命的智慧之一。对于瓜尔迪尼和密斯来说，在静态结构和动态设计之间的矛盾，在生活丰富的可能性和对形式的适应之间的矛盾，在设计的创造性和规则性之间的矛盾，在内部和外部、理性的抽象思维和直觉的经验之间的矛盾……所有这一切扰乱我们思想并能显示在建筑中的矛盾，都是建设性的，都是所有事实的因果法则。它们是生活的一部分，或者说它们本身就是生活。密斯的建筑启发了我们，生活在相互对立的"经验"与"现实"之间的建筑物可以激发规律性的联系，同样，所有上述矛盾如同对话的双方一样相互关联。虽然一方既不能起源于另一方，也不能转换为另一方，但它们互为存在的前提，它们构成了一个整体，其中的个体元素（墙、窗、柱、地面、顶棚、功能、形式、空间、建构、气氛……）都处于复杂多变的力量下，既不是简单综合，也不是混合成第三种物体，它们本身就是建筑，就是生命体。

从生活的角度来看，我们能够理解密斯的理论和建筑的重要性。也就是说，生活和建筑相联系，生活在设计过程中起决定作用，它是唯一的力量，建筑创造的先决条件发源于生活，密斯的虚空抽象正是抽象了现代化的虚空生活本身。

在密斯的建筑生涯中，复杂的几何形态和多边的空间构成不是他的最终追求，他追求的是一种建筑物的"整体状态"。虽然密斯设计的空间经历了一个由复杂、流动空间到简单、整体空间发展的过程，但在密斯最终呈现的"通用空间"和"整体空间"中，流动依然存在，流动依然演化为空间中多个凝固瞬间的状态。由此可见，密斯终其一生拒绝功能主义的形式法则，由东方的"变化与无常"发展到个性化的建筑语言，[1]流动性也一直存在，只不过这种流动随着密斯建筑探求的逐步深入——由简单的空间状态转化为一种延绵的时间状态，由具体的建筑元素转化为抽象的虚空状态。

3.2 彼得·艾森曼——从内在性抽象操作到外在性图解空间

在 19 世纪的某个时候，西方的意识有一种很重要的转变，这是真的。这种转变被描述成从人本主义转变到现代主义。但是，就大部分而言，紧紧依附功能原则的建筑没有参与或理解这种变化的根本方面……这种脱离人本主义支配态度的转变在西方社会盛行了大约 400 年的时间，这种转变发生在 19 世纪各个不同的时期和各种不同的学科，例如数学、音乐、绘画、文学、电影和摄影中。这展现在马列维奇和蒙德里安的无物体的抽象画中，展现在乔伊斯和阿波里奈的非叙述无地域的写作中，展现在舍恩贝格和韦伯恩的无声调和多声调的作曲中，以及展现在里克特和埃格林的非叙述的电影中。

——彼得·艾森曼[2]

3.2.1 从自知性、自主性到抽象性

从某种意义上看，古典建筑一直着重对建筑本体的研究，但或多或少也意识到有一个"隐匿的主题"，通过对这个主题的研究，仿佛可以达到某种美学的目的。一百多年前，格迪（Julien Guadet）曾说："美是真理的光辉，艺术是赋予人们创造美的手段。因而艺术存在在真理之中，而且在真理驱使下对美进行追求。在古典摹写艺术中，真理就是大自然，而在自由创造的艺术中，尤其在大多数建筑中，真理是不易描述的，虽然如此，我仍想用一个词来解释，这就是自知性。对画家或雕塑家来说，如果真理是存在于外在的世界，那么对我们来说真理却寓于我们自身之内。"[3]因此，建筑早已被看成是和其他艺术有所不同。建筑艺术多取决于设计者和观察者对建筑主题的感受，然而由于建筑观念来自直觉，它总好像包含在某种

[1] 关于东西方文化对密斯的影响：一方面，密斯的建筑学说的理论背景是欧洲古典主义，尤其深受德国建筑师卡尔·弗雷德里希·辛克尔的影响。从 20 世纪 20 年代开始，天主教哲学家罗马诺·瓜尔迪尼则对密斯产生了决定性的影响；另一方面，密斯还收藏了大量的中国书籍，据说密斯在 1937 年的一次访谈中也承认自己受到了中国建筑的影响。

[2] 转引自查尔斯·詹克斯、卡尔·克罗普夫，周玉鹏等译，《当代建筑的理论和宣言》，中国建筑工业出版社，2005，p.281。

[3] 转引自洛菲尔·莫内欧，林芳慧译，《八位当代建筑师——作品的理论焦虑及设计策略》，田园城市，2008，p.170。

与构图有关的概念中，这可能是很多建筑师的共同感受。彼得·艾森曼就是这类建筑师的代表。

早期的彼得·艾森曼（Peter Eisenman）作为建筑理论家，他的目标是寻找出可以解释形式出现的结构、定律和规则。所以艾森曼同时兼有形式主义者和结构主义者的双重身份，他一直表现出对用任何视觉语汇来诠释建筑的鄙视。他清楚地将自己置于一个语法的位置，拒绝任何用语义诠释建筑的尝试。按照查尔斯·莫里斯（Charles Morris）的语法定义——"符号之间相互的抽象关系，与符号与物件或与诠释者的关系的研究"❶来看，将建筑理论视为是和语法理论相距不远的观点就变得很清楚。

从这点来看，艾森曼可谓将自己置于与同时代的文丘里完全相反的位置，文丘里推崇的是建筑可被沟通的特质，暗示了建筑是可以表达出一个社会群体具有的潜在的人文价值。而艾森曼不想听到象征性，他希望界定出建筑语言的规范和行为，对艾森曼而言，建筑是以这些规范为基础的一种智力操作。就此可以推论出他的作品承诺了一种自主性（autonomy）。这种对"自主性"的追求导致艾森曼在1970年代对柯布西耶"多米诺结构"图式进行了再次解读，将其按典型的现代建筑轴测图（原图为人眼透视）的方法重新绘制并加以分解和对比，从中提出了有关建筑的"自我指涉"（self-referential）的概念。

阿尔伯蒂（Albert）曾主张用音乐一般的比例，以创造性的过程为媒介，在建筑上再现潜在的大自然结构。帕拉第奥（Palladio）崇拜这个观点，并主张通过数学比例的系统，来描绘自然的秩序，以便再现大自然。但他们的作品主题却是围绕着建筑自身的完整性而展开的，这种对建筑组织规律和法式的关注持续了三个世纪，直到迪朗（J. N. L Durand）开始了对建筑组合的系统研究。在艾森曼看来，从阿尔伯蒂到迪朗一路发展过来的表层结构是各种古典柱式和建筑法式的组合选择，其深层结构则是各种抽象形式结构的推敲。

艾森曼刻意借鉴语法结构的理论来研究建筑——首先借用"结构关系"的概念，接着运用文法、句法的手段，继而采用建筑语言中的"符号集"来表达研究成果。艾森曼很少强调传统习俗、历史背景和地域文化对他的设计的影响，而刻意表明自己的抽象美学观，以简单的几何形式和几何符号作为建筑操作的对象，运用格线（griddings）、缩放（scalings）、踪迹（tracings）、折叠（foldings）等操作手段进行具体的形态操作。从表面上看，几何形式的抽象构成是属于现代主义的，但由于艾森曼的理论和现代主义在很多要点上存在差异，在有些方面甚至是"对抗"的，所以他被公认为更"后现代"，也是"纽约五"中最激进和最善辩的一员。

❶ 转引自洛菲尔·莫内欧，林芳慧译，《八位当代建筑师——作品的理论焦虑及设计策略》，田园城市，2008，p.173。

3.2.2 内在性的抽象操作

从 1970 年开始,艾森曼通过一系列纯观念作品,试图建立起自己独特的个性建筑,试图通过自己的建筑符号和建筑语法直面现代建筑所面临的困境,以不同于过去的传统文化、技术、功能等为象征的建筑,以客观、抽象、纯粹的方式,探求自闭的完全的语言。首先,艾森曼触发了概念艺术等观念,去掉了建筑的柱体、墙壁、梁等构成要素的意义,不规定建筑的功能、结构,开始了"卡纸板建筑"(cardboard architecture)的尝试。

用艾森曼自己的话来说,"卡纸板"意味着它不是美学上的,也不是已被接受的某种风格或者某种风格的进一步发展,它更不是折衷主义的,它只是三种意图的隐喻:❶

① "卡纸板"是对现实中物质环境的性质提出的疑问;

② "卡纸板"代表一种企图,试图将现在通常对形式概念的注意转向把形式当作一种标记或一种符号去对待,它们最终可能产生新的形式信息;

③ "卡纸板"是在概念状态下深入探索建筑形式自身形式的一种手段。

为了实现这三种隐喻的意图,艾森曼采用了三个基本的抽象步骤。

第一步:先区分出哪些形式是对设计任务书的技术要求的反应,哪些是来自赋予这些形式以含义的反应。在这个基础上,建筑形式开始被理解为一套抽象化的符号。

第二步:运用这套符号,并在环境中将它们构筑起来,这种环境在很多情况下也是抽象的。

第三步:将前两步构筑起来的形式和新的更抽象的本质联系起来,这种联系可以产生一种超越原形的新的形式信息。

艾森曼为了强调建筑形式可以作为一系列符号去看待和被操作,他借用 1920 年代别人形容柯布西耶早期作品像白纸板模型的典故来比喻自己的作品。艾森曼写道:"对我来讲,'卡纸板建筑'并不是贬义的,而是对我的建筑一个相当贴切的比喻,描绘出我的建筑的两个侧面。一方面,它表现出对既有的语义方面进行推卸的企图,当建筑的内容有可能在语义方面被灌输时,卡纸板建筑就可能被考虑成句法学那种中性的东西来对待,因而由此导致一种新的意义;另一方面,'卡纸板'暗示着更少的体量,更少的质感与色泽,而最终由于对这些方面更少的考虑,它就非常接近平面的纯抽象概念。"❷ 也就是说,艾森曼要摆脱许多现代主义者所重视的建筑的物质元次,而突出句法的抽象概念。而这些卡纸板构成的线和面的系统是再抽象不过的了。在他看来,卡纸板建筑的抽象性可以在形式与功能、建筑与环境、状态与感觉之间的冲突中保持"中立",回避任何一方面的倾向性,从而突出形式的逻辑性和连贯性。

❶ 转引自乐民成,《彼得·艾森曼的理论与作品中呈现的句法学与符号学特色》,《建筑师》编辑部编,《国外建筑大师思想肖像(下)》,中国建筑工业出版社,2008,p.65。

❷ 同上,p.66。

　　从 1967 年开始，艾森曼设计建造了十多栋住宅（其中数栋仅为方案未建成），并将作品按时间编号，就像作曲家替他的交响曲编号般，艾森曼的本意也许就是想赋予其作品抽象的特征。在这一系列住宅设计中，艾森曼将由对物体的感知而表现出来的触感、颜色、形式等表面的建筑概念，与无法通过感知来感受的正面性、倾斜度、退缩、压缩以及错位等较深入的观点辨别出来。早期的艾森曼对于"表现"手法有一种抗拒心理，他以"几何"作为替代形体和影像的选择，用格子这种点、线、面等抽象元素的几何，以最少的标记制造出上述的类别。这些类别很偶然也很快地成为他设计的机制，因而具有工具性和操作性的特质。被操作的抽象空间也依然是笛卡儿式（XYZ 轴体系）的空间，可以由上述的操作活化。格子所创造出来的抽象空间成为一幅背景，或说一个荧屏，用来投影建筑的新创作。在理想的格子上，它呈现出的应该是"空间的中性"。可以支撑例如加与减、实与虚、旋转与转移、外层与水平以及层与错位等概念，并利用上述元素再生成一种建筑——这种建筑着力于成为一种抽象、远离一切可能的外在参照。如艾森曼早期提及的，这种会引导出一个抽象的疏远的建筑提案，并不会创造出足可辨识的、可视的因而可以命名的一种"可被建造的真实"。

　　● 1 号住宅——抽象元素与立方体拆解

　　1968 年建成的 1 号住宅是可以用来分析艾森曼所操作的抽象元素——面、柱子、楼板、顶棚等是如何交集的最早实例。在这座建筑中，艾森曼为了实现他的"卡纸板建筑的三种意图"，他将现实中一个有形的、有体积、有容量的白色的建筑尽力概念化，转到清一色的抽象的平面所构成的空间，转换成白色纸板的中立性。莫里欧在评论这个建筑时写道："这个作品也可以明显看出艾森曼对特拉尼（Giuseppe Terragni）的崇拜。如同特拉尼，他将一个正方体拆解开，使人不禁联想到以维特科维尔的画来探究帕拉第奥的分析图。"❶❷

　　1 号住宅的柱子和窗户的元素被置于一个理想的方案中，呈现出来的意向不再是我们所认知的传统的柱子与窗户。柱子不仅是结构承重元素，还是两个面交集的结果；窗户不再扮演它一贯的建筑元素的角色，还可以从表面上看来像是一个"负"空间，窗户不是被隔离的自主元素，而是作为更广泛的一般形式策略的一部分。1 号住宅的正立面墙面呈现出多样变化，不论是接触还是重叠，都让人感受到"错位"促成的多变化的形式交错。对艾森曼而言，这栋建筑的本质存在于因"错位"而创造出来的一系列多变化的形式事件中。他不会强调表面的质感或者墙面的可塑性，去关注他感兴趣的"构成建筑"的游戏手法，如：两根柱子形成一个楼梯，一个不规则的厨房与厕所成为突出的形式的一部分。这些有的从平面上就能识别——当我们看到立面墙的同时，也看到一起整合进来的天窗，随后会

❶ 洛菲尔·莫里欧，林芳慧译，《八位当代建筑师——作品的理论焦虑及设计策略》，田园城市，2008，p.178。

❷ 在 1963 年艾森曼完成的博士论文《现代建筑的形式基础》中涉及了大量的关于特拉尼的建筑分析与研究，艾森曼还著有《建筑形变：解读特拉尼建筑》一书。

看见"脱离"而且具有自主性的元素强化了住宅的正立面，这一系列元素具有决定性影响，表达出正立面的横向片段，也就是说，支撑建筑物的抽象结构格子被纯化了（图3-4）。

同时，在这座建筑中，抽象的面在沿着双柱延伸时，会与另一条直线产生冲突。当功能上扮演"实空间"的柱子在与虚体放在一起时，会反映出一种不存在性，这时候的墙面也会让人意识到一种"减法"。"假设性"和"抽象的错位"创造了柱子和虚体，同时促使整个空间过程得以展开。所有一切促成了1号住宅这个立方体形式的诞生，这个形式可以用来解释艾森曼的有关一个抽象形式构架所必需的形式操作策略。

● 2号住宅——抽象操作过程的具体化

洛菲尔·莫里欧认为，在艾森曼的第一批作品中最好的就是1969～1970年建成的2号住宅。2号住宅环境中如地毯般覆盖的白雪，无疑赋予了建筑另一个"现实"，让建筑完全脱离它所升起的地面：2号住宅白色的表面叠建在白雪上，达成了艾森曼所希望的他的建筑应有的抽象状态。雪将一切对于周围景观的可能参照都排除了，2号住宅也因此成为一个纯粹的建筑形式（图3-5）。

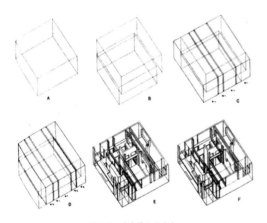

图3-4　艾森曼1号住宅

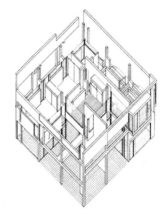

图3-5　艾森曼2号住宅

如果说1号住宅致力于发展一种纯粹的符号系统的信息的话，在2号住宅中，艾森曼则通过两种途径来传递形式信息。第一种途径是将形式延伸至"深层结构"的深度（这也是1号住宅的主题），第二种途径是将形式的联系延伸至"前提条件"的深度。这两种途径双管齐下，使该建筑的空间和形式进一步抽象化。

艾森曼认为，在深层结构中有各式各样的形式规律，任何建筑都有自己的深层结构，而且只有深层结构是不够的，只有那些能够显示出前提条件的建筑，才能提供信息更丰富的一个方面。艾森曼为了要显示出2号住宅中形式信息的各个方面，他画出了一套完整的图解。图解将一个深层结构通过一系列抽象与变形，最终发展成为一个实际的环境与建筑。

回顾建筑历史可以发现，文艺复兴和现代主义对建筑空间内涵意义的关注更多地集中于美学，而很少关注形式固有的内在法则。艾森曼在2号住宅中所采用的抽象化操作方法有别于传统，他利用立方体对角线方向的错动和部件的重复，借助各种"形式动作"，如压缩、伸展、对正、挪位等，通过"前提条件"的关系形成各种对立性和标志性。这种抽象化的操作方法既是对建筑法则和普遍原理的挑战，也是对建筑广阔意义的探索。

● 3号住宅——旋转的机制

如果说2号住宅是将所有构成几何的操作过程(主要是一系列"错位")具体化的一个物件，并由此产生了一个忽略周围环境的纯粹形体的话，艾森曼于1971年设计的3号住宅则主要应用了一个旋转机制，方案的图解清楚地说明了这个形体是利用转动一个三分的立方体并将这个效果和原始的三度空间的形体紧扣而形成的结果（图3-6）。

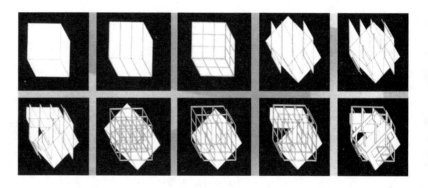

图3-6 艾森曼3号住宅

● 4号住宅——立方体核心的可能性

住宅1至3号中立方体是一个被三分化后而优先赋予正面坐向的物件，而从4号住宅开始，艾森曼开始展现出他对立方体核心的可能性的兴趣——核心在内部爆炸，形成更为细致和复杂的结果。即使关注核心，4号住宅的三个系统依然清晰可见：梁柱系统、墙体系统（面的系统）、容积系统（空间的反读），而且方案本身清晰地表明了柱／墙、容积／柱、容积／墙三方面多代表的深层结构的对立性（图3-7）。

● 5号住宅以后——一致性的抽象操作

在接下来的以数字编号的系列住宅设计中，艾森曼精心创作了一种语言，以叠置、错位、对称与不对称、切、虚与实的区别等，混合而成一个提供给建筑师运用的形式操作机制，或者说新的操作工具。他达成了在执业初始就设定的计划性使命——费心设计出一种建筑句法，依此去操作基本形体（图 3-8）。从艾森曼所建立的平面或形式手法中，也可以清晰地发现这种操作所具备的一致性。

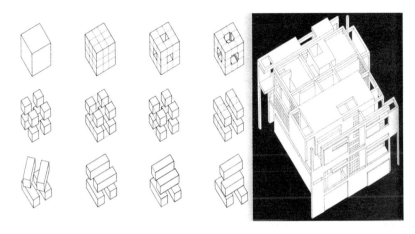

图 3-7　艾森曼 4 号住宅

图 3-8　艾森曼 6 号住宅

3.2.3 外在性的图解空间

❶ Diagram 一词在国内建筑学界并没有统一的译法，有"图解"、"图式"（丁沃沃）、"图示"（台湾）甚至"程式"等多种译法，本书沿用使用最多的"图解"译法。

❷ 虞刚，《图解》，《世界建筑》2005/5，p.89。

图解（diagram）❶是当代西方建筑言论中最重要的部分之一，也是近年来西方建筑理论中讨论较多的话题之一。在艾森曼看来，图解是他建筑书写的原景。他说："当代建筑中的'图解'就是一种抽象，一种不同于'类型'的抽象：类型经常将事物还原为常规，而图解则在对传统的重复中产生创新。"❷艾森曼认为，建筑中的"图解"与"类型"代表着关于建筑的不同处理方式：类型是对已有建筑的归纳和总结，是一种常规化的手段。而图解却是试图打破已有的固定模式化的类型，从而在"常规化"之外产生新事物、新类型和新方式。

事实上，理论界和学术界对于"图解"的定义可谓纷繁复杂、晦涩艰深。简单地描述，随着当代建筑的深入思考尤其是数字技术的发展，"图解"已不仅仅作为建筑图形的再现而存在，而是被赋予了新含义：新形态、新结构及新逻辑的"发生器"，它不再只是表达工具，而被用于设计的核心过程中，创造其本身以外的形态或逻辑。正如艾森曼在长期的设计实践中应用的图解方法：重复、移位、叠加、突变，将建筑与环境的一系列外部和内在因素直接作为空间和形式创造的原动力，进而生成了系列性的、全新的但不乏逻辑根源的空间形态。这种以图形操作和形式发生为特征的设计方法，就是"图解"（图 3-9）。

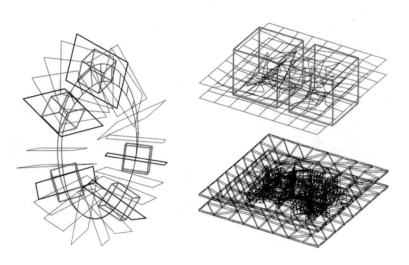

图 3-9 艾森曼的图解显示出一贯的操作痕迹

❸ Gilles Deleuze, A Thousand Plateaus, University of Minnesota Press, Minneapolis, 1988, p. 141.

❹ 李光前，同济大学硕士论文《图解，图解建筑和图解建筑师》，2008，p.58。

图解的最基本属性就是抽象。正如德勒兹和伽塔里所言："图解是非物质的、无形的、比符号语言稍广博些的抽象机器（abstract machine）。"❸或者说，当代建筑学正面临着一种双重抽象，"也就是从现实到建筑的抽象和从建筑本身到虚拟建筑的抽象，它在图解中找到了一种能够处理其所面临大量变化状况的方法。"❹也就是说，图解的抽象与现代建筑中的抽象在某种程度上存在着一个逆向关系：作为物质的现代建筑中表现出来的抽

象是本质的还原和形式的简化，是建筑的一种状态；而图解的抽象更多的
表现为一种设计和思考的过程，是秩序的概括和机制的提取，是设计过程
中的工具。而正是基于这一逆向关系，艾森曼认为，图解可以有两种理解
方式：一是解释性或分析性的工具，一是生成性的工具。这两个理解方式
也随之产生了他的个人化的"图解"所指代的对象的两个层面："基本图解"
（fundamental diagram）和"操作图解"（operational diagram）。前者指代
作为说明与分析工具的图解，后者指代作为生成工具的图解。**❶**

❶ 张琪琳、王建国，《图解——期待未知》，《新建筑》2008/2，p.119。

　　① 基本图解：演示或解释某对象的工作方式或为了阐明对象各部之间
关系所设计出的图形。

　　② 操作图解：以基本图解为基础，用以产生新逻辑、新形态以及新组
织结构的图形操作和转译的工具。

　　艾森曼的图解本身也经历了一个进化和发展的过程。最初的有关 1 号
住宅至 11 号住宅的图解体现了他试图将形式概念与同时代的其他有关建
筑的解释版本区分开来的努力，是一种开启内在性与建筑个体之间关系的
一种抽象方法。从这个意义上看，最初的这种内在性的抽象操作是用来理
解建筑师的行为的一种潜在的、理性的和准客观的手段，同时这种操作还
暗示了建成作品可以显示图解操作的踪迹，成为一个把建成作品同其自身
议题的内在性关联起来的手段。

　　随着艾森曼住宅课题的深入和推进，他发现当图解从欧几里德几何转
向拓扑几何时，只是一种几何方式的替换，并没有对几何本身进行置换。
因此在这个疑问的基础上艾森曼继续向自己提出一系列其他的疑问："为
什么图解一定要从某些事先存在的几何演化而来？为什么图解不能从没有
被视为稳定的本质状态的建筑内在性开始？为什么内在性是不稳定的，有
没有可能存在变形之外的其他什么操作更适合图解行为？"**❷** 对这些疑问
的回答显现于随后的设计中，艾森曼将一系列外部文本引入，试图置换内
在性中那些似乎被赋予形象的、内在的并最终被驱动的东西。这一系列外
在性的要素包括：基地（site）、文脉（texts）、数学（mathematics）和科
学（science）。这些外在性要素虽然是环境的和具象的，但艾森曼的研究
方式和表达方式依然是抽象性的（图 3-10）。

❷ 彼得·埃森曼，陈欣欣、何捷译，《彼得·埃森曼：图解日志》，中国建筑工业出版社，2005，p.170。

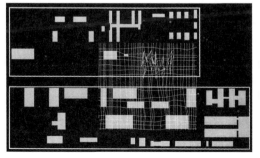
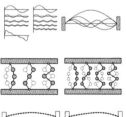
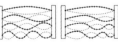

图 3-10　后期艾森曼的图解中
出现大量地形痕迹和科学元素

在柏林 IBA 住宅（1981 ～ 1985 年）项目中，艾森曼提出了一个建立在"虚构地面"概念之上的"人工考古"(artificial excavation)图解。使用"人工考古的城市"这个术语是因为这个方案使用了三个相叠的格栅，创造了一个虚构的、人工的柏林。这些图解使用了一种"叠合"（superposition）操作，为这块基地的历史投射了一系列地面创意：基地与一段 3 米高的柏林墙相邻，因此本方案的墙设计成相同高度的基底，以此抹除了作为藩篱的墙，并暗示柏林的新地坪应该在 3 米标高。在基地墙的配置中，图解组合了三个叠置的网格：一张正方形的现代网格、一张 18 世纪柏林街道网格和一张抽象的墨卡托网（Mercator Grid）❶。

❶ 墨卡托（Mercator，1512-1594），墨卡托是地图学家，发明了绘制地图的圆标形投影法，墨卡托网格是一种依照横向投影建立的网格坐标系统，用这种方法绘制的地球表面范围在南北纬 84° 之间。

1983 ～ 1989 年设计建成的美国俄亥俄州立大学韦克斯纳中心（Wexner Center）代表了艾森曼图解操作中的另一个变化，这个设计呈现了一系列让任何纯形式图解复杂化的复杂内部功能。首先，这个建筑的图解在基地的网格和俄亥俄州的网格之间建立了一种关系，由于一些特定的历史原因，关于这个基地的测量存在一个错位关系，艾森曼将这个错位造成的网格缩小比例放在建筑基地上，建筑也就因此成为这段错位网格轨迹线的缩微景观。同时俄亥俄州立大学的校园轴线与城市的网格之间也存在着 12.25° 的角度偏差，因此艾森曼从机场沿着校园的中轴线到体育场的近端画出了一条概念轴线，这条线成为进入建筑的轴线。也就是说，当我们感受到这条新轴线时，一切都被重新定位了，原本极为普通的建筑物有了新的生命，它们构成了一个新的校园入口，成为一个新的、扩散的大规模的都市构造中的重要部分。艾森曼在此也提出了一个抽象的从地形记忆出发的 "建筑编码" 的概念，"所有的建筑都具有既是编码也是索引的可能。建筑中不存在普天同一的偶像符号系统，因为建筑从来都是第二语言，所有的建筑都已被编码。编码也是一种过程，通过对原著的改写，消除了通常在索引中出现的过程痕迹"。❷

❷ 彼得·艾森曼，傅刚译，《编码重写：圣地亚哥的设计过程》，《世界建筑》2004/1，p.24。

在这个建筑中，艾森曼还直接重建了在校园建造时被拆除的旧兵营的塔。在这里，他利用一种凸显他建筑抽象特征的方法夸大了塔的象征形式——将塔设在较为突出的位置，并以切割和碎裂的手法强调了人为的形式操作痕迹。因为艾森曼意识到需要一个持续的被创造的工作状态，生命被注入一个新的文脉，而这个新的文脉可以包含一个仅存在于记忆中的过去。同时，韦克斯纳中心的室内也清楚地展现出他对抽象元素（网格、面以及正方体等）的形式操作依旧轻松、依旧娴熟，当这些元素在他的建筑物中被具体化时，它们就不再仅仅是抽象元素本身，而是成为建筑整体上抽象性的重要特征（图 3-11）。

总体上看，艾森曼在职业生涯的这个由内在性操作到外在性图解的发展过程中，渐渐达成了他的建筑之路。在内在性操作阶段，他利用抽象性这个特点来刻意地强调自己的身份认同，而在后期的图解阶段，抽象已经成为一种自然和自觉的设计过程。这一点也可视为 20 世纪末的建筑潮流在他身上的折射。

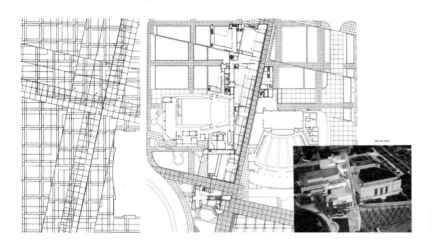

图 3-11 从韦克斯纳中心开始，艾森曼的作品显示出一种"编码重写"的设计追求

3.3 丹尼尔·里伯斯金——从"真实的抽象"到"空的抽象"

我对几何结构的直觉和形式化的可能性之间的深层关系感兴趣。几何结构在经验的客观范围内明显地展现出来，而形式化的可能性试图在客观的王国中超越它。如果有真正的抽象的话（和概括相反），它不是通过逐步部署增长的空间而去除其内容来取得的，而是把结构的精髓分离出来，这种在二维空间中的展现解释了透视法所有的子系统。

——丹尼尔·里伯斯金❶

丹尼尔·里伯斯金（Daniel Libeskind）的职业生涯主要分为两个阶段：理论研究和设计实践两个相互联系的阶段。第一个阶段在库珀联盟跟随约翰·海杜克学习建筑，随后在建筑协会、克兰布鲁克学院等机构和学院教授建筑历史和理论，尤其以在匡溪艺术学院的教学研究与实践最为重要。"在这期间，里伯斯金致力于基本理论，利用文章和绘图来探索经验和直觉与形式化的紧张关系。"❷这段时期形成了他独特的建筑理论和设计方法，可以说这一阶段是他建筑师的理论生涯。第二个阶段从 1990 年代柏林犹太人博物馆中标，成立里伯斯金事务所开始。这是他作为建筑师的设计实践阶段，在这个阶段他对建筑的长久实验与深层思考得以实体化。

尽管里伯斯金在 1980 年代之前并没有建成意义上的建筑作品，但是

❶ 查尔斯·詹克斯、卡尔·克罗普夫编著，周玉鹏等译，《当代建筑的理论和宣言》，中国建筑工业出版社，2005，p.290。

❷ 同上。

作为建筑师、建筑教育家和建筑评论家，里伯斯金一方面为他的那些晦涩难懂的作品留下了很多文字解读来作为阅读的入口，另一方面他早期的大量绘画、草图和装置作品也记录了他的设计思路和对建筑本质的沉思。早年的里伯斯金的作品是极其抽象和文本化的，1985 年 2 月，纽约布拉特建筑学院主办的"建筑与抽象"专题研讨会上，里伯斯金就是当时参加讨论的建筑学家之一。

在最近的一次访谈中，里伯斯金说："当我设计了大量的被看成是抽象绘画一样的作品时，我从来没有把它们看成是理论化的，它们只是我探寻建筑本质的一个过程。"❶里伯斯金一直把作品比喻成文本——内涵丰富的同时也具有多重解读的可能，因此对他的作品解读往往要从文字与设计相结合的角度来切入。

❶ Paul Goldberger, Counterpoint, Birkhauser, 2011, p.8.

3.3.1 里伯斯金的建筑研究——"微显微"的"真实的抽象"

1978 年里伯斯金被任命为美国匡溪艺术学院建筑系主任，里伯斯金为匡溪带来了新鲜的、智慧性的领导和高度的教学期待，以及一批著名的客座建筑师和历史学家的涌入，包括约翰·海杜克、肯尼斯·弗兰姆普敦、阿尔多·罗西等。❷里伯斯金在匡溪的 8 年中完成了几件重要的作品——"微显微"（Micromegas，1979 年，又译为"小中见大"），"拼贴画谜"（College Rebus，1981 年）、"室内乐"（Chamberworks，1983 年），这三个系列是里伯斯金自我的研究课题，随后的"建筑的三个练习"（1985 年）、"米兰三年展计划：无墙的房屋"（1986 年）则表明这些研究在建筑教学中产生的成果。通过对这些形态各异的作品的解读可以发现里伯斯金对建筑思考的转变和演化，理解这些转变必将将研究作品本身与探求作品的观念构成相结合，从中也可以发现里伯斯金强调的建筑的抽象意义及非实在存在性，以及抽象性研究对建筑学而言的基本意义（图 3-12，图 3-13）。

❷ 匡溪艺术学院（Cranbrook）由伊利尔·沙里宁创办于 1932 年。是美国将前卫艺术与建筑设计的教学结合较为突出的艺术学院。

图 3-12　里伯斯金"微显微"

图 3-13　里伯斯金"拼贴画谜"

　　"微显微"系列是里伯斯金匡溪时期完成的第一个研究。与其说这是
一个概念性设计，更不如说这是一个由12张草图构成的关于抽象城市、
抽象建筑和抽象空间的系列幻想，这系列的"幻想"又被作者采用一种奇
特的视角和尺度介入，感觉就像在一台显微镜中观察到的细胞结构一样（这
应该是"微显微"这个名称的由来之一）。里伯斯金在这个系列研究的介
绍中引用了大量的胡塞尔《几何学的起源》一书中的术语和概念，实际上，
这一作品也只有放在胡塞尔的现象学语境中才能被理解和被阅读。"无论
他所提及的概念（形式的原始预知力、结构性本质、描述性几何学、结构
性几何学、真实的抽象等等），还是作品本身的操作都属于胡塞尔的现象
学范畴。"❶（有关现象学与抽象的关系详见前章）

　　"我认为，那种力图探索对形式的原始预知力进行彻底阐明的神秘欲
望，是一切建筑所固有的野心。不管怎样，对这种神秘的欲望而言，首先，
我既是一个着迷的观察者，又是一个困惑的参与者。如果相对于普遍化来
说，这里存在真实的抽象，那么，它就不是通过逐步发展与日俱增的空白
来消除内容从而获得，它是一种对结构本质的隔离，该结构的本质在二维
的表现形式阐明了设计的所有子系统。"❷从里伯斯金的这一作品说明里，
我们可以总结出一个里伯斯金创作的基本观念构架："目的—方法"。❸

　　● 目的：建筑。有着内在逻辑性的真实意义上的建筑，也包括概念建
筑，主要概念为"形式预知"（the original precomprehension of forms）。

　　● 方法：真实的抽象。与通常的抽象有别，"真实的抽象"是一种可
以获得二维化的结构性本质的方式，主要概念为"真实的抽象"、"结构性
本质"（structural essence）。

　　"形式预知"包含了两个内容：一是"形式"，这个形式并不是日常经
验中的能够感知的形式，而是一种胡塞尔定义中的"前给定形式"。"在胡
塞尔看来，'前给定形式'能够产生一种'理想的客观性'，在它基础上产
生的所有新形式采用的都是同样的客观性，其范围是整个文化世界的精神
产品。"❹这显然是里伯斯金对建筑目的的界定源泉，他的建筑实践指向
的是不可被理解的形式，或者说是尚未被理解的形式。所以对"前给定形

❶ 胡恒，《观念的意义——
里布斯金在匡溪的几个
教学案例》，《建筑师》
2005/6，p.68-69。

❷ Daniel Libeskind, Micro-
megas and Collage Rebus,
A+U 1988/8, p.132.

❸ 转引自胡恒，《观念的意
义——里布斯金在匡溪的
几个教学案例》，《建筑师》
2005/6，p.69。

❹ 转引自胡恒，《观念的意
义——里布斯金在匡溪的
几个教学案例》，《建筑师》
2005/6，p.69。

式"的探索就是对"本质"与"根源"的探索。二是"预知",也就是"经验",这一经验不是通常的思考性经验,而是一种"前思考经验"。

基于这两个内容,里伯斯金的以"微显微"为代表的早期实验性作品往往也是以预知为出发点,而且这种预知和胡塞尔采用的一样,都是把经验适当地对立于日常"知识"。同时,这一预知带来的形式表面却是无序的,隐藏在主题的各种片段之中。对里伯斯金而言,这些无序的、片段的预知力恰恰能够将建筑的本质重现并从中找到真实建筑的逻辑性。

毋庸置疑,里伯斯金在建筑实验中的基本方法就是抽象。"里伯斯金认为通常的抽象方法是将内容消除,从而得到形式的抽象,而他运用的是一种完全不同的抽象——'真实的抽象',即将一种'结构的本质'独立出来,并将其转化为二维形式。"[1] 在这一点上,里伯斯金继续与胡塞尔保持一致,即他所否定掉的内容和形式相分离的抽象与现象学所反对的经验主义的抽象是基本一致的。

对于里伯斯金的"真实的抽象",可以从两个角度来把握和理解:

(1)抽象原型的建立

对里伯斯金而言,研究的经验材料主要是音乐和数学(里布斯在成为海杜克的建筑学生之前原先是一个学音乐的学生),音乐和数学两者既相互独立又有着共通之处。里伯斯金曾经在文章《室内乐:来自赫拉克利特命题的建筑沉思》中讲述了自己如何带着对音乐的痴迷经历了对数学、数字及与数字相关的学科、绘画和大众艺术的爱好,最后到达建筑学的过程。在他看来,音乐与建筑之间的关系,既不是单纯概念上的,也不是实际中的,它们既分离又联系。音乐和数学这两个抽象原型直接导致了里伯斯金建筑的抽象对象——"建筑体验",也就是说里伯斯金所寻找的"结构本质"既属于音乐和数学两种经验,又属于建筑体验,而将其视觉化的途径之一便是借助几何学的思考与表达,当然,这一几何学也有异于经典意义的客观几何学,可以称之为"经验几何学"。

(2)抽象等级的确定

在1985年的"建筑与抽象"研讨会中,里伯斯金认为抽象是有等级的。"为了谈论(第一级)抽象,我们需要建立一个第二等级的抽象(second-level abstraction)来解释;为了继续谈论这个第二等级抽象,还需要建立第三等级的抽象(third-level abstraction),如此递进,直至让抽象变得明晰。"[2] 因此,既然抽象原型是两个方向的经验材料(音乐和数学/建筑),那么,音乐和数学的抽象也是按等级来操作的。当然,由于这些经验材料既有实物,又有观念,所以抽象的第一步就是从不同的领域入手,对这些各组经验材料进入不同抽象等级的再划分。第一级抽象一般是非给予之物(如音乐的宗教性、建筑的观念性等);第二级抽象是以具象材料表现的空间的运动形式(如贯穿、并列、投射、交叉等);第三级抽象是具象材料(比

[1] 转引自胡恒,《观念的意义——里布斯金在匡溪的几个教学案例》,《建筑师》2005/6,p.69。

[2] Pratt Journal of Architecture, Architecture and Abstraction, Rizzoli, New York, 1986. p.59.

如小提琴的琴弦、弓，建筑的门、窗、柱等）；其中第一级抽象往往偏向体验化和概念化，二级和三级抽象则偏向视觉化。

在抽象原型和抽象等级确立后，在具体的建筑设计中，里伯斯金以几何学的具体操作作为空间形态的切入点。由于他采用了一种可称之为"经验几何学"的描述性几何学，此时的几何表述是时间性的空间表达，是连续的时间段落的表述，不可重复也不可再现，是当下的经验。它存在于欲望和知觉的范围里，和独立于任何经验而存在的超验的、客观的几何学是完全相反的。海杜克在评价"微显微"这个作品时认为："微显微宣告了一种建筑学迷幻的庆典，个人化方式的立方体空间，被波塞冬（Poseidon，海神）灵魂凹陷般的几何重组……"。❶

正如里伯斯金自己描述的那样，他认为在"微显微"这个作品中自己只是一个"困惑的参与者"。"该作品的主导观念结构是胡塞尔哲学，但是某些非现象学的观念也参杂在其中，这些非现象学的观念并没有改变作品的统一性，因为和现象学相比它们尚是配角。总体来看，现象学成为里伯斯金在匡溪教学实践的第一个思考背景，这和现象学这一现代哲学的第一起点的地位正相暗合。"❷因而在此作品系列中，对建筑的思考也必然就是对"本质"的思考，其所展现的抽象（目的、方法和手段）也是"真实的抽象"和"本质的抽象"。

3.3.2 里伯斯金的空间装置——"三堂建筑课"的"抽象机器"

如果说里伯斯金早期的以"微显微"为代表的作品是一种以二维类建筑绘画来揭示自我空间研究的话，那么1980年代中期他以"三堂建筑课"（Three Lessons in Architecture，1985）为题在匡溪艺术学院完成的三件空间装置则显示出他将这种空间研究三维化和实体化的决心和能力。笔者最早在1990年代中期接触到有关这个作品的出版物，在20年后的今天仍然清晰地记得当时的感受，这种感受可以用"震惊"两个字来描述：里伯斯金以一种古典时期科学家般（犹如另一个时空的达芬奇）精确的构思来完成了这三件装置，三件装置最终呈现出一种冷峻的机器般的效果，而这一切似乎并不仅仅停留于建筑研究的表面，而是涉及人类的文化、文明、历史、记忆、感受、体验……

在这个研究的自述中，里伯斯金首先将建筑学置于一种"终结"的状态，"我认为今天的建筑实践、建筑教学都和100年前大不相同，我认为我们所有人都处于一个新的阶段，我相信这就是建筑学的终结。"❸，随后基于这个观点，里伯斯金提出了他的这一研究课题的总体追求——概括性（synoptically）和综合性（synthetically），同时他提出了关于这三个空间装置的整体概念图解（图3-14），这个图解表明了他所制作出来的这三部"机器"处于两种历史的状态之中，一个是从中世纪到文艺复兴再到现代

❶ Daniel Libeskind, Countersign, Rizzoli, 1992, p.122.

❷ 胡恒，《观念的意义——里布斯金在匡溪的几个教学案例》，《建筑师》2005/6，p.71。

❸ Daniel Libeskind, Countersign, Rizzoli, 1992, p.38.

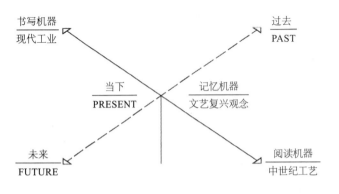

图 3-14 "三堂建筑课"的总体概念图解

工业社会的"明线",另一个是抽象意义上的位于过去和未来之间的当下,这可以视为这一研究的一条"隐线","明线"和"隐线"的交合处正是当下。笔者认为,里伯斯金在此提出的"终结"概念是另一种意义上的"还原",或者说是一种带有自省性的对建筑另一个层次的"原点"的追寻,而概括性和综合性的整体追求恰恰保证了这一研究从构思、过程到最终结果的抽象特征。

在此,有必要对里伯斯金在此课程的三个阶段中设计并制造出来的三个装置做一概述:

● 课程 A:阅读建筑(Reading Architecture)——装置一(阅读机器)

课程 A 致力于呈现一种对于中世纪阅读方式的留念。这部阅读机器的使用者为假想中的中世纪的僧侣,装置以一种类似于钟表的齿轮方式构成结构主体,这种结构方式导致机器本身不需要使用现代能源,而与中世纪的状态保持了一致(图 3-15)。"这部机器再现了精神超越现实的可能,犹如黑暗中的烛光点亮人类的灵魂。" ❶

❶ Daniel Libeskind, Countersign, Rizzoli, 1992, p.47.

图 3-15 装置一:阅读机器

● 课程 B:记忆建筑(Remembering Architecture)——装置二(记忆机器)

课程 B 的装置是三个课程中最为复杂的一个,用大量木条与绳索作为"零件"构成了一个类似于"永动机"的装置,犹如人体器官般的精密构成,将解剖学上的美学特征引入到空间装置(图 3-16)。里伯斯金将这部记忆机器定义为对文艺复兴时代人类无穷无尽的想象力的再现:"将它回到它最初的场所和注定的地点,犹如乔伊斯的都柏林和塔特林的莫斯科。" ❷

❷ Daniel Libeskind, Countersign, Rizzoli, 1992, p.51.

图 3-16 装置二：记忆机器

● 课程 C：书写建筑（Writing Architecture）——装置三（书写机器）

课程 C 首先基于里伯斯金对现代建筑教育的批判性认识基础之上："建筑应该去除过多的关于艺术和科学的教育，建筑犹如制鞋——在恰当的地方钉上鞋钉。"❶ 因此，这部机器犹如一部复杂化的、放大版的"打字机"，它强调的是一种工业文明背景之下的文本生成过程，机器的各个部件配合协调工作，最终文本在材料、图案、内容等方面都具有工业时代的烙印（图 3-17）。

❶ Daniel Libeskind, Countersign, Rizzoli, 1992, p.55.

图 3-17 装置三：书写机器

里伯斯金通过"三堂建筑课"设计和制造出来的这三个装置继承了他在建筑研究中的一贯的抽象性构思和表现特征，并将其加以进一步发展：首先，该研究将人类的文明进化史（明线）和时间的维度（隐线）结合在一起，继而将一种抽象的文化观念呈现为相对具象的装置；其次，里伯斯金超越了早期以绘画作为建筑实验的主要手段，将空间研究三维化和实体化，最终产生的物体介于建筑物与构筑物、艺术装置之间，将其命名为"抽象机器"更为恰当。

值得一提的是，与另一位有着诸多装置作品的美国建筑师海杜克相比，海杜克的作品散发出一种强烈的哲学思考，因此海杜克的装置常常表现为一种"出世"的睿智和虚无，形式一般较为简洁、阴郁；而里伯斯金的装置则是以一种积极的"入世"的态度来达成一种强烈的存在感和实体感，形式上也因此常常表现为"以繁制简"。但从根本上来分析，两者的装置并没有所谓高下之分，两者的区分更多地在于两位建筑师对建筑装置的价值取向和形式表达上个人化语言的差异而已。

3.3.3 里伯斯金的建筑作品——"空的抽象"

从古典时期到现代主义盛行之日，建筑师都是几何学的拥趸。欧几里得把空间定义为无限且均一的——世界的基本向度之一。他把世界抽象分解为简单的组成部分：点、线、角、曲线、平面、立体。17世纪随着直角坐标系统的出现，欧几里得空间理论越发光辉，这种欧几里得几何学也确定了现代建筑的基本风格——柯布西耶的建筑中自由弯曲的墙面和均质的几何网格形成对比和张力；路易斯·康则以几何的秩序、结构和组合达成了柏拉图式的静谧和简洁；迈耶的几何网格体系是他对抽象建筑元素操作的基础；而艾森曼进一步打破了这个集合网格的水平和垂直，并揭示出几何网格的深层结构……

17世纪，随着其他学科的发展和数学家对传统的质疑与推论，近现代非欧几何学、分形几何学等新的理论正式出现。非欧几何开创了对空间认识的突变，如弯曲空间、时间性空间、多维度空间等。这些突破性概念引起了科学家、理论家的持久兴趣，艺术家和建筑师更是从对欧几里得几何的怀疑和新的数学、几何空间的特性中找到了在视觉领域、设计领域的新的构成方式和表达方式。

里伯斯金同时从欧几里得几何与非欧几何中汲取养分，他对几何学的运用，从早期研究中的"结构性几何"到建筑作品中的"哲学性几何"，无一例外都是纯抽象的几何学。时间、经验、运动都是里伯斯金几何学所关注的问题，可以说他的作品中"混沌"、"虚无"这样的建筑概念也正是这样孕育出来的。

（1）柏林犹太人博物馆——"线之间"抽象的路径

柏林犹太人博物馆是里伯斯金的成名作，该建筑是一个极富历史性、文化性、地域性的设计。里伯斯金认为，空间的形状之所以重要，是因为空间涉及身体与心、情与智、记忆与想象。因此，里伯斯金运用几何形式塑造空间的同时赋予几何一种独断的决定论。通过路径设计，或者通过多样的连接路径，或者通过逐步展开路径，控制冲动性和突发性事件的发生（图3-18）。

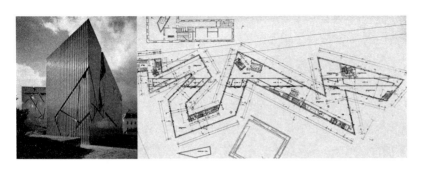

图 3-18　柏林犹太人博物馆

在柏林犹太人博物馆的设计中，里伯斯金精心设置了两条"线"形的空间来制造了一个用普通的叠加原理无法解释的"存在—缺席"的二元抽象空间。"线"之一是"建筑之线"——一条连续折叠的"之"字形折线，它取意于扭曲的"大卫之星"，表达了作为建筑物的真实"存在"，是一条具象的线；"线"之二是一条与城市轴线对应的片段组成的直线，是一条隐含的"线"，也是一条"缺席"（absence）的线。这一明一隐两条线是作为一个抽象的隐喻而存在的：折线代表了柏林德国人，直线则是犹太人的化身。隐喻的背后则是一个历史的纠结点——历史意义上的犹太人显然无法从现代人类的客观惨剧中分离出来，他们被城市中一个金属外皮的建筑包裹在一起，通过人工的"存在"和记忆的"缺席"纠缠在一起。"缺席"的那条片段直线于是成为一条片段的、记忆的、不可愈合的路径，这条路径揭发了人类过去的错误，也指向人类未知的明天。当然，从观众的角度来看，这条抽象的路径也暗示着一种愈合和寄托，但这种愈合是建立在不让建筑减弱为分离的记忆或纪念的分离物基础之上的。笔者将之理解为是一种具有人文反省精神的融合概念，或者引用赫布鲁斯（Hebrews）的话更有说服力——"希望的实质，不可见事物的证明。"

（2）维多利亚阿尔伯特博物馆扩建——三维的螺旋路径

维多利亚阿尔伯特博物馆扩建（1996 年）是里伯斯金与结构师塞西尔·巴尔蒙合作完成的，这座有关维度空间的建筑一贯地继承了里伯斯金对路径的探索，并且将二维的曲折上升到三维的螺旋。

在这个由直面几何形构成的建筑形式中，里伯斯金却设计了一个概念上的螺旋体。这个螺旋体的结构体系使它可以支撑自身，所以建筑没有核，也没有柱，而是一个完整的、单一的、连续的、流动的空间。这个螺旋式空间以三个抽象概念展开：①艺术与历史的交互演进；②内外空间的立体叠合；③三维的运动流线。这三个概念通过"历史螺旋"的隐喻和莫比乌斯环样的有机空间的形态而得到集体呈现。之所以说这个空间具有莫比乌斯环样的特点，是因为在这个建筑中体块的螺旋式叠加消解了内外空间的差异——螺旋运动在整体造型和内部流线两方面同时展开，参观者会不自觉地卷入一种螺旋形的参观路线；内部也是外部，外部就是内部；内部的展厅空间与外部的城市联合在一起，让参观者直接感受和体验到建筑与环境、历史和现在、城市和艺术之间的紧密关系。

作为展览建筑的经典建筑，赖特设计的纽约古根海姆美术馆追求的是一种柏拉图美学的纯几何形式美，由规则的几何图形赋予建筑秩序性和永恒性，而里伯斯金在这一展览建筑中对几何的运用明显呈现出一种抽象的混沌状态，以感性的分裂、颠覆、破坏、差异、突变和拼凑等手法带来随机性和无序性，这是新的时代中里伯斯金对展览空间突破性的思考（图 3-19）。

图 3-19　维多利亚阿尔伯特博物馆

（3）丹佛艺术博物馆新馆——"骨骼抽象"

2001 年建成的美国丹佛艺术博物馆新馆是里伯斯金将抽象主义绘画"点、线、面"原理与结构主义手法全面结合的代表作之一。

在经历了犹太人博物馆的"曲折平面线形"和维多利亚阿尔伯特博物馆的"三维螺旋"之后，里伯斯金将丹佛艺术博物馆新馆的构思聚焦为"三维折纸模型"，三维折纸既是这个博物馆的构思来源，也直接表现为博物馆的空间特征，这个特征又是和解构主义的整体追求联系在一起的。"解构主义建筑师追求偶然、巧合、分裂、不协调、不连续、不稳定的感受。他们认为既定界限、事实、概念范畴、等级制度等一切固有的确定性都应该被推翻。"❶但是作为一个整体的建筑如何在三维折纸空间与解构手法取得平衡呢？最终里伯斯金用一种类似于人体结构的"骨骼抽象"来构成了建筑的整体内在逻辑：折叠的"线"成为整个形体的结构主体的轮廓特征，"点"则是建筑墙面上的各具形态的开口，"面"最终将"线"与"点"融合在一起，既形成建筑实体的体块穿插，也构成与建筑形式相呼应的建筑室内的多变与重叠（图 3-20）。

❶ 任康丽，《抽象绘画与解构理念演绎的一种空间形式——以丹佛艺术博物馆建筑及内部展示设计为例》，《新建筑》2012/6，p.82。

图 3-20　丹佛艺术博物馆新馆

里伯斯金常常用"无结局的小说"来比喻他的设计，他认为参观者获得的多重意义信息与建筑本身同样重要，不同的人从博物馆里找到不同故事，这些故事甚至是可以相互矛盾的，是无法归纳到任何一个主题的。因此整体上来看，里伯斯金的建筑展现出一种新的"空的抽象"，这种"空"也见证了里伯斯金从"困惑的参与者"到"无结局的小说"的转变。和密斯的无尽"虚空"有别，这种"空"往往和人的体验和情感直接相关，与生命、死亡和爱纠缠在一起。

里伯斯金在处理空间时，为了达到"空"的效果，往往采用"陌生化"的手法——当人们面对陌生的、"非人"尺度和比例时，很容易产生震惊、焦虑的空间体验。同时，里伯斯金放弃结构上的匀称和对形式上的平衡感，随机的、不连贯的、相互支持或夸张出挑的几何形体时而联系、时而脱节。可以说在里伯斯金的建筑中看不到明显的承重体系，结构"消失"了。一般建筑中常见的承重结构和拉结体系被刻意隐藏到墙面和楼地板中并融为一体，建筑内部的斜向支撑具有精确的力学作用，但却刻意造成失衡的假象——结构的"消失"和"隐匿"进一步加深了整个空间的"空"。

表面上看，里伯斯金的职业生涯的两个阶段有着明显的差别：理论阶段强调的是一种概念性的抽象设计方法，这些方法往往与现象学、结构主义和解构主义联系在一起；而实践阶段更注重的是一种建筑形式和空间的逻辑性与整体性抽象构成。但事实上这两个阶段是紧密联系的，存在着内在的对位关系，即每一个作品的背后，都有着明确的观念作为设计的主导，每一个作品都显示出思维的差异性和多元性，或者说显示出建筑创作的多元性：创作可以是描绘的，也可以是分析的甚至是哲学的，但这一切都离不开对于建筑和艺术中的抽象思辨、历史研究和设计语言的具体运用和整体把握。正因为此，里伯斯金的建筑整体上表达和体现的是一种方法的抽象。

3.4 日本现代建筑师与抽象

　　"抽象"乃寻求"绝对"的现代西方态度。而许多世纪以来，东方在形而上、哲学、宗教、文化与艺术中的思维方式，以及东方的生活方式本身，就一直是通过"抽象"去寻求"绝对"的。

　　　　　　　　　　——长谷川三郎❶

❶ 转引自高名潞、赵珣主编，《现代性与抽象》，三联书店，2009，p.147。

　　研究日本的现代建筑应该从日本的江户时代谈起。江户时代，准确地说是从室町后期到江户时代的三百多年，培养出了现代的日本生活方式和日本的文化。现代日本保留下来的传统文艺、传统文化的主要部分，如茶道、插花、能剧、歌舞伎、数寄屋建筑等，都是在室町时代末期至桃山时代诞生，于江户时代在民众中传播发展起来的。

　　按照日本建筑师黑川纪章的研究，江户时代的文化特质主要为：①文化的大众性；②高密度社会和由此培养出来的微妙的感性；③文化的虚构性，也就是被黑川纪章称为"早于毕加索的具象和抽象的共生艺术"。❷

❷ 黑川纪章著，覃力等译，《新共生思想》，中国建筑工业出版社，2009，p.86-95。

譬如神秘的浮世绘画师写乐的画像，鼻子、眼睛、嘴等特征被异常地夸大，但却并没有丧失写实性。光悦、宗达、光琳的绘画，构图也具有很强的虚构性，这与同时代的西方绘画中的强调写实的画法完全不同。"具象与抽象混合的技法，在西方是现代绘画确立以后毕加索等艺术家采用的技法。但是在日本，这种高度完善的技法早在400多年前就已经使用了。"❸

❸ 同上。

　　在日本的传统思想中，纯精神的几何学是通过立体格子表现当今世界普遍真理的存在的方式（围棋中方正格子以及棋子的黑白和空白、庭院中的石汀步都有这种意味）。与此相反，抽象则是根据多样性部分的自立来表明世界的存在的。换句话说，这就是日本传统文化中对世界、对生命多样性的认识的基点（图3-21）。

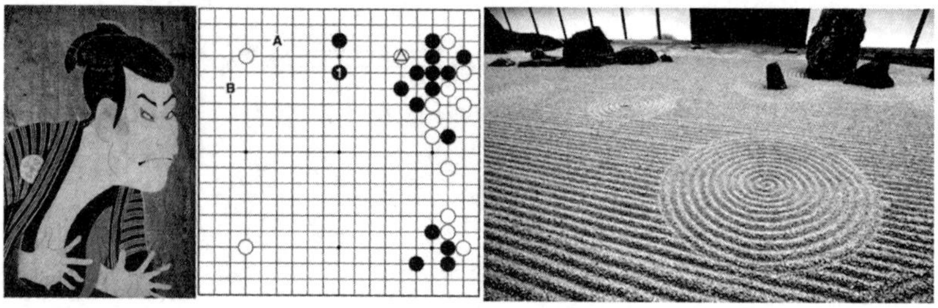

图3-21　浮世绘、围棋和枯山水都显示出一种抽象美学

　　日本庭园也有高度的抽象性和虚构性。庭园中想要海的话，就挖水池，把它当作海。想要岛的话，就放置大石头，把它看作岛。这种高密度的大城市江户中的人工自然也是虚构的自然。也可以这样理解：用树木、纸张和土建造的数寄屋、茶室不过是为了感受自然的虚构性的抽象构筑物而已。

因此，可以说日本的现代建筑师从一开始就认为 20 世纪机械时代的审美意识具有抽象性——现代建筑、现代绘画、现代文学和现代哲学，它们共同具有的性格之一就是建立在自然观基础上的"抽象性"。

3.4.1 新陈代谢派：黑川纪章和矶崎新

日本的现代城市乌托邦与理想建筑的构想和 1960 年代诞生的"新陈代谢主义"（Metabolism）前卫运动密切相关。作为其中的一员，矶崎新在回顾这段历史时认为："新陈代谢运动当时依托着两个层面的背景：一方面，现代主义建筑运动在全球范围内迅速发展；另一方面是日本作为一个岛国，一个位于远东边缘的国家的特定文脉。新陈代谢运动是由乌托邦诉求的现代艺术和建筑运动的最后范例。它为日本现代建筑努力与现代主义全球发展趋势进行联系提供了重要的立足点。"**❶**，基于日本文化的特性，新陈代谢派的成员既是城市乌托邦的先锋，也是现代日本建筑师与抽象溯源的先锋。

3.4.1.1 黑川纪章——基于共生思想的抽象

作为新陈代谢派中最年轻的一员，黑川纪章认为："抽象性"是 20 世纪现代主义哲学、艺术、建筑中的核心，抽象性所具有的普遍化和均质化必将成为创造新时代的武器之一。"几何学所具有的规则性与自然形态的不规则性，场所的地灵与共同的宇宙观，分析的理性与把握整体的感性，历史性的传统与世界性异质文化相互之间的关系，以及建筑与自然，这些对立的要素怎样才能取得共生呢？我们从抽象、象征中可以找到答案，抽象性正是我们应该继承的现代建筑的遗产，而且，应用抽象的几何学，才有可能凸显传统的宇宙观。"**❷**

黑川纪章把 20 世纪称为"机械时代"，他早在 1960 年代就预言建筑迈向 21 世纪时即进入"生命时代"，社会总价值观也将发生显著的变化，新陈代谢、变异、变形、共生理论等所有概念都将成为"生命原理"的最基本的要素。而且，"场"与"关系"将会成为第四个概念，抽象、象征与"关系"这个概念相互关联，将成为新建筑发展过程的关键点。

黑川纪章用大量的作品表明，现代建筑所偏爱的"单纯性"审美意识正是接近"抽象性"的手段，依靠单纯性而提高生产效率的工业化目标和现代建筑的单纯性与明晰性都是与生命的多样性相反的"理性主义"的胜利。现代建筑有意识地排除历史象征、装饰、场所的固有性和地域文化的行为，正是"抽象性"这一"机械时代精神"的产物。基于此，黑川纪章建筑作品中的"抽象性"手法表现为以下几种层次：

（1）形体基础——抽象的几何形态

黑川纪章认为："螺旋、圆锥、圆柱、四棱锥、正方形、三角形、椭圆形、

❶ 林中杰著，《丹下健三与新陈代谢运动——日本现代城市乌托邦》，中国建筑工业出版社，2011，序言。

❷ 黑川纪章著，覃力等译，《新共生思想》，中国建筑工业出版社，2009，p.326。

❶ 黑川纪章著，覃力等译，《新共生思想》，中国建筑工业出版社，2009，p.330。

多边形格子等几何形态的抽象性应用，是可以在任何场合表现场所性、地域性和固有宇宙观的有效方法，两者是相互对应的。"❶ 因此，他常常利用抽象的几何形态，控制它们之间的相互关系，通过变化、错位等，产生完全不同的意义或效果。

建于荷兰鹿特丹的梵高美术馆新馆是黑川纪章 1990 年代的作品（原来的梵高美术馆本馆是里特维德职业生涯的最后一个作品，与蒙德里安的绘画一样，里特维德展现了典型的现代建筑中直线构成的抽象几何学），为了沿袭旧馆所具有的现代建筑抽象性，黑川纪章设计的新馆在地上部分完全独立，而且形态采取与直线形成对比的圆形、椭圆形与曲线，对应的墙面与旧馆墙面稍微有些偏斜。此外，建筑中浮世绘的专用展示空间也偏离中轴线，面向水庭院的正面倾斜，这种由于各个部位的不吻合而产生的紧张感，是为了创造日本式的动感关系所形成的秩序（图 3-22）。

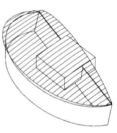

图 3-22　鹿特丹梵高美术馆新馆

（2）建筑元素——历史性的象征片段化和抽象化

以法隆寺、东大寺、桂离宫等为代表的日本传统建筑不仅在屋顶形态、梁柱结构、构图比例、斗栱、门窗洞口的尺度、内部装饰等从整体到局部都十分和谐，而且那种极有特色的、巧妙的关系性也形成了某种象征。黑川认为正是这些要素和关系构成了传统建筑杰作，这种关系是任何要素不能替代的，而且通过建筑的整体形象充分表现出了当时的时代精神、社会背景以及工匠的思想与个性。因此他强调在现代建筑设计中，对古典形式和历史性元素应该采取既利用又否定的态度。

在以利用传统屋顶为前提的奈良市摄景美术馆的设计中，黑川尽管采用了奈良的古典瓦的样式，但实际使用的是新开发的瓦，所以屋面使用了非常接近直线的回旋曲线，顶棚使用曲率半径更大的另一种曲线。这是从古典屋顶形态这一历史象征的构成要素中，既有所继承又有创新的一种设计手法。同样是建筑屋顶，在 K 邸（1960 年）的方案设计中，黑川将屋顶混凝土壳体结构设计成弯曲和起翘的形式，同时承载屋顶的柱、梁、斗栱、垂木等所形成的结构关系也不复存在，屋顶是通过中央的"核"支撑的。尽管这个设计最终没有实施，但将屋顶置换成焊接铁板而形成的结构在国立儿童之家中央小屋项目上得以实施。国立儿童之家安徒生纪念馆把屋面做成四块折板形式，也是一次利用没有弯曲的直线构成屋面形式的尝试。

　　在广岛市现代美术馆和小松市立本阵纪念美术馆的设计中，黑川纪章利用钛、铝和混凝土等材料，对屋顶的历史象征抽象化。而在和歌山县立现代美术馆设计中，则将屋顶作为整体、统一的形态所具有的象征性片段化，只是强调了屋檐这一历史性的象征，再用现代的铝板作为屋檐材料，使得抽象化更为彻底。三层挑檐重叠的美术馆正面入口的大挑檐通过斗栱、垂木等表现了外挑大檐口传统象征的抽象性，多重的挑檐与和歌山城反复出现的屋顶群形成呼应。在和歌山县立现代美术馆的环境细部设计中，沿主干道的溪流之间的地面设置了一排小塔，作用是排放地下停车场的空气，同时还作为路灯装饰为街道增添气氛，这是黑川经常运用的神社步道灯笼的抽象化表现。此外，二层大进深的檐廊、一层休息室的赏雪隔扇门、腰墙瓷砖风格微妙变化的二层构成、流动水池中的能乐舞台、能野神社的台阶等，都是以历史性象征的抽象化为前提而尽量片段性地设置的。

　　（3）深度抽象——使抽象成为可能的分形几何学

　　"各个领域都会出现所谓超越现代主义的学问，这也说明，从布鲁巴基体系向非布鲁巴基体系演变的过程中社会价值观将会发生变化。布鲁巴基体系过去一直主张几何学与自然中存在的不规则性、无秩序性，而曼德尔布罗特的分形几何学正是超越布鲁巴基体系的。"[1] 按照黑川纪章的理解，几何学是上帝赋予大自然的礼物，从柏拉图几何学到现代的欧几里得几何学，所有的几何学都是为了在自然界或人类社会中战胜各种矛盾、混乱或无序，以理性的胜利为目标的。而分形几何学以及非布鲁巴基体系，使抽象性与象征性的共生，即抽象、象征的同时成立变为可能。

　　黑川纪章在和歌山县立美术馆的设计中，多处运用了分形几何学。和歌山县立美术馆的栏杆、柜台、把手、长凳、椅子等等，全部应用了分形几何学，这里的分形几何学的原型大多来自日本的自然，这一切既预示着一个新的几何时代的到来，也表达了日本建筑师对"自然化抽象"的孜孜追求（图 3-23）。

❶ 黑川纪章著，覃力等译，《新共生思想》，中国建筑工业出版社，2009，p.337。

 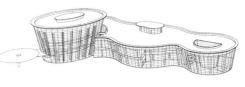

图 3-23　分形几何学是黑川纪章后期的常见手法

　　作为建筑界"共生思想"的教父，黑川纪章认为共生思想的鼻祖可以追溯到唯识思想和大乘佛教教义，而这些传统思想的精髓正是寄生于东方文化的自然特性上。如同日本最早展开的关于 21 世纪的思想大讨论一样，共生思想连同东方的自然、抽象、象征一起，其中一定蕴含着由日本新一代建筑师开创的方法论的可能性。

3.4.1.2　矶崎新——从"零度还原"到跨越东西方的抽象

在"新陈代谢派"建筑师中，矶崎新是最独特的一个。在宏观的建筑思想和社会责任方面，丹下健三和槇文彦都是遵从建筑的功能，继承历史文化的环境，追求国际性和民族化的结合；黑川纪章则是利用享有科技的成就，围绕他的"共生"理论形成建筑与技术相结合的以二战后日本经济复兴为基础的作品。矶崎新很早就公开申明要建造与众不同的建筑，他坚持用个人的视野来观察作为社会产物的建筑，并使用观念燃烧于个人内部形成的概念来创造建筑。从结果来看，矶崎新的建筑价值观在许多方面是和现代主义背道而驰的，正如菲利普·德鲁（Philip Drew）评价的那样："矶崎新是反现代建筑的手法主义派的典型代表，他反现代建筑和当年拉斐尔或帕拉第奥反对正统文艺复兴建筑风格是一样的。"❶ 但也正因为此，在矶崎新身上明显地感受到周旋于西方文化和东方文明之间的抽象性对他的建筑设计带来的影响。

（1）零度还原

"零度还原"（zero degree）观念最早由至上主义大师马列维奇在 20 世纪初期提出，马列维奇认为："简化是我们的表现，能量是我们的意识。这能量最终在绘画的白色沉默之中，在接近于零的内容之中表现出来。"❷ 在他的绘画中，常见的传统绘画主题和绘画语言，如物象、事件、空间、气氛等都被抛弃，绘画被他从另一个意义上还原到最初的形态和状态，这被称之为"零度还原"。马列维奇一直持续着这个观念的表达，他试验了矩形、圆形和十字形在垂直和水平方位上的结合等一系列至上主义构图。

受到这个观念的影响，矶崎新在 1970、1980 年代的作品中开始以"零度还原"的手法寻找建筑构成的基本体形，将马列维奇的平面形体（包括圆形、方形、十字形等）立体化之后再加工，进行拆分、组合与重构。他这样说道："我找到了马列维奇的至上主义，选择了回到零度的做法，从白纸上开始寻找。我最初找到的是立方体、圆柱体、锥体等简单几何体，后来又从这些形体开始延伸，发展到各种抽象的形体，我发现抽象的形态本身有其独特的意义，于是我走进去。我所做的是寻找建筑的含义并通过建筑本身表现出来。"❸ 以这一手法构成的代表作品有 1970 年代的住宅系列、1980 年代的洛杉矶现代艺术博物馆等（图 3-24）。

在 1970 年代矶崎新所设计的住宅系列中包括贝岛住宅、B 氏住宅、林氏住宅、南法兰西住宅。中山氏宅（1964 年）可以视为对列杜的"四家之宅"的抽象还原——同样的四个屋顶塔楼，同样的正方形基座，取代

❶ 邱秀文等编译，《矶崎新》，中国建筑工业出版社，1992，p.2。

❷ 何政广主编，曾长生撰文，《马列维奇》，河北教育出版社，2005，序言。

❸ 矶崎新, Suprematism/Zero Degree, GA Document77, 2004, p.58-59.

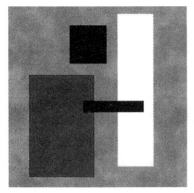
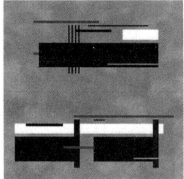
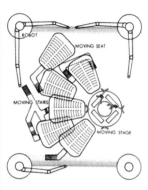

了列杜的是矶崎新将凸出的立方体设计为天窗（图3-25）。对于这些"立方体阶段"的住宅的思考过程他回忆道："一个立方体能称作是一幢住宅吗？或者说，可否把立方体加以修饰使之成为住宅，而立方体的原来形式仍然让人一目了然、辨认无遗呢？纯净的三维空间结构物与建筑方面的信息密码必须完美无缺地保持平衡统一。"❶最终矶崎新找到了一种建立在"零度还原"观念之上的系列建筑原型，并对这些原型进行系列分解组合，既具体化地解决了空间形态与建筑功能之间的相互关系，又抽象化地将建筑还原到一个应该具有的"概念"的高度，同时矶崎新在系列住宅表现图中所采用的蓝灰色调的正轴测图的绘图方法也可以视为对马列维奇的直接致敬（图3-26）。

图3-24 矶崎新参照马列维奇绘画（左）"还原"的北京图书大厦设计的立面图（中），右为1970年代矶崎新的"机器还原"作品

❶ Hajime Yatsuka, Arata Isozaki after 1980:From Mannerism to the Picturesque, Arata Isozaki, Rizzoli, 1991, p.20.

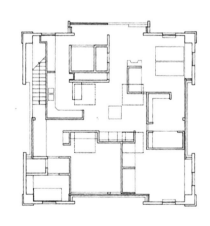

图3-25 矶崎新设计的中山氏宅可以视为对列杜建筑原型的抽象再现

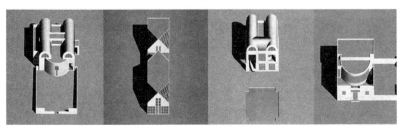

图3-26 矶崎新1970年代的立体住宅系列

众所周知，矶崎新的手法在世纪之交前后发生了很大的变化，2002年完成的中央美院博物馆（北京）就采取了数字化参与设计的模式，这些数字化时代的设计作品展示出矶崎新作为一位建筑思辨家对建筑学在数字社会中的思考与实践。但是在他2004年设计的上海九间堂别墅、青岛桂园系列中，他延续并发展了1970年代的"零度还原"观念，他解释道："日本的住宅面积有非常大的限制，所以很多住宅都是非常小规模的。但这次九间堂别墅提供了充分的规模条件，所以我把马列维奇的思想在立体上进一步地展开，看看能够在当今这个时代做到什么样的一种程度。"❷ 从最终的整体效果来看，九间堂别墅由两大类型构成：中庭结合立方体天窗的十字形别墅与园内套园的四合院方形别墅，这些带有纯净主义和理想主义色彩的几何空间体将江南水乡的神韵和马列维奇的观念有机地结合在一起，可以视为矶崎新的建筑世界中的"抽象原型"的新发展。

（2）折中主义

随着1980年以后矶崎新对至上主义几何原型的运用娴熟，矶崎新开始发现：日本传统建筑中虽然有着二维方形和圆形的面，但是并没有欧洲传统中（塞尚和柯布西耶一直运用的）三维方体和球体，因此矶崎新首先是无意识地开始混用二维和三维几何体，然后在此基础上进一步发展出了具有个性的折中主义。这是一种分裂的、激进的折中主义，加上他使用的既具体又具有象征性的建筑语汇，甚至可以被认为是一种矛盾的折中主义。

同时，矶崎新认为建筑是产生意义的机器，因而就建筑的形式和构成而言，建筑词汇本身非常重要，或者说在他看来，建筑"词汇"比"语法"更重要（这个观点与艾森曼正好相反）。因此他进一步将建筑词汇纯粹化，也就是忽略掉人为的国界和文化界限，来进行建筑意义上的解体和重组。他的词汇也因此显得格外广泛和丰富：从抽象几何体到布雷，从帕拉第奥到皮纳内西再到列杜，从苏俄构成主义到玛丽莲·梦露的身体曲线，从西方古典到东方阴阳……

1980年代以来矶崎新设计的大量文化建筑，如筑波中心（1983年）、洛杉矶现代艺术博物馆（1986年）都是这一折中主义手法的代表作品（图3-27）。在这些抽象形体引导的作品中，我们也可以看出，矶崎新所使用的抽象与查尔斯·摩尔的乡土抽象以及彼得·艾森曼的抽象操作有别，与理查德·迈耶的白色立体构成抽象以及文丘里的"两层皮"装饰理论指导下的"剥皮象征"也明显不同，矶崎新是将建筑进行整体性肢解，然后再以装置化、拼贴化的处理手法重组、重叠成彻底的、激进的"混搭"建筑，这也是他所追求的折中主义的整体印象。同时，这种折中主义的追求也是发展中的，2000年以来，矶崎新在全世界范围内设计了大量的巨构建筑，如深圳贸易中心、巴塞罗那布兰斯城市综合体、卡塔尔国家银行等。这一系列作品一方面是矶崎新对"新陈代谢"时期的那些巨构畅想（空中城市、

❶ Arata Isozaki, Suprematism/Zero Degree, GA Document 77, 2004, p.59.

天柱系列）的深度回归，另一方面也是矶崎新对数字化设计的个人化介入。由此可见，矶崎新的这条折中主义之路是会一直走下去的（图 3-28）。

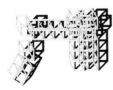

图 3-27 群马县美术馆、洛杉矶艺术博物馆是矶崎新 1980 年代折中主义手法的代表作

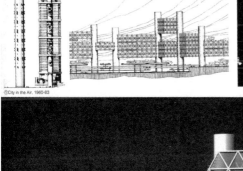

图 3-28 矶崎新在 21 世纪设计的卡塔尔国家银行（下）再现了"新陈代谢"时期的某些特征

（3）手法主义

在 1970 年代，现代建筑开创不到半个世纪的时间里，有关建筑的形式和内容的关系发生了颠倒：早期现代建筑完全持守功能主义的说教，而 1970 年代则是形式主义建筑的复兴。形式主义的重新崛起表现在对比强烈的两种风格倾向上：一种是万能的手法主义美学的复活，它的先行者是 1920 年代的达达派和超现实主义运动；另一种是新古典主义，它直接从 1920 年代的现代主义运动中产生。手法主义是时代精神与物质推动力之间的冲突与矛盾的状态表现，而新古典主义则是在秩序与纪律的基础上解决这个矛盾的方法。在矶崎新的建筑中，手法主义和新古典主义这两种风格能够紧密地联系在一起，并同时以一种抽象的形态表现出来。也许对于他来说，只有抽象性才能联系秩序和自由，才能让他在秩序和自由这两个对立的极端之间游走自如。富士乡村俱乐部和北九州市图书馆的圆筒形拱顶的曲线形式在形式上似乎带有过分随意的手法，因为原本这种拱顶形式和隐藏的新古典表现方式是相互矛盾的，但矶崎新却通过强有力的抽象的立体派的结构处理使这种类手法主义建筑达到一种新型的秩序感。神冈政

❶ 邱秀文等编译，《矶崎新》，中国建筑工业出版社，1992，p.141。

厅舍（1978年）是另一个类手法主义的例子，它与周围的环境完全隔绝，从环境中高度抽象出来，矶崎新描述为"一个外表面蒙有闪闪发光的银色铝皮的建筑，给人的印象是一个突然从天而降的宇宙飞船。"❶这个建筑传递着一种被动与依赖的感受，它并不追求形成理想、完整、和谐的整体，而是想营造一种抽象的模棱两可、前后不一贯的价值观念的多元性。

矶崎新的这种手法主义和类手法主义的精髓在于不可妥协的两个对立面的互相冲突而又互相联合的表现方式："抑制个性"与"解放个性"在同一作品中的出现表示两个无法妥协的对立面的相互联合，这就是手法主义的核心内容。在矶崎新的建筑中，这两种至高的原理在同一作品中经常同时出现，其中的西方风格代表"自由"，日本风格则相当于"约束"。

总体来看，矶崎新的设计实践伴随着现代主义的发展而展开，他关于城市以及不同时期的文化特征的思考富有先知性和前卫性并打破了东西方的藩篱，这些思考是东方的，也是全球化的，既是针对当下的，更是指向未来的。当然，矶崎新的建筑思想也是多元的和多变的，在此笔者主要着眼于至上主义、折衷主义和手法主义这三点来介入对他的作品中流露出来的东方文化的抽象特点的研究。有学者认为"矶崎新走的是一条冒险家的艺术家道路，他的作品已跨出了建筑家的圈子，进入了卓越的造型家和思想家的范畴。"❷可以肯定的是，他的建筑确实在很大程度上赋予了当代世界多样性和矛盾性等社会特征以建筑意义，从这点上来看，矶崎新的建筑不仅属于建筑学的范畴，还是社会学的现象之一。

❷ 邱秀文等编译，《矶崎新》，中国建筑工业出版社，1992，p.6。

3.4.2　一老一少：篠原一男和妹岛和世

日本建筑师奥山信一认为："抽象的、图式的空间构成是（日本）当代建筑的设计倾向之一。消除掉支撑各种人类活动的建筑所必然具有的空间差异后所形成的匀质且透明的空间，超越了对现代主义的单纯憧憬。"❸而在日本，若论"抽象流"的创始人和"教父"，则非奥山信一的老师篠原一男莫属。2010年，已故的篠原一男获得了第12届威尼斯国际建筑双年展金狮奖，而这一年双年展的艺术总监正是另一位当红的日本建筑师妹岛和世。

❸ 郭屹民主编，《建筑的诗学：对话版本一成的思考》，东南大学出版社，2011，p.127。

3.4.2.1　篠原一男——日本"抽象流"的创始人

篠原一男（1925-2006年）是日本新陈代谢运动之后建筑界领袖之一。1950年代以来，作为东京工业大学教授和建筑师的他设计了一系列具有前卫思想又有着强烈东方色彩的建筑。建筑评论家托马斯·丹尼尔（Thomas Daniell）认为："篠原可以被认作一个明确拒绝西方影响的关键人物，然而他的身影几乎出现在当代日本建筑的方方面面，他作为理论家、建筑家和专业学者的影响力是巨大的。"❹

❹ 转引自方振宁，《我们为什么要向篠原一男致敬？》，网络博客。

篠原一男本人喜欢用时间段来概括他的设计风格的各个阶段。一般认为他的设计生涯可以分为四个风格阶段：❶

● 第一风格时期（1954-1968年）：激进的日本传统抽象风格时期，经历了一个由纯粹几何抽象向早期现代主义运动的回归过程；

● 第二风格时期（1968-1974年）：开始自省地和谨慎地运用日本元素和母题，关注于"正面性"（vertically）的表达和对"缝隙空间"（fissure space）从心理学到建筑学的探究；

● 第三风格时期（1974-1982年）："暴露空间"（naked space）和"空白空间"（gap）阶段，走向对建筑物质性的抽象操作，后期开始关注建筑与城市的关系；

● 第四风格时期（1982-1988年）：混沌风格阶段，从小型住宅到城市巨构综合体无所不能，手法上回归到建筑形体的抽象构成本身。

对于篠原一男而言，传统是建筑创作的出发点而不是归宿。唐伞之家（1959-1961年）是篠原早期的住宅设计之一，在这座建筑的设计中，篠原首先表达了对前辈建筑师的致敬：❷形式本身呼应了附近由丹下健三设计的住宅，建筑平面和基本结构则来自篠原的老师清家清的常用手法。同时篠原一男进一步对几何形体加以提炼，形成更为简洁、纯粹、抽象的整体性空间概念，达到"日本空间"的总体效果却不明确采用传统建筑的历史形式和细节。该住宅的平面首先被一分为二，一半是开敞的起居室、餐厅和厨房，另一半又被再次以5：2的比例划分为卧室和卫生间两个部分。这个平面形式显然来自于日本"田字形"传统民居的原型，但卧室中的那根圆柱并不是平面的几何中心，也没有与升起的屋顶取得结构上的关系，而只是吊顶的支撑物。四坡顶的结构由唐伞（日本的一种油纸伞）状的32根合掌材从方形屋顶的顶部向四边放射，"不仅分散了屋顶的荷载，也造成了一种独特的空间感。把日本的样式逐渐加以扬弃，产生抽象空间后使之回归到日常的生活中去。"❸同时，伞状的造型也使得建筑形体达到了传统建筑中"亭"或"阁"的空间效果，进一步把建筑从周围环境中独立和抽象出来（图3-29）。

❶ David B.Stewart, Shin-Ichi Okuyama and Taishin Shiozaki, 2G N.58/59, 2011, p.51.

❷ 一般认为，篠原一男早期的住宅设计还受到了1940-1960年代在美国兴起的 Case Study House 的风格的影响。而其住宅中的"套中套"等空间概念应该也与查尔斯·摩尔的建筑实践有关。

❸ 黄居正、王小红编著，《大师作品分析3：现代建筑在日本》，中国建筑工业出版社，2009，p.12.

图3-29　篠原一男的早期住宅作品"唐伞之家"

　　1970 年代是篠原一男的"立方体时代",但有别于同时代的矶崎新、毛纲毅旷的纯净立方体,篠原在这个时期的立方体从平面的外形和轮廓来看往往并不是一个完整的几何体,篠原更在意的是建筑中被"挖"出来、被呈现的那个大空间(一般为客厅、起居室,大多为共享空间)的立方体状态。如设计于同一年(1970 年)的未完的家和篠原自宅,与第一风格时期强调的统一性和整体性有别,这两个住宅均在平面的中心部分插入了一个方形的公共性空间,这个空间既是日常生活空间,也是表达篠原"抽象化传统"概念的一个核心空间。日常性和抽象性这两个特点相辅相成,共同构成了被篠原称为"复合结构"的介于传统空间和现代生活之间的空间状态。篠原自己在分析 1970 年以后的设计时认为从这个时期开始他决定"转向日本化的反面",笔者认为这种异质的空间状态本质上应该是和1970 年代相对动荡的时代背景有关的,是建筑师在不稳定的世界和不安的社会环境中采取的相对应又相对抗的一种设计方法(图 3-30)。

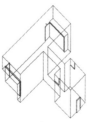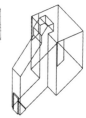

图 3-30　篠原一男 1970 年代设计的立方体住宅系列

　　一般说来,20 世纪后半叶的抽象建筑大多是全球性的,这一点事实上和极少主义在 20 世纪后半叶的盛行是一致的。但是篠原一男的"抽象"采用的是一种极其个人化和极其原创的方式。如他在早期作品中的抽象性往往体现在他当时所提出的"正面性"表现中:篠原认为东方的建筑一直以来对正面性的关注极高,往往通过正面的空间序列组织来营造出视线直视对象建筑的正面性所呈现出的紧张感,而这正是东方建筑所刻意追求的魅力所在(一点透视和低角度也体现在同时期日本导演小津安二郎的所有电影作品中)。"一旦当视线偏移出正面范围之外时,对象之间的紧张关系会顿时被削弱,建筑形象的魅力感尽失,从而表现出东方建筑视线的非连续性。与此相对的是西方建筑,比如希腊神殿,对象之间紧张关系可以依据视线游移而续存,西方建筑的视线具有连续性。"[1]篠原一男因此认为,日本传统的建筑中没有时间和体积,时间呈现片段化,而建筑是平面板片的组合,而"正面性"不仅存在于室外空间,也存在于室内空间。在一系列作品中篠原都试图将"正面性"的一点转化为"多样性"的多点空间。

　　如果说"花北山住宅"(1965 年)暗示了传统形态向抽象化发展的开端的话,建于 1966 年的"白之家"则是对这一发展的极端化表现,并且

❶ 郭屹民等,《对话坂本一成:认知建筑》,《建筑师》2010/4,p.93。

这一关于抽象的极端化表现正是围绕从"正面性"到"多样性"的探讨展开的（图3-31）。笔者认为"白之家"具有以下几个抽象特点：

图3-31　篠原一男的抽象流代表作：白之家

（1）平面和路径的抽象性

日本传统住宅具有自己的独特性：连续的房间＋外廊＋南侧庭院，而且连续房间进深的方向性与经过外廊面向庭院的方向性总成直角。在"白之家"中篠原一男对这一传统特性进行了抽象：长向进深的单独房间＋象征外廊的支撑柱＋具有庭院功能的客厅，而它们所形成的方向性也互为直角。这个直角可谓是相互垂直的两个"正面"。

（2）剖面与水平空间的放大化

受柯布西耶、密斯的现代主义建筑的影响，"封闭盒子"（Closed Box）的概念1970年代开始在日本出现，在这个形式上"封闭"的盒子中，外部空间的元素被巧妙地组织到内部空间里。在"白之家"中两层通高的起居空间起到隐喻象征外部空间和自然的作用，卧室等其他空间布置在一侧，起居室有限的内部空间体量被抽象后感觉得到了放大化，有一种禅意的纯净效果。

（3）材料和结构的象征性

在"白之家"中，中央柱子的木材物质性被保留，并支撑起上部斜撑和坡屋架，四周墙面全部涂白。于是视线无论在哪个角度，只要看到柱子，就无法躲过作为木柱背景的白墙，木柱和白墙之间存在的进深被具象与抽象的物质操作给压缩而呈现出平面。同时，圆形截面的木柱本身没有正面与背面的区别，木柱的"正面"与"背面"视观者与对象之间的关系来界定，木柱和白墙都是"即物的"，仅作为关系建构的物质而存在。观者在观看木柱与四片不同白墙时是不连续的，因此时间也被切断，木柱的支撑因"求心"式的存在而被赋予了象征性。

（4）空间的精确性和暧昧性

"白之家"的空间比例上体现了篠原一男一贯的精确性，"白之家"与他早期的"久我山的家"（1958年）具有相同的比例，都是1:2的关系，而这也恰好是黄金分割点的关系，卧室正好位于卧室与客厅形成的黄金分割点上。同时，起源于欧洲的现代主义对"白之家"产生了重要影响，通过支撑柱对廊子的象征，取消了廊子，这样创造出的空间连续、混沌、暧昧。起居室、餐厅、楼梯等相互连接，并通过玻璃面与外部相连，使室内外融为一体。

篠原一男的早期设计主要关注于日本传统住宅的要素抽象化表达，并进而探求超越传统文化的具有广义美学象征价值的住宅作品。但从第三风格时期开始，"篠原逐渐改变这种将已有事物予以抽象表象的手法，开始转向对建筑物质性的抽象化操作，通过非日常的物化几何学形态的操作将不同事物并置呈现。"[1] 篠原一男期望以此策略，可以使建筑从历史束缚中解放出来，展现出现代建筑应有的轻盈而又抽象的全新感受。同时，在这个时期，篠原的建筑中开始出现对都市化和建筑与城市关系的思考。完成于1975年的轻井泽旧道住宅被认为是篠原作品中的一个"异类"——第一次出现真正的庭院、第一次出现曲线的墙……但这个"异类"的出现正是篠原在城市尺度上进行思考的结果：建筑功能被一分为二，中间的庭院正是街道的抽象化，没有明确对位关系的三段弧形墙面则可以被理解为街道空间的随机性（图3-32）。这个建筑与伊东丰雄设计的中野本町的家（1976）有着惊人相似的空间原型，但也有着超越形式的差异性：伊东丰雄营造的是一个内向的、纯净的、秩序的几何完型，而轻井泽旧道住宅追求的是一种开放的、散漫的、自由的生活状态。此外这座建筑也可以视为西泽立卫设计的森山邸的最早原型：同样的城市化几何意象，同样的"街区化"空间场景。

[1] 郭屹民等，《对话坂本一成：认知建筑》，《建筑师》2010/4，p.92。

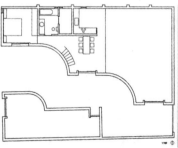

图3-32 轻井泽旧道住宅显示出篠原一男对"住宅—城市"关系的思考

篠原一男建筑的抽象性影响了一批二战后年轻的建筑师，如坂本一成、安藤忠雄、伊东丰雄等。伊东丰雄是篠原一男的忠实崇拜者，他认为篠原一男对"抽象建筑"的追求和表达至今仍是无人能及的。谷川的家（1974 年）被伊东认为是篠原一男的最好作品。伊东还说："篠原一男的作品对于'抽象化'这样的问题的回应很深入。就是当时的日本年轻建筑师还未曾解决的，应该以什么样的形式来继续创作的问题。纵览以前的建筑师们在住宅设计中，当时能够真正赶上篠原先生建筑的抽象性程度的人还没有。同时，密斯的建筑也在描述'建筑是抽象的'此类话题，当然密斯是从极少主义的方向开展和深入的。篠原和密斯的抽象性是完全不同的，但又有相近之处。那就是在日本传统建筑所具有的本来的抽象性的基础上，与近代主义的样式的重合并深化与强化而成的新形式。"❶

回顾日本近现代建筑史可以发现，在 1950 年代的日本建筑界事实上存在着两种日本与西方现代文明的态度：一种是丹下健三为代表的强调西方现代建筑同时与日本传统建筑形式的结合；另外一种就是强调在现代建筑设计中应抽象出日本传统文化的精神，建筑最终能无形地表达出日本建筑的感觉。从这个角度来看，篠原一男强调的是日本化的现代空间感觉，是一种身份认同的表现，也可以理解为日本建筑师从模仿西方到自我身份确认的一个过程。当然进入 21 世纪后，当以妹岛和世、青木淳为代表的当代日本建筑师活跃在国际建筑舞台时，已无需强调他们的日本身份，而是自然地流露出他们身上的日本文化的遗传基因，这一点是发展的必然结果和自然现象。

3.4.2.2 妹岛和世——"图解建筑"的不确定性

若论篠原一男的直接传人，应该是同样来自东京工业大学的坂本一成。坂本一成对建筑的探求可以说是一种对日常"温馨"的发现之旅，"坂本一成把生活的日常作为思考建筑的始发，将被光怪陆离的生活现实、社会欲望遮蔽下的那动人的'温馨'以建筑的方式呈现，这可以被称为'建筑的诗学'。"❷ 但是笔者之所以在本书中研究妹岛和世，有两个直接原因：一是由于坂本是篠原的直接学生，他是在对篠原的继承和反叛的矛盾和迷茫之中成长的；而妹岛作为一位"次一代"的建筑师，是以一种相对平和的心态来凝视、继承和超越篠原一男的"抽象遗产"的。当然，篠原与妹岛之间由于"抽象性"问题而激发出的对比性张力也是笔者选择妹岛和世的原因之一。❸

伊东丰雄认为："妹岛和世是一位在过去从未出现过的新型建筑师，她的作品中所存在的新意几乎可以说是对建筑这一概念的全新定义。"❹ 妹岛所描绘出的建筑形象可以说是对历史形象的断裂，她在建筑上的表现单纯而纯粹。伊东丰雄把她的建筑称为"图解建筑"（Diagram Architecture），认为妹岛是将建筑里所预测发生的生活行为加以抽象化之

❶ Interview with Toyo Ito, Analysis on kazuo Shinohara, GAHouses 100, p.92.

❷ 郭屹民主编，《建筑的诗学：对话坂本一成的思考》，东南大学出版社，2011，p.3.

❸ 妹岛和世常常是和另一位日本建筑师西泽立卫一起被谈及的，因为 1995 年两者联合成立了 SANAA 事务所，这也造成了常常将两者作品混淆的现实，事实上两者的手法和风格还是有着微妙的差别的。笔者在此章节中主要研究妹岛和世，对于本章节涉及的设计作品，除特殊注明外，皆为妹岛独立设计完成。

❹ 伊东丰雄著，谢宗哲译，《衍生的秩序》，田园城市，2008，p.278.

空间图解建筑。笔者认为这种所谓的抽象图解建筑表达了妹岛和世建筑立场和方法的两个要点：

（1）对社会和城市的抽象性思考

早期的妹岛深受库哈斯的影响，主要考虑人在建筑内的活动本身。她常常预设建筑中的日常生活行为，然后将这些行为归纳后片段化并定格到设计构思中。妹岛认为，如果将建筑功能与形式一起简化，就可以根据使用者的喜好产生个性化的空间从而形成多样化的整体效果，这种"简化"和理想化的呈现是妹岛对"抽象"的最初认识。

在早期的装置性设计"家庭舞台"（platform1，1988年）中，妹岛和世设计了一个介于舞台与平台之间的抽象性概念空间，这样既可以划分出日常生活中的不同行为的场地，也可以激发潜在的表演欲望，坦然地呈现内心世界。随后，妹岛开始将她的建筑程序中的传统编码回溯到最初的原点，这个设计原点可以从1991年完工的再春馆制药女寮中找到。再春馆制药女寮可以说是妹岛和世完成最初飞跃和突破的作品，这一建筑的个性是建立在妹岛对社会的思考基础上的。再春馆制药女寮的功能是作为企业让年轻女性在进入公司的头一两年在此居住的单身宿舍，妹岛认为这种空间算是一种对于极度规律性生活的强迫：这些女孩子们对于从一早起床到就寝为止都如同军队一样地被统一的生活感到手足无措。白天是在邻接的办公室、同一套制服包裹着身躯并列地坐在桌子前，她们并不被赋予作为个体的尊严和自由，而是犹如卓别林的电影《摩登时代》那样的生活。"在现代社会中，她们这种被控制的生活看来或许有些极端，不过这样的生活其实与任何大都市的白领上班族并没有根本的区别，也就是说这些女孩被规范的生活本身可以视为是将现代的我们的生活给象征而抽象地图式化了。"[1] 伊东丰雄的这一解说直接点明了妹岛在设计这个建筑之初，她便已经得到了将现代社会和未来社会的生活象征的图解加以实体化的机会。

最终妹岛采用的设计策略就是：完全均一而并排的房间群，它们只要打开一扇门就会马上必须面对如同都市道路般车水马龙样的公共空间，过去的住宅和集合住宅具有的空间特征在此被彻底地排除掉了。透明而抽象，完全不会让人感受到深邃的内里与阴暗的空间，妹岛和世将现代社会和未来社会的生活精彩地抽象和转换成空间而呈现在世人面前（图3-33）。

作为妹岛的前辈和老师，伊东丰雄这样形象和深刻地评价这座建筑："站在如此没有层级与阴影的居住空间前，多数的建筑师都会感到惊讶、摇头晃脑而且目瞪口呆吧？就像看到了不想看的东西，或者是将原本不该打开的容器的盖子给打开的那样……不过就像电脑科技的日新月异一样，我们的身体感觉和对于空间的感觉也持续地在变化着。对我们来说，在昨天或许还觉得木材的温暖或石材的稳重，在今天可能除了觉得忧郁之外什

[1] 伊东丰雄著，谢宗哲译，《衍生的秩序》，田园城市，2008，p.283-284

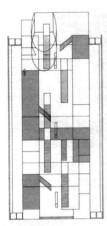

图 3-33 妹岛和世的成名作：再春馆制药女寮

❶ 伊东丰雄著，谢宗哲译，《衍生的秩序》，田园城市，2008，p283-284。

么都不是的那样，因为新媒体对身体与意识的影响真的非常大。然而大多数的建筑师都还把昨日的规范与昨日的伦理拿来当成挡箭牌，试图持续驻守在幻想的城堡里。"❶

以伊东丰雄的这个观点为参照，妹岛和世与其说是建筑师，倒不如说是作为活在现代社会的生活者，率先对如同穿着国王的新衣服的建筑师们发出直接警讯和挑战的建筑师。

在对社会进行思考、解读和建筑表达的同时，妹岛在世纪之交又展开了从城市角度介入的建筑设计的探究，将建筑设计放在一个"建筑—城市"互动的关系网络中探究以建筑设计表达城市性思考和城市性尺度设计的可能性。这种思考的结果首先是 1996 年完成的东京大都市住宅研究，这是一个理想化的关于城市住宅的多重性：密度、高度及街区肌理的概念性研究设计，妹岛认为这个设计有三个核心："设计目的：室外空间的私有化；设计目标：120 个住宅单元，每个单元为 3DK 模式（类似于中国的三个卧室和厨房、客厅）；设计方法：关于形体素（volume）的都市景观。"❷ 在设计之初，妹岛首先从东京的城市地图中提取出三种不同模式：高密度低层建筑区、建筑高度与建筑类型混杂区、高层建筑密集区，然后从不同地段的城市肌理和环境特点出发，设计出五种针对性的住宅布置和围合模式。虽然是一个概念性的设计，但已经展现了妹岛提炼城市空间、表达城市与环境关系的独特能力（图 3-34）。随后妹岛在成城集合住宅（2007 年）和横滨集合住宅（2008 年）的设计中都一再表达了她对集合住宅的城市属性的理

❷ 参见 Elcroquis 77+99，2004，p.110。

图 3-34 妹岛和世的"住宅研究"

解，这个理解和她在再春馆制药女寮的设计中呈现的对城市化空间、社会性空间的抽象提取和抽象表达是一脉相承的。

（2）平面图建筑——不确定的空间

在妹岛和世所设计的建筑中的空间体验，并非像过去被称之为建筑的那种对于空间存在形式上的体验，而是比较接近像是在抽象的空间图示与模型中的感知。使用者在妹岛所孕育出的空间中会有一种全新的空间感受，伊东丰雄和长谷川逸子将妹岛的这种感受的建筑称为"平面图建筑"——犹如在电脑游戏屏幕上的都市与建筑中来回走动的经验，空间既没有触感也没有味道，既是实体也是抽象的空间结构。这种空间感受的根源可以用当代建筑的"不确定性"来解释，"不确定性"既是妹岛建筑思想的一个根源，也成为她空间手法的一个特点。

❶ "不确定性"（uncertain）在欧洲最早由库哈斯于1970年代提出，库哈斯提出这个概念受到了福柯、德勒兹、德里达等哲学家的影响，并将其发展成为库氏著名的"大都会文化"理论。

在日本建筑师中，"不确定性"的概念最早由妹岛的老师伊东丰雄明确提出，主要是指当代信息社会的一些特征，如：互联网模糊了现实与虚拟的对立关系，也改变了人类交流、交往的方式；转瞬即逝的各种流行文化和消费文化；人类为了生存和生活的迁徙带来的不安全感……这种"不确定性"❶成为伊东丰雄建筑中的"短暂"和"临时"，成为隈研吾提出的"消除建筑"和"反物体"的理念，也展现在藤本壮介的"弱建筑"概念中，在妹岛和世的设计中则表现为一种复合的当代建筑的不确定性特征。

这种不确定性首先表现为一种形式上的不确定。形式上的不确定性可以理解为空间上的不确定造成的视觉上的不确定性，以妹岛1994年设计的森林住宅和2003年设计的李子林住宅为例，可以清晰地看到这种形式上的不确定性产生的过程（图3-35）。森林住宅首先在平面的形式上达成了建筑外形与室内空间的分裂，一般很难凭借这个白色圆形加上局部几何体凸出的建筑外形来判断它的室内空间构成——室内是一个由不同同心圆构成的"套中套"。尽管如此，由于这种空间处理还是在水平方向展开的，因此森林住宅的这种形式上的不确定性应该还是可以猜测和想象的。但是在李子林住宅中，妹岛却在平面和剖面的两个方向展示了空间切割的不确定性——平面上面积大的房间反而具有低的层高，面积小的房间却占有更高的空间，房间与房间之间除了交通的连接关系，还通过之间的"窗"和"洞"取得了一种不确定的从属关系。同时李子林住宅中采用的特殊材料的薄形墙体也进一步消解了传统意义上的墙的厚度，也加重了建筑的"平面图"意向。鬼石町多功能设施（2005年）是妹岛对于形式的另一种不确定性抽象处理，这个建筑首先采用液态的平面形式表达了一种空间"融入"城市环境的整体意向，同时建筑表面采用的时而透明、时而半透明的玻璃也进一步加强了城市视线、城市景观、空间感受之间的多重不确定性（图3-36）。这也难怪妹岛在谈及自己的这一系列形式处理手法时表示："现在更容易理解简洁、抽象、对结构的关注、单色性、去等级化、对独特性

的消解和削弱这些做法的价值和明智之处。" ❶

❶ Christina Diaz Moreno, Ocean of Air, Elcroquis121/122, p.32.

图 3-35 妹岛和世设计的 N 住宅、森林住宅和李子林住宅体现了"平面图建筑"的递进和发展过程

图 3-36 鬼石町多功能设施是妹岛和世"液态"建筑的早期代表

  不确定性还表现为一种功能上的不确定。金泽 21 世纪美术馆（1999 年，与西泽立卫合作）在平面上首先是表现为一个外部的圆，这样可以吸引各个方向的人流。其次这个透明的圆又统辖着大小各异的白色立方体，表面上看这些立方体空间时被妹岛严格区分为三种类型的：展示空间、庭院空间和公共空间，但由于它们之间并没有一种有机的组合关系，三种类型的立方空间在人的活动性方面就成为一种不确定的空间。或者可以这样说，妹岛在此对传统的美术馆空间进行了重新组合和阐述，既有城市层面的对于形体的考虑，还有对空间秩序的重新定义，让人们开始关注以密斯和路易斯·康的美术馆空间为代表的范式空间在当代的发展和演变潜力。如果说金泽 21 世纪美术馆中尚有"房间"这一概念存在的话，那么妹岛与西泽联合设计的洛桑劳力士学习中心（2010 年）则是一个真正意义上的"空"房间，在一个被起伏的波浪状地表抬起的空间里，开敞

地布置了讲堂、教室、会议室、图书室等主要功能房间，进一步强调了与人的行为的"不确定性"相关联的不确定功能。同时这个表面上"无垠"的空间也可看成密斯的"均质空间"、"流动空间"概念的进一步发展，密斯的空间是严格的、几何的，而妹岛的空间是相对模糊和柔和的——两者在对现代建筑空间的功能纯净化方面所表达出来的不同特征也体现了现代建筑抽象性的发展性（图3-37）。

图3-37 从金泽21世纪美术馆到劳力士学习中心，"房间"的消失

在一次与西泽立卫和长谷川逸子共同进行的访谈中，三位建筑师就当代日本建筑及自己的设计中的抽象态度和抽象方法各抒己见，尤其是面对当代建筑中过多抽象带来的争议和争论时，妹岛认为："虽然也有对于现代建筑之抽象性的批判，不过建筑本来就是被当成非自然的东西而被制造出来的吧。我认为随着不同的时代来思考该怎么进行抽象化才适合的这件事，就某种程度上来说，不也就是对于建筑的思考吗？然后，一边思考着和自然，或说环境之间该构筑起什么样的关系的存在物，并同时地思考着建筑的这件事是非常有趣的。"❶

❶ 西泽立卫编著，谢宗哲译，《西泽立卫对谈集》，田园城市，2010，p.228。

作为日本抽象流的鼻祖，篠原一男同样是以抽象的空间作为创作的目标——使用几何学的形态来做出无机而冷色调的抽象空间。然而篠原所创造出的抽象空间背后，在某些地方却能看透某种建筑所持续带有的完整体系（cosmos）。或者说至少可以看出篠原企图将具有完整性的系统加以解体的强烈意志，那是对于结冻的建筑的解体行为，只要进行解冻的话，"建筑"就得以显现。对篠原一男来说，不管是创作也好、破坏也好，都很明显地采取了把"建筑"作为一种应该对待的对象物的概念。

然而和篠原一男不同，妹岛和世的抽象空间使得完整意义上的"建筑"常常处于隐匿的状态。妹岛的建筑和作为对象的"建筑"、具有强烈中心的"建筑"、具备完整体系的"建筑"……这些传统概念上的建筑概念是毫无关系的。并不仅仅区别于篠原一男，世界上几乎所有的传统意义上的建筑师对"建筑"的认识在妹岛的身上都体现不多，这也许就是妹岛和她的建筑存在的最终意义。

3.4.3 一冷一热：安藤忠雄和伊东丰雄

安藤忠雄和伊东丰雄，"冷抽象"、"热抽象"的代表性人物，可谓

1940 年代出生的日本建筑师的两极：同在 1941 年出生，同在 1976 年设计出各自的自闭型住宅（住吉的长屋，中野本町之家），同时被称为"和平时代的野武士"，同样都在他们的作品中流露出对"抽象流"的继承。

1977 年的日本《建筑文化》杂志十月号中曾经发表过安藤与伊东的对谈，题为《如何从现代主义的束缚中解放，建构超越现代主义的建筑策略》。在对谈之初，安藤便说："我这个人与其说是所谓的建筑师，感觉上还不如说是一头野兽吧"，而妙的是伊东也笑着回答说："嗯，说实在的，如果不是野兽的话，那么可能就变得盖不出建筑了吧。"❶ 在接下来的侃侃而谈之中，这对建筑双雄也清楚地交换了彼此对于建筑设计手法与建筑观上的差异。其中最显著的在于安藤表示他之所以会使用比结构力学上的需要还来得厚实的墙加以表现，是基于他对于墙的存在感的重视；而伊东作为其对照性的存在，想做的则是如同纸张那么薄，几乎没有存在感的墙。

因此可以说，伊东在建筑创作初期所谓的"形态素"操作手法是把墙壁在既成的建筑中所带有的意义全部加以抹除，而使其只是作为去除物质性的面，或是作为形态被意识化的元素而已；这种方式和安藤的建筑作为"物的存在"的概念是完全相反的。安藤在对谈结束后曾经给伊东写过一封信，也预测到了他自己的建筑与伊东的建筑虽然在当时是一种平行线的状态，不过在今后两人将继续进行的创作道路上，或许未来可能会出现什么契机而拥有相互交集的节点。这个节点也许就是"抽象"，虽然伊东和安藤对于"抽象"这一概念的使用和实现有着明显区别。

3.4.3.1 安藤忠雄——几何世界中的自然风光

对我而言，建筑是为了了解人类而存在的一种装置。在没有感情色彩的情况下，我尽力通过建筑把一个场所变得抽象并具有一般性。只有通过抽象的方法，建筑才能排斥工业和科技而成为真正意义上的伟大艺术。

——安藤忠雄❷

安藤忠雄的建筑是当代世界都市的独特景观之一：素混凝土的冷酷外表，禅意幽远的庭院环境，抽象多变的室内空间……建筑史学家柯蒂斯（William J.R.Curtis）认为安藤忠雄的建筑是抽象性与现代性的结合体："安藤忠雄在以现代建筑的抽象性来重新认识历史的同时，以一种个人的历史洞察力重新定义了现代性"❸

安藤忠雄认为建筑思想是以抽象逻辑为支撑的。在他看来，"抽象表示的是一种思考的研究，它的最终结果是世界的复杂性和丰富性的具体化，而不是通过缩减现实的具体程度所得出的结果……现实的世界是复杂且矛盾的，建筑创造的核心是把现实的具体化通过透明逻辑变成空间秩序——这不是一种缩减，建筑问题的出发点在把发展变成抽象的过程中被表达出

❶ 谢宗哲著，《建筑家伊东丰雄》，天下文化，2010，p.136。

❷ 安藤忠雄著，谢宗哲译，《安藤忠雄都市彷徨》，宁波出版社，2006，p.9。

❸ A+U, 2002/3, p.61。

❶查尔斯·詹克斯、卡尔·克罗普夫编著，周玉鹏等译，《当代建筑的理论和宣言》，中国建筑工业出版社，2005，p.270。

来，不管这个出发点是地点、性质、生活方式还是历史，只有这种努力才能产生一个丰富的可变化的建筑物。"❶尽管建筑具有相对独立的性质，但它的存在仍然不可避免地创造一种新的景观，这就意味着我们必须找到地点和场所本身正在寻求的那种建筑。因此安藤往往首先寻找场所本身固有的逻辑来作为构思的基点，这种寻找的目标既包括一个场所的地形、地貌特点，更重要的还有场所的文化传统和自然特征，以及形成其背景的城市结构和生活模式。

2002年第3期《A+U》安藤忠雄专辑就安藤的建筑设计和风格采访了大量的建筑师和艺术家，包括艺术资助人普利策（Emily Pulitzer）、电影导演维姆·文德斯（Wim Wenders）、建筑史学家柯蒂斯、建筑理论家弗兰姆普敦、艺术家詹姆斯·特里尔（James Turrell）等。其中犹以妹岛和世的回答最为"妹岛"——简洁、有趣：❷

❷A+U, 2002/3, p.135。

·问：你怎么看待安藤的建筑在日本之外受到的高度欢迎？

答：安藤的建筑一方面疏离于人类日常体验，同时又和人性密切联系。

·问：从你个人的角度看，你认为安藤的建筑是特别日本化的吗？

答：我不认为他的建筑特别的日本化。

·问：安藤的建筑中最影响（influential）你的是什么？

答：重量感。

·问：安藤的建筑中最吸引（fascinating）你的是什么？

答：重量感。

·问：安藤的建筑和很多自然现象密切联系（光，水，天空，地形），你认为自然和安藤建筑的关系是什么？

答：自然中存在着某些特别的力量，安藤的建筑同样如此。

·问：在阐述他的建筑创作时，安藤常常使用下列词汇：功能性、理性、西方的、东方的、抽象性、具象性、单纯性、复杂性、光、静、动，你怎样描述他的建筑？

答：抽象性。

·问：你对安藤的建筑未来有何展望？

答：我期待着安藤的建筑在世界各地不断建成。

以这个调查问卷涉及的主题：重量感、自然性、人本文化等为线索，纵观安藤忠雄自1970年代以来的建筑作品，贯穿其中的"抽象性"往往涉及如下主题：

（1）文化诉求——敏感性与抽象自然

与西方文化有别，日本的传统喜欢一种不同的关于性质的敏感性，认为人类的生活不是与自然相对立的征服，而是应该与自然达到和谐。在日本的传统文化和安藤忠雄的现代建筑中，可以认为所有形式的精神追求都是在人类和自然的相互联系中进行的。

这种敏感性形成了安藤忠雄建筑的文化之一，这种文化不强调建筑和周围环境的自然分解，而是建立两者之间的精神联系：当从自然的角度审视人类的空间时，它试图把自然给吸收进来，在内部和外部之间没有明确的划分，而是相互渗透。不幸的是，目前自然已经失去了以前的丰富性，就如我们感知自然的能力衰弱了一样。因此，现代的建筑要使人们可以重新感觉到自然存在。安藤的建筑在设计中特别注重通过抽象把自然进行加工来改变自然的含义，建筑从而成为人和自然共同存在和相处的场所，安藤忠雄坚信这种人与自然的存在关系有利于唤醒人类精神上的敏感性（图 3-38）。

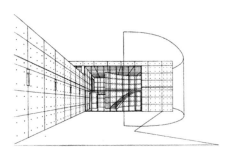 

图 3-38 安藤的草图表达出对环境的思考，而线条图却将建筑刻意抽离环境，两者之间的关系就是安藤一直思考的"具象和抽象"的关系问题

"无论是多么小的物质空间，其小宇宙中都应该有其不可替代的自然景观，我想创造出这样一种居住空间丰富的住宅。"❶ 在安藤的成名作"住吉的长屋"中，他将整个建筑设计为一个混凝土的封闭空间，试图在它之中概括出一个小世界。建筑被分为三个部分：中间的是一个露天的可以连接两边房间的院子，这个院子既是室外空间又是内部空间的核心，也是这座建筑中感受自然，感受风、光、雨、四季的敏感场所。贯穿于建筑空间运动也成为一种与自然的互动方式——简单的几何形式与封闭的外观之下暗藏的却是一种充满活力和内省的东方生活方式。

❶ 安藤忠雄著，白林译，《安藤忠雄论建筑》，中国建筑工业出版社，2003，p.137。

"我设计的目标是赋予空间丰富的意义，通过自然元素和日常生活中的方方面面，如风和光被引入建筑并用抽象的形式表达出来。被抽象的光与天空的片段令人想到整个自然。"❷ 将自然片段抽象是为了保留自然的整体，这种特有的观点一直贯穿于安藤的设计中。同时在复杂的基地环境中，安藤对文脉的对策比他的前辈们处理得更果断。到今天，他的建筑毫无疑问更加开放，但安藤继续将自然抽象引入他的设计，安藤最重要的设计特征正是——自然与场所之间的变换。

❷ 转引自大师系列丛书编辑部编著，《安藤忠雄的作品与思想》，中国电力出版社，2005，p.12。

（2）建造特征——材质的单一性和抽象

安藤忠雄作品的主要材质绝大多数都以清水混凝土来呈现，在安藤的手中混凝土一改常见的厚重和粗野，而成为一种细腻、绵密、均质的建筑材料。安藤对他的混凝土外表特征定义为："我所采用的混凝土并不给人一种实体感和重量感，它们形成一种均质化的轻盈表面，墙体的表面变得抽象，似乎在趋向于一种无限的状态。此时，抽象和消失掉的是墙体的物质性，为人的知觉所留下的只有对于空间的限定。"❶ 如果说柯布西耶后期细粒混凝土做成的光滑墙体获得了一种近似于粉刷墙的绝对的抽象性的话，那么安藤忠雄则以模板本身的性能获得了一种介于抽象与具象之间的效果。"它没有路易斯·康的那种对于材料的区分，以及对于建造感的忠实追求，从而消蚀了混凝土的重量；同时，它又不似柯布西耶的钢模那般完全消抹去建造的痕迹，从而保有了一丝由触觉带来的实在感。"❷

　　在细部设计中，为了突出墙体的抽象化追求，安藤甚至不顾结构的真实性，而把墙体做成和柱子等厚，这种对结构真实性的隐匿获取了构件几何形态的纯粹性，继而这种纯粹性又去除了结构和材料的影响，再次提升了空间的抽象性品质。

　　（3）方法手段——抽象的真实

　　"以抽象的手法来追求和表现纯粹的概念，是20世纪的产物。正因为在20世纪处于表现的可能性被扩大，才让这种造型理论的实现成为可能。所以，我在建筑空间中所探索的所谓的'概念性'，即将概念抽象地在空间中鲜明地表达出来。"❸ 安藤的作品通常只有几种几何形的构成，但这并不意味着建筑的单调乏味，相反它传达出的却是丰富的感官效果，克制的几何形体操作目的是想把使用者、观者的注意力集中于空间的光影和他所精心营造的空间秩序中。

　　安藤认为生活的现象是单纯的，生活的内容却是丰富的。这是一种真实：日本的碗和盒子外表光洁朴素，里面却有丰富的装饰；日本民居以朴素的围栏和墙连接起来，透过树顶和围墙只能看见起伏的屋顶，在庭院里面则是个性化的花园……这些都是日本有关隐藏的传统。在安藤的作品中，这种"抽象的真实"随处可见：建筑的外部没有传统的檐口，而是几何形的去装饰的入口；建筑中的天井和庭院却抽象多变，成为表现的重点——传统建筑中室内和室外之间的界限被现代主义手法消解了。"水御堂"从表面上看是与传统形式背道而驰的：进入佛堂的路径通过片墙和往下的台阶引导，并将佛堂设于莲花池之下的地下空间而彻底地消解了佛堂的形象……但是在安藤看来，"人们相聚一堂，感受彼此的存在——我觉得在犹如广场般的寺院建筑中，才有我这非佛教徒参与其中的意义。"❹ 也就是说，与其拘泥于象征权威主义的大屋顶形式，更重要的是建筑和空间能否真正成为心灵的寄托而永久传承，这就是安藤对"抽象的真实"这一概念的表达。

　　（4）整体状态——抽象与具象的重合

　　安藤忠雄曾经写过一篇题为《抽象与具象的重合——阿尔伯斯和皮纳

❶ Tadao Ando, "Rokko Housing", Quaderini di Casabella, 1986, p.62.

❷ 史永高著，《材料呈现》，东南大学出版社，2008，p.160。

❸ 安藤忠雄著，谢宗哲译，《安藤忠雄都市彷徨》，宁波出版社，2006，p.38。

❹ 安藤忠雄著，龙国英译，《建筑家安藤忠雄》，中信出版社，2011，p.346。

内西》的文章，将阿尔伯斯（Josef Albers）的纯几何学的作品，如"正方形的赞歌"系列与皮纳内西（Giovanni Battista Piranesi）的非常复杂的、非日本的、表现立体空间的"幻想的牢狱"进行对比，以此来思考安藤本人所追求的理想建筑表现。安藤认为，阿尔伯斯运用了严谨的几何学，在看似简洁的作品中，彻底追求了作品的抽象性，从而获得了"暧昧"所带来的多种自由。作为建筑形态，安藤忠雄采用了严谨的几何学形态，来追求皮纳内西的幻想性迷路空间和构筑具象的建筑。正如安藤所言："人们在向往着抽象的概念与意境时，却也追求着具象的实物。"[1] 因此，不管安藤的建筑之路最终会走向何方，他的建筑始终是表现具象性与抽象性的并存之物（图3-39、图3-40）。

❶ 安藤忠雄著，谢宗哲译，《安藤忠雄都市彷徨》，宁波出版社，2006年，p.66。

图 3-39 安藤忠雄2000年以来的作品中出现了更多的"完形"以及对古典崇高空间的回归

图 3-40 安藤忠雄追求的整体状态：阿尔伯斯（表象的纯净）和皮纳内西（内在的丰富）

众所周知，安藤忠雄是一位自学成才的建筑师，而柯布西耶的作品则是安藤最初的启蒙和最终的追求。安藤本人也多次在文章中谈及他对柯布西耶建筑的整体观点，在他看来，柯布从一开始就处于从抽象思考引导出的理念，与自身肉体发出的情欲之间，时而迷惑、时而被颠覆的同时，持续创作着建筑。因此才有早期的以萨伏伊别墅为代表的具有明确的逻辑性和透明性的空间，才有后期突然渗入的暧昧性和具象要素的出现，如朗香教堂、拉土雷特修道院。可以说安藤的职业出发点是和他对柯布西耶建筑的认识分不开的，也正因为这一点，安藤在他至今的职业生涯中坚信现代主义，坚决使用代表 20 世纪建筑材料的钢、玻璃、混凝土，并在空间构成上遵守严格几何学的手法。安藤多次在不同的场合强调他的建筑追求，那就是"在谁都可以开启的事物中，创作出谁都做不出的建筑；在单纯的构成之中，实现复杂的空间。"❶

3.4.3.2　伊东丰雄——衍生的抽象秩序

　　我现在想要回到蒙德里安最后所到达的那个自由而抽象的空间去，在那儿有着在帕提农、在罗马、在帕拉第奥的建筑中完全感受不到的新鲜感。因为我觉得从那个动态的流动韵律、音乐的空间中，再次重新试着去思考建筑的问题绝对还为时未晚。

　　　　　——伊东丰雄❷

　　伊东丰雄从业之初加入了新陈代谢派建筑师菊竹清训的事务所，菊竹清训曾经根据物理学家武谷三男的认识论而发展出自己的建筑设计的三个过程理论并将事务所设计人员依此分组，这三个过程（组）分别是①本质——构想与期望；②构想转为技术可行；③实施为具体形态。这个过程也就是一个建筑从概念到设计再到实施的完整过程，而伊东进入的是"本质"组，也就是负责思考概念的设计小组。这种早期的建筑实践中的本质思考经验奠定了伊东此后的设计取向（图 3-41）。

图 3-41　菊竹清训提出的三阶段方法论，即概念、设计和实施三个阶段

　　根据伊东丰雄自己的说法，他把自己的职业生涯分为初期阶段（前仙台时期，1971-1995 年）、仙台时期（1996-2000 年）、后仙台时期（2001 年至今）。在这三个阶段中，抽象性始终是贯穿于其中的一条主线。

（1）前仙台时期——"形态素"的抽象

　　伊东丰雄早期的代表作中野本町的家（1976 年）可谓"篠原学派抽象流"的代表作之一。艾森曼在评论这座建筑时认为："这个建筑提出了一个重要议题，有关抽象性与再现性的讨论。与任何我们目前所看过的其他方案相比，它的确与众不同。"❸建筑平面中，室内空间围绕着 U 字形中庭线形，仿佛流动的风景。伊东把建筑中的形态构成要素称为"形态素"（morpheme）并以此作为设计的出发点，这些"形态素"都是从风景、记忆、艺术中抽象而出的形式元素。中野本町的家的"形态素"包括：曲面——相对开放自由的流动线墙面；直线——主要使用空间采用直线，体现了隐蔽和安静；家具——客厅只有一架钢琴和一把椅子，利于音乐环境中的孩子玩耍；灯具——重在灯光的质量，强调光的质感。对于这些元素的组合，伊东解释道："如雁行般的墙壁与其说是墙壁，倒不如说是为了做出韵律而存在的纯造型。被细长缝隙所切开的天窗与荧光灯则为了确保明亮的这个纯机能的目的分离，而只是作为横断这个区域之光的线形所采用的形式而已。"❶

由于日本的城市发展速度较快，缺乏持久性而转而表现为一种易逝性。伊东丰雄将这种社会意识发展到建筑中，提出"短暂建筑"的概念来展现一种短暂的、易变的、抽象的外观。这类建筑的外观一般表现为稀薄而轻巧、柔软而暧昧。在笠间之家（1981 年）的设计中，伊东将整体形式设计为稀薄化的 T 形平面——翼部的轴线与后方延伸的体量轴线存在一个微妙的轴线错位（图 3-42）。对于这样的处理手法，伊东坦承："藉由这样的尝试让视觉的空间在意识的范围内操作，然后再让它超越视觉。"❷ 这也反映了职业生涯早期的伊东的建筑思考核心：建筑的问题并不是仅仅在于形态，更在于关于建筑形态的意义的探索。

❶ 伊东丰雄著，谢宗哲译，《衍生的秩序》，田园城市，2008，p.24。

❷ 同上，p.60。

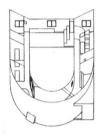

图 3-42 从中野本町之家到笠间之家，伊东丰雄的形态素从单一到多样

（2）仙台时期——"格子空间"的抽象升华

由于在 1971 年开设自己的建筑事务所之初，伊东丰雄感觉到当时的社会并未能给予建筑师一个好的定位，因此常常有着深刻的挫折感，而渐渐地转为背对社会在个人的世界里一味地寻求如何做出所谓的漂亮建筑；然而在 1995 年通过设计竞赛所赢得的仙台媒体中心却成为了伊东职业生涯的里程碑式的转机，历经六年之久的设计与施工过程开启了伊东与社会的对话，并彻底改变了伊东对建筑的想法。

密斯被称为支配 20 世纪建筑之均质格子系统的创始人，1968 年所完成的柏林美术馆可以说是密斯对于"格子"的总结与集大成——浮在基座上的巨大的水平屋顶、四周以玻璃包围的正方形平面成就了对称的十字柱与核心配置，其雄伟庄严的造型可以说是欧几里得几何学的极致象征，是 20 世纪的神殿。然而天生反叛的伊东丰雄却在 2006 年的论文《新的现实——为了恢复现代建筑中的物质力》中写道："就因为密斯的柏林美术馆是个完美的格子系统，更近乎完全纯粹的几何学空间，我就更不想顺从这个几何学的秩序来立出墙壁。我想要将这个作为模型的矩形瓦解、熔融和软化，将它变成犹如摇动着的地形般的地板。我的企图既非要破坏掉密斯的空间，也不是要树立出一个与密斯空间对峙的状态，而只是试着想将

❶ 伊东丰雄著, 谢宗哲译《衍生的秩序》, 田园城市, 2008, p.481.
❷ "衍生的秩序"（generative order）这个词源于量子力学家伯姆（David Bohm）, 伯姆是在美国出生的奥匈地区犹太人, 在 20 世纪80年代提出哲学性的观念——"暗示性的秩序与明示性的秩序"为其主要论述, 爱因斯坦在世时曾说伯姆会是他的继任者。伯姆讲过"在自然与宇宙里的自由变化, 最终也是由衍生的秩序所形成"。
❸ 伊东丰雄著, 谢宗哲译,《衍生的秩序》, 田园城市, 2008, p.482.

它转换成另一个位相（orientation）罢了。"❶

　　伊东的这个连续转换被他自己命名为"衍生式格子"（emerging grid）（来源于伊东提出的"衍生的秩序"这个概念❷）。也就是说伊东在建筑中是将欧几里得的几何学空间转变成使自然界系统得以成立的非线性几何学空间, 因为伊东认为在由均质格子所构成的建筑与城市中, 他感受到了人类正在逐渐丧失的感觉力和生命力——"现在的城市几乎都被均质的格子所倾覆, 那是和自然完全没有任何关联的完全的人工环境。无数的人们在这样的空间中工作, 被经济和信息所支配, 无从面对'物质'的生活, 人们在均质而抽象的格子内部, 全天候地被金钱游戏所纠缠。"❸

　　仙台媒体中心中所展现的伊东丰雄的野心便是试图在抽象而无机质的空间里展示出物质的力量: 为了呈现出有机形状的"管", 伊东采用了极薄而平坦、强调出抽象性的"板"而显示出强烈的对比性, 就如森林中的树与树之间所假设的横跨的人工地板的感觉（图 3-43）。另一方面, 仙台媒体中心这个以悠游的水藻撑起楼板的概念所发展出来的设计成就了新型的多米诺系统, 有别于柯布西耶的第一代多米诺, 仙台媒体中心的多米诺在于支撑柱有了新的演化与发展, 而成为钢材所塑造的有机螺旋管状空间, 内部完全没有任何空间的分割, 最大的意义在于瓦解了现代主义建筑中倾向以功能作为建筑空间出发点的局限。因此内部空间打破了所谓层的限制, 通过家具的配置来诱发空间的活动与空间的流动性; 而作为外界界面的建筑表皮则采用视觉通透的玻璃, 让内部与外部的空间相互渗透, 成为一个容纳城市活动的场域。仙台媒体中心的独到之处在于伊东长久以来希望达到的对现代主义的均质空间的突破, 即在水平要素（楼地板）中设置十三根有机元素的管, 可以说这种静态的抽象元素（楼地板）与动态具象造型（以树林为喻的管柱）并置的手法, 为建筑领域开启了新的时代。

　　（3）后仙台时期——"物质性"抽象空间

　　在仙台媒体中心后, 伊东丰雄所设计的大多数建筑, 都是那种不利于工业生产的手工艺品般的作品——复杂而连续性的三度曲面模板、曲线式配筋、不定形切割玻璃……伊东这样阐述他的最新设计动力:"之所以投入庞大能量来实

图 3-43　仙台媒体中心是"格子空间"的升华作品, 也是一个新"多米诺结构"的诞生

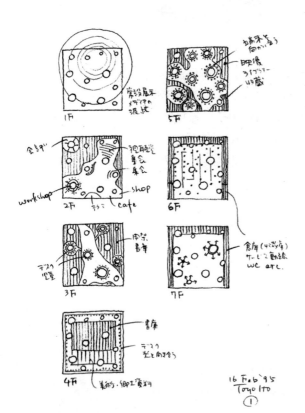

现如此困难并需要高精确度的建筑，是因为我想透过这样的创作活动来达成'物质所带有的力量'与'新的现实'这两个目标……我想让建筑更有表情，那并非'少就是多'的抽象，而是想表现出更不均质而不安定的时代的全新抽象。"❶

❶ 伊东丰雄著，谢宗哲译，《衍生的秩序》，田园城市，2008，p.467。

2002 年开始，伊东丰雄频繁与著名结构设计师塞西尔·巴尔蒙德合作，巴尔蒙德以一系列的抽象数学模型为原型，从设计演算法（Algorithm）着手使伊东在建筑造型上的表现得以获得进一步的自由和释放——伦敦的蛇形画廊（2002 年）透过一个矩形不断旋转的动作而长出一个相当复杂的造型，彻底瓦解了原本建筑中既存的柱、梁、板的构成关系，而成为一个抽象的、模糊了室内外空间的、反复流动着的建筑。位于东京的 TOD'S 大楼则是另一个向度上的试验——以有机的榉木造型与溶蚀的孔洞作为立面图像的同时，让建筑的表皮化为建筑主要结构系统本身，从而让内部空间得以完全释放。相对于多摩美术大学图书馆中进行的非均质格子系统的尝试，台湾地区台中歌剧院则以弹性格点构架系统（Flexible Grid System）实现了仿如洞窟般的空间（图 3-44）。

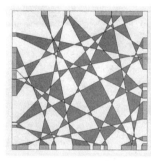 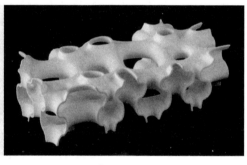

图 3-44 从伦敦蛇形画廊到台中歌剧院，对空间的"瓦解"从直线到流线

在最近的伊东丰雄本人绘制的以"境界"为关键字所整理出来的图中，我们可以发现：在基于内与外的关系上，"建筑的另类抽象化"成为伊东的最新主题。而这其中大致又分为两类：一种是以基地境界的某个边缘（border）来加以"切割"，另一种则是沿着同样的境界条件，以具有诱发全体性之潜力要素来"覆盖"或"包裹"，并在建筑的表皮上形成一个构造的网络。这些新变化也许正是伊东丰雄的"抽象流"的最新走向。

从伊东丰雄 40 多年来的建筑创作可以清晰地觉察到伊东建筑演化的轨迹：从早期的"篠原流"转化为追求轻构建筑中所可能存在的新式"流动性"，然后再从仙台媒体中心透过内外界限的瓦解出发来创造出所谓的"模糊建筑"（Blurring Architecture），继而衍生出一种新的空间秩序，成就为一种建筑上的全新现实。这就是伊东在新世纪在建筑上所追求的新的"物质性"和"抽象性"——让建筑本身得以具备直接诉诸人类感官的倾诉力。

3.4.4　70 后新生代：藤本壮介和石上纯也

❶ 微波普艺术（Micro-pop）一词由日本策展人松井绿最早提出，强调 1960 年代后出生的日本艺术家以个人主义的观察与想象，描绘身边周遭人事物的感受，是一种诠释小我、小爱的艺术形式，代表人物有摄影家川内伦子、艺术家奈良美智等。
　　超扁平艺术（superflat）是由日本艺术家村上隆提出的批判二战后日本模仿外来文化的一种后现代艺术形式。总体形式是艺术和娱乐的有机结合，表面是夸张可爱的漫画和游戏形象，内里藏着忧郁，同时还嘲讽肤浅的大众文化扁平缺乏深度。

相对于 1990 年代以前的日本建筑界，以在"没有出口的现实世界"中的"逃脱的尝试"作为基调，21 世纪可以说是从"虚"或"不可能性"中寻找新的创意。1990 年代以来，日本整个艺术发展的特征可以用"微波普"和"超扁平"来概括❶，这既是对整个社会现状的反映，也是对包括建筑在内的诸多艺术的概括。日本建筑界后现代主义的流行趋势逐渐减弱，开始重新回归现代主义——通过简单的形式构成明快且复杂的空间的手法被逐渐认同，既不是严格的功能主义，也不是彻底的虚构主义，而是通过柔和的、可变化的形式决定建筑的走势。这一代建筑师的代表人物包括藤本壮介、平田晃久、石上纯也、乾久美子、五十岚淳等。

如同以往的任何时代，作为新生代的 70 后建筑师正在开拓与上一代迥然不同的道路。70 后新生代建筑师大多有着明确的理论基础和建筑价值取向，以平田晃久提出的现代主义建筑对比图式（图 3-45）为例，平田在他的设计中常常使用"天空"、"种子"和"褶皱"这三个关键词，将自己的建筑追求和现代主义建筑的差异直接地明确出来。在笔者看来，在日本新一代建筑师的这条创新的道路上，"抽象性"和"抽象化"仍是他们常用的主题，并且这种抽象性得到了进一步演化。

Relation/Unrelation	Unrelated relation
将活动和空间的关系精致化的功能主义 / 密斯的通用空间	由无关生成的开放联系
A, B, C…	A, A′, A″ …
对主空间进行差异化所产生的对比秩序	相似的部分重复而产生整体秩序
Homogeneous Space	Spontaneous Principle
均质空间	从内而外的生成原理
Floor	Spatial Topography
平面由楼板构成	分阶段的空间地形、折板围合的构成
Visual	Imaginative
视觉上能够一览无余的空间	通过想象力构想整体的空间

图 3-45　平田晃久提出的"现代建筑对比图式"

3.4.4.1　藤本壮介——"之间"的新几何学建筑

针对勒·柯布西耶的近代的"构成的抽象"，有一种"作为关系的抽象"元素，它是与人类生活相互关联的抽象。

——藤本壮介❷

❷ 藤本壮介著，谢宗哲译，《建筑诞生的时候》，田园城市，2012，p.162。

作为日本 70 后建筑师的急先锋代表的藤本壮介曾以抽象的音乐乐谱来作为研究 21 世纪建筑的开端，"在五线谱音符系统里，旋律符号置于像格栅的五线谱上，旋律线指示出'同质的时间'，这个手段类似于现代建筑：元素的排列是基于笛卡儿坐标系统的'同质空间'。因此，没有任何写入的五线谱必定就是密斯的建筑，密斯宣称建筑就是五线谱本身，而不在于记在那些五线谱上的音调里，他能够预见建筑学的根基。拿掉五线谱，只画上记录声音漂浮的音符，这样会混乱吗？并非如此，无数的音符在巨大的互相联系的网中彼此交织，这里存在着一种由局部的联系产生的动态的温和的秩序。这个由音符显示的秩序就是 21 世纪建筑的秩序。"❶

❶ Elcroquis 151, Sou Fuji-moto, 2010, p.9.

在藤本的建筑想象和描述中，还有自然、森林："如果能在自然中自然而然生成建筑就好了……在森林中有个家，在家中有个森林。"❷ 在这些意向性的语言中，我们看到以藤本为代表的新生代建筑师拒绝和否定当代建筑的独立性，而转而寻求一种与艺术和自然的关联。借由这种关联性而形成整体性的建筑形态：由单元到集合的整体、由自然联想展开的建筑、由艺术转换形成的空间意向等等，这些都成为阅读新生代建筑师在"自然—建筑"关系之中的位置的关键词。如藤本在"东京公寓"、"宅前宅"中，将住宅、街道、森林等设计要素抽象出来，形成一种"未分化的状态 = 被区分前的状态"。要素的抽象导致居住场所的片段化、抽象化，从而使空间和场所都呈现出一种积极的意义，并在整体的"暧昧性"中达成了城市、场所、居住的总体整合。以藤本壮介、石上纯也为代表的新生代的建筑师的作品整体上流露出一种日本特有的流传于最新的网络语言中的"萌"文化的特征：轻巧、可爱、年轻化、时尚化。

❷ 转引自平尾和洋，邹晓霞译《预示未来的图式》，《世界建筑》2011/1，p.20。

近年来，藤本壮介一直在思考"之间"的建筑。所谓"之间"这个词可以说是指那些并没有成形的东西，"之间"状态总是透明的，即使那些构成两极的东西是实的。"之间"可以包括：在自然和建筑之间 / 在内和外之间 / 在城市和房子之间 / 在家具和建筑之间 / 在物和眼之间 / 在此与彼之间 / 在大地和天空之间 / 在这一页和下一页之间 / 在洞和巢之间 / 在空和稠密之间 / 在空间和光之间……"如果这样的话，我们为什么不能说终极建筑在某种意义上可以被认为是'之间'的建筑？建筑学无休止地困扰于笨拙的无可避免的形式主义、不透明性和限制。但是，让我们想象这样一种建筑：'之间'的所有东西无重力地发生，那些最精华的，而剩余的粗糙的沉积物则沉没无闻。我们可以想象'之间'的建筑是完全由那些'之间'的状态构成的场所，这是梦的建筑。"❸ 藤本的这种"之间的建筑"主要涉及以下几个主题：

❸Elcroquis 151, Sou Fuji-moto, 2010, p.10.

（1）内—外

内和外是建筑学永恒的主题。当内与外进行反转或积聚时，就产生了具有更多潜力的建筑。日本艺术家赤濑川原平在他的"罐装的宇宙"这一作品中提出了最非同寻常的内外反转的概念：把通常贴在外面的标签贴到了内表面。这一作品给藤本很大的启发，他认为"整个宇宙，包括我们，就被容纳在那个反转的罐子里。"❹ 因此所谓理想的建筑对于藤本而言，就是做出内部与外部之间的那种暧昧而丰富的场所。建于 2008 年的 N 住宅就是一个典型的以"嵌套"的手法达成内外反置的建筑，通过三个逐渐

❹ Elcroquis 151, Sou Fuji-moto, 2010, p.10.

缩小的框，形成了自然（城市）和居住之间的层层递进，同时由于三个框本身并不是完全封闭的，又造成城市与居住功能之间的层层融合，内中有外，外中含内。

（2）住宅—城市

建筑和城市并不是完全不同的东西，而是同一个现象的不同的显现。一座城市并不是建筑的集合，而它本身就是一个大而复杂的建筑。在藤本的建筑中，建筑不是城市的一部分，而是城市里的一个小宇宙。同时部分并不是整体的一个成分，整体也不是部分的总和，部分和整体持续不断地交互作用，有时，组件与整体竞争并吞没整体。安藤忠雄也有过"住宅＝世界＝宇宙"、"建筑的原点：住宅"这样的描述，但是和安藤的节制与"坐井观天"式的住宅庭院空间处理有别，藤本在处理住宅形体和空间时，往往提取住宅的原型，并缩小原型的尺度，然后设计似乎应该是城市尺度的漫游路径，造成一种"小宇宙"般的错觉并带给身体一种有趣的新的体验，宅前宅（2008年）和东京公寓（2010年）都是这种思路的代表作品（图3-46）。

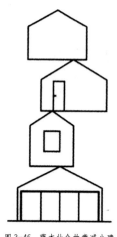

图 3-46　藤本壮介故意减小建筑的尺度来达成原始性特征

（3）成形—互动

藤本壮介认为，现代建筑由两种物质构成：成形（formulation）和互动（interactivity）。"成形"字面上是指一个结构或场所如何被建构，经常是指结构的和空间的，同时也是概念的、几何的和哲学的。另一方面，建筑的互动意味着人们如何与作为与上述的建构的结果的场所相联系；它显示人们如何以某种方式理解空间并与之互动，这些方式可以从功能得到最奇特的用途。成形和互动看起来似乎是互不兼容的。然而，这两个元素的互相作用可以产生有活力的建筑，因为一种新的建筑概念不仅仅是一种新的成形的表示，也非单指互动。如果有一个新的构成形态的空间，但人们还是继续用往常的方式与之互动，那是不够的。反之亦然，如果一个有着新的互动可能性的空间但其构成形态仍然是传统的，那也是不足取的。新的构成形态产生新的互动行为，进而，新的互动应该将新的现实投射进新的构成形态中。当成形和互动的新样式能够紧密地互相关联达到不可分割时，我们可以认为这就是真正意义上的新建筑。

近年来藤本的建筑表达中越来越多的抽象图解正是这种"成形—互动"的结果。藤本的建筑图解融合了古典与现代、过去与现在，这些抽象图解中一些是总结性的，一些是思考性的，更多的则是过程性的。同时在藤本的笔下，这些图解往往和历史中的一些空间片段联系在一起，也就是说在藤本的追求中，他所设计的建筑不但要在和自身的互动中成形，还要在历史的维度上和过去、和传统互动、成形。这一点正是藤本的个性之处，也可谓是彰显他的"野心"的一个标志（图3-47）。

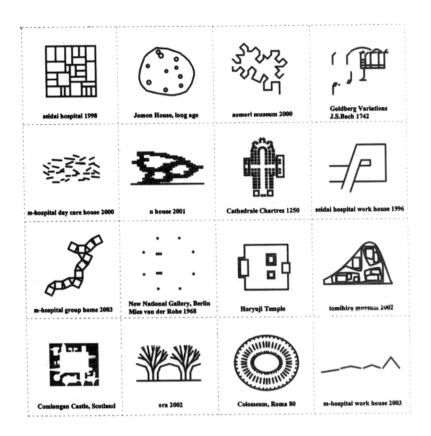

图 3-47　藤本的建筑图解融合了古典与现代、过去与现在

3.4.4.2　石上纯也——抽象性和具体性的微妙平衡

　　我个人的想法是要以自然为目标，而自然是和抽象性有关系的。抽象与具象如何混合，有效果的东西和乱成一团的东西又该如何混合？我对于这些关系性所创造出的崭新的平衡关系非常有兴趣。

　　——石上纯也❶

　　石上纯也，日本新生代建筑师的另一位代表性人物。石上 2000 年硕士毕业设计题为"黑色"，这个研究性的设计涉及了两个方面的建筑基本问题——"真正明亮可视的东西是什么？建筑中的光线可以量化吗？如何通过空间结构的设计来改变空间质量？"❷其实这些抽象的关于光、结构和空间的问题以及相关的研究思考构成了石上随后的建筑作品本身并一直萦绕至今。

　　（1）要素的抽象

　　神奈川工科大学 KAIT 工房中的柱子多达 305 根，这样的柱子犹如装置一样，有了超越"柱子"这一概念的可能。也就是说，与其说是支撑建筑物的结构，还不如说只是拿来作为分割空间之用的隔间系统。相反地，柱子一旦太少的话，那么让柱子如此分散存在的理由就会变得很难理解，

❶ 西泽立卫编著，谢宗哲译，《西泽立卫对谈集》，田园城市，2010，p.185。

❷ 五十岚太郎编，周贵荣译，《日本著名建筑师的毕业设计作品访谈 2》，中国建筑工业出版社，2008，p.150。

柱子对于空间的影响也会消失无踪。石上本人在解释这个建筑时这样描述："柱子是作为创作空间的要素而存在？还是作为支撑屋顶的构件？我想达成的目标其实就是并不属于这两者任何一方，而是接近两者之间界限的位置。当被问到这些柱子究竟是为了什么而存在的时候，我认为答案若只有'为了创造出空间'并不好。最后在结构上与空间上取得平衡引导出来的答案，则多达 305 根柱子。"❶ 因此可以说这座柱子构成的抽象的自然——"森林"融入了现代建筑空间的基本元素和结构概念，但是又通过一种全新的"密度"设计诠释了空间，最终在自然和建筑之间自然而然产生了抽象性的平衡。石上在这个建筑中创造的与其说是极简空间，不如说是相当于几乎什么东西都藏不住，全体要素都等价并存的抽象空间（图 3-48）。

❶ 西泽立卫编著，谢宗哲译，《西泽立卫对谈集》，田园城市，2010，p.178。

图 3-48　神奈川工科大学 KAIT 工房中的柱以及整体效果

　　2008 年完成的威尼斯建筑双年展日本馆"玻璃温室"（合作者五十岚太郎）则是石上纯也对光的"自然—抽象"的进一步探索和表达。石上本人在回顾日本馆的设计过程时说："在设计 KAIT 工房的最初阶段，我认为或许将室内的光线维持在一种均质的状态来让空间的抽象度得以提升会比较好，那是因为我担心当光与影落到空间里来，那么空间很可能会因为产生立体感而看起来非常造型化。然而在进行各种探讨的过程里，开始觉得让细腻的光影散落下来的状态反而似乎有着将各种东西进行细腻的解体般的感觉，而让我觉得或许这反而很适合日本馆这个空间，而抽象度在感觉上也有所提升，这对我个人来说算是一大发现。"❷ 基于对这个抽象度的追求，最终的建筑成为一个花草树木创造出的细腻空间——光与柱子的"线"被分解，各种物体产生的光影纠结在一起，这个总体复杂的状态带来的抽象度却是自然界常见的现象。

❷ 西泽立卫编著，谢宗哲译，《西泽立卫对谈集》，田园城市，2010，p.180。

　　（2）尺度的抽象

　　2011 年，石上纯也以"建筑的新尺度"为题举办了一个小型的作品回顾展，在这个展览中，石上将他的建筑作品和自然现象、科学原理等并置在一起，表达了一种对当代建筑的抽象性的终极追求。"粒子和原子的世界，昆虫和动物的世界，人类的世界，整个地球和外太空，它们组成了一系列更加宽旷的世界，彼此相邻又略有不同。"❶ 这个展览由五组对应的"自然—建筑"组成：云——14 千米高建筑；森林计划——KAIT；地平线——叠加的地面和屋顶；天空——"天梯"建筑；雨——威尼斯双年展日本馆。从这些对应的概念关系中，我们也可以看出石上的抽象是建立在对自然的隐喻基础之上的（图 3-49）。

❶ 石上纯也，Another Scale of Architecture，Seigensha，2011, p.3.

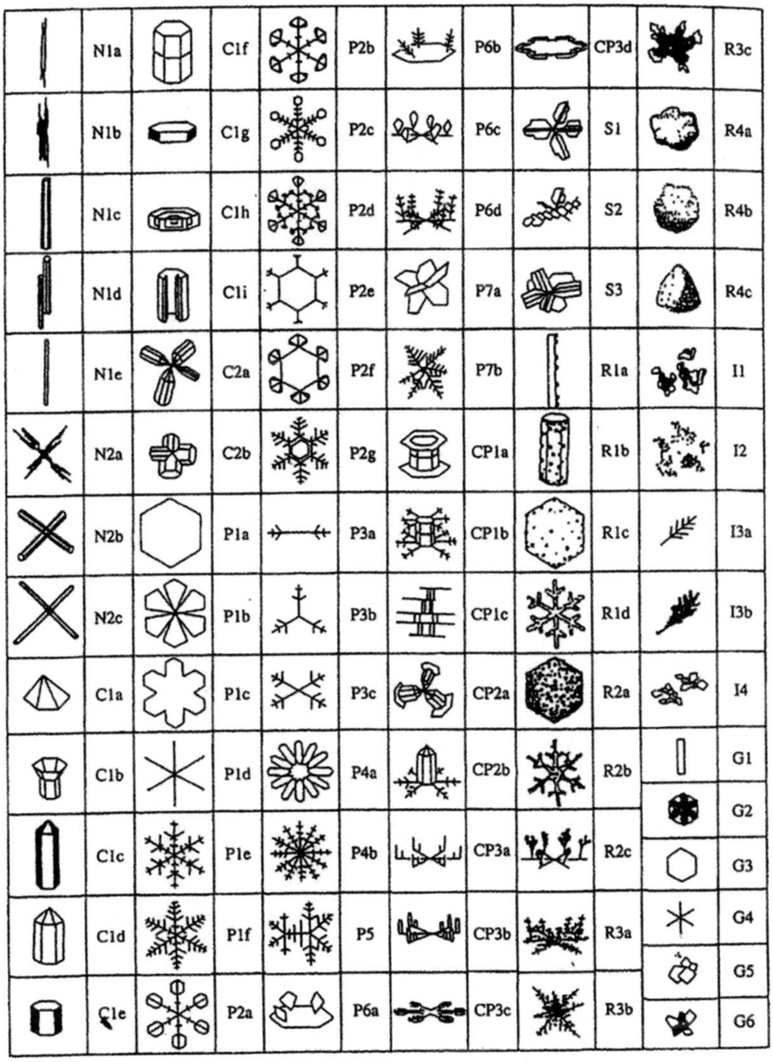

图 3-49　石上纯也在"建筑的新尺度"展览中引用的自然元素

　　自然的尺度可以说是"无垠"的，那么石上为了达成他的建筑中的这种自然化转换，就必然在尺度的概念上提出一种新的挑战。这种尺度的抽象主要体现为一种"放大—缩小"的矛盾体，从技术的角度分析，神奈川工科大学 KAIT 工房中的柱子远远不需要 305 根之多，但是石上在此放大了柱子的数量，同时缩小了柱子的截面面积，这一正一反的尺度变化导致了最终丛林般的室内效果，也使交流空间产生了一种介于自然与建筑、真实与虚幻之间的复杂感受。再以石上设计的展览作品"桌子—桌景"（2005 年）为例，这是一个像日本传统纸艺作品一样的巨大而又纤薄、柔软的桌子（长宽高各为 9.5 米、2.6 米、1.1 米，厚度仅为 3 毫米），事实上已经超越了正常桌子的尺度。石上将它自然地放在一个庞大的博物馆空间中，桌子上散落地摆放着蔬菜、水果、植物等日常物品，桌面甚至可以带来湖面的感觉——柔性的表面会随着摆放的物品而产生起伏和弯曲。这个以"桌子"命名的物体也许什么都不是，但它却实实在在地以一种与现实尺度、现实感受相矛盾的并存方式扩展了感知空间、感知自然的可能性。

在设计方法上，石上纯也认为大多数情况下建筑都没办法直接从实际尺度去入手，建筑师只能借助平立剖来把握全局，这个思考过程的本身就离不开抽象。在题为《建筑之路》的对谈中，石上与西泽立卫就"建筑的抽象性和现实性"这一问题发表了各自的看法，西泽认为："抽象和现实的关系不仅关系到建筑的存在方式，也是建筑师想象力的源泉。"❶石上则从建筑设计的过程阐述了设计方法中的抽象性问题，石上认为："做模型的时候是俯瞰建筑，把构件抽象化；而用 3D 软件做设计和用平立剖思考的不同之处则在于更接近实物的感受，用 3D 一下子就能立体显示，这其实是和现实直接发生了关联，也是一种抽象概念。"❷

总体来看，正如解构主义建筑师用复杂的形体进行表现，与此相对，石上则将复杂性引入微观局部，在微观世界中融入美学，这正是日本的现象美学——表象的抽象性和支撑它的复杂性，两者对立使作为现象的空间产生些许摇摆不定。如果说沃林格在《抽象与移情》中描述的西方的抽象是产生于自然的复杂性而使人类产生不安最终将自身置于自然的对立面不同，在日本的抽象观中现实生活的复杂性是作为自然现象的一部分被包容了的。石上曾经评价西泽立卫的建筑说："森山邸有模型一样的与现实分离的抽象性，而住宅 A 介于抽象模型和现实之间，空间在摇摆的关系中产生，我觉得这是在抽象性和具体性之间的微妙平衡。"❸（图 3-50）是的，抽象性和具体性之间的微妙平衡，这就是以石上纯也为代表的年轻一代建筑师的整体追求。

❶ 日本株式会社新建筑社编译，《日本新建筑》第 2 期《日本青年建筑师》，大连理工大学出版社，2010，p.31。

❷ 同上。

❸ 日本株式会社新建筑社编译，《日本新建筑》第 2 期《日本青年建筑师》，大连理工大学出版社，2010，p.30。

图 3-50　森山邸（左）和 A 住宅（右）展现了不同的抽象取向

3.5 本章小结

　　和前章以建筑现象和建筑类型为研究对象有别，本章以建筑师为研究对象，从各具个性的建筑师的设计方法的视角来研究不同建筑师在设计过程中对抽象性的理解和运用。本章研究的建筑师既有作为现代建筑奠基人之一的密斯·凡·德·罗，还有新一代建筑师的代表人物彼得·艾森曼和丹尼尔·里伯斯金。由于抽象是日本文化的特征之一，本章研究了日本建筑师的抽象，研究涉及以篠原一男、黑川纪章、安藤忠雄、妹岛和世和藤本壮介等为代表的五代日本建筑师。

　　密斯·凡·德·罗追求并达成的是一种关于建筑整体状态的极致化抽象，或者说是一种"减法"式的抽象。一方面追求形式的单一性（方或长方），另一方面追求建造的单一性——去除"杂念"的形式和体现现代空间意识的内在性理性结构，两者共同构成了他所追求的极致空间。总体上密斯希望人类在这种类似于"无"的状态空间中体验到具有现代精神的虚无和自由。

　　彼得·艾森曼致力于一种关于建筑意义的探寻过程中的抽象，可以概括为一种建立在现代建筑认识基础上的抽象操作过程。他对建筑的关注集中在形态与形式这两点上，并且认为现代建筑是一种可以操作的抽象形式，同时艾森曼引入现代数学、科学概念对建筑形式作出一系列的抽象操作，并最终在"图解"这一工具中获得了升华。

　　丹尼尔·里伯斯金在其理论阶段更多地以"事物"、"物体"的态度对待建筑，他想探究的是"作为事物的建筑"的结构性本质。里伯斯金从胡塞尔哲学中获得灵感，"抽象"正是他对事物的探索方法，这个方法从抽象对象的确立到抽象步骤的设定都严谨有序。里伯斯金在中后期的建筑实践中设计的大量建筑作品则常常以几何学（包括欧几里得几何以及非欧几里得几何）的抽象概念作为空间构成的原型。

　　东方文化是一种中庸之道的文化，日本建筑师的抽象是一种折中的抽象。

　　本章分析了八位日本现当代建筑师的抽象思想及其抽象手法，期望从中找到一条日本建筑师的抽象"主线"和这条"主线"之下不同暗流的具体流向。如同黑川纪章的"共生"、矶崎新的"手法主义"可以视为现代主义的日本载体一样，日本既有安藤忠雄这样的忠实的以东方思想为设计基点的现代主义拥趸，又不乏以石上纯也为代表的"超平一代"的建筑师。纵观日本建筑师，正如台湾交通大学建筑系曾成德教授在五十岚太郎《关于现代建筑的16章》一书（中文版）的序言中所言，当代建筑已经陷入了一个"标签云"的迷雾之中，❶从黑川纪章的"共生"到伊东丰雄的"短

❶ 参见五十岚太郎著，谢宗哲译，《关于现代建筑的16章》，田园城市，2010，p.12。

暂建筑"，从妹岛和世的"平面图建筑"到藤本状介的"弱建筑"……但是无论是形式的抽象、元素的抽象还是空间的抽象，他们的作品中永远散发出东方文化特有的敏感性、内涵性和自然性。

篠原一男是一个在过去的研究中被相对轻视的建筑师，但他几乎可以视为日本现代建筑"抽象流"的第一"发动机"和"动力源"。伊东丰雄是一个值得重视的日本建筑师，近十多年来他一直处于一种"转型"的过程中，他的作品既包含了对蒙德里安的理解，也有对篠原一男的继承，更有最近的"衍生的秩序"和"物质性的抽象"，伊东一直在现代主义建筑的道路上否定自我和突破自我，这条道路也是"抽象"这一武器在新的时代面临的突破之路。

第四章

抽象介入的建筑教学

❶ 转引自贾贝思著，《型和现代主义》，中国建筑工业出版社，2003，p.100。

现代建筑教育的目的是什么？

在此我引用并赞同柯林·罗在 1960 年代提出的现代建筑教育的三个目的：❶

1. 鼓励学生坚信建筑和现代建筑；

2. 鼓励学生质疑建筑和现代建筑；

3. 由此让学生以热情和智慧去操作自己信念和怀疑中的主观和客观内容。

有关现代建筑与抽象的探索，是随着对现代建筑的探索展开的，这个探索的过程也是随着现代建筑教育的发展而展开的。一方面第一代现代建筑师往往身兼艺术家、建筑师、建筑教育家等多重身份，对于这些现代建筑的开拓者而言，现代建筑和现代建筑教育的发展是一个某种程度上并行的概念；另一方面，抽象作为现代建筑教育的一个长久的核心内容，现代建筑教学实践中的"抽象介入"在一定程度上对现代建筑的设计实践也具有实验和先行的意义。

本章围绕"抽象介入"的教学实践展开。首先在对现代建筑教育（体系）综述的基础上，从现代建筑教育的历史发展中寻求"抽象"在其中的脉络与发展，继而对国内外常见的有关"抽象介入"的建筑教学理论、思路和实践加以梳理和研究；最后结合笔者以"抽象"为介入手段的研究性建筑教学实践，期望对"抽象介入"在当代建筑教育中的一些特征和要点做一定的探索和思考。

4.1　现代建筑教育综述

对建筑教育的思考与讨论是建筑学的中心话题之一，这种思考与讨论在进入 21 世纪以来有着愈演愈烈的趋势，这种趋势是与时代背景紧密相连的：当今世界变化剧烈，从城市和建筑的角度来看，无论是类型还是尺度，都有着被称为"人类新环境"的特征——人口剧增，资源枯竭，同时技术得到空前的革新，经济得到蓬勃的发展……

本书无意对现代教育做过于宏大和过于深入的研究，仅仅试图从"抽象介入与现代建筑教学"这个出发点来展开论述和研究，而这个研究实际上是和 20 世纪以来的现代教育体系联系在一起的。

4.1.1　现代建筑教育的体系构成及其演变

❷ 本表格参考了邵郁、邹广天，《国外建筑设计创新教育及其启示》，《建筑学报》10/2008，p.66，在其基础上结合笔者研究有修改和调整。

笔者在参考、研究了相关资料的基础上以表格的方式整理出现代建筑教育的主要体系（表 4-1）❷。这个表格也呈现出现代建筑教育体系的几个特点：

现代建筑主要教育体系的构成及特征　　表4-1

教学体系（时间）	专业贡献	美学基础	思潮背景/代表院校	教学特点
巴黎美术学院（1819-1920s）	既是新古典主义的开端，也是现代建筑学专业的开始，理性、科学和人文追求	秩序、光影、比列、构图等，"如画"的古典唯美主义美学追求	新古典主义	以传统美术与绘画构成古典唯美主义教育，兼有理论争鸣，形成规范化教学体系
美国新学院派（1860s-1930s）	加入公共课和人文教育课程，现代建筑师职业教育的开端	在古典唯美主义美学追求的基础之上更具实用乃至"功利"的挪用主义美学	折衷主义　宾夕法尼亚大学　伊利诺伊大学	以巴艺体系为蓝本，补充人文课程，鼓励创新，与社会发展紧密结合
德国包豪斯（1920s-1930s）	挑战学院派的统治地位，将建筑学科视为现代艺术设计的一部分	与现代艺术紧密相关，形式语言成为重要的美学基础	现代主义	以社会服务作为教学的核心，形成基础课程与工作室制度结合的教学体系
美国新包豪斯（1930s-1960s）	在建筑学科中建立出理论体系和思想体系	现代形式与空间语言	国际主义（式）　俄勒冈大学　哈佛大学	与美国高速发展的社会需求相适应，成熟的职业教育体系
多元化建筑教育（1960s 至今）	既具有跨学科的专业视野，又强调对建筑学本体的深层研究	开放式美学基础，既有现代艺术观念的渗透，又有对于建筑的技术层次的操作	多元化　美国库珀联盟　瑞士 ETH　英国 AA	注重开放性与个性教育，结合学院派与包豪斯体系的优点，具有高等教育的前瞻性与学术性

1. 巴艺体系、包豪斯思想的主导地位及其本土化倾向

纵向地来看，当前世界各国建筑体系的根源，几乎都与巴艺和包豪斯这两大体系有着千丝万缕的联系。"巴艺形成了唯美主义的美学观，强调艺术至上；包豪斯倡导现代美学观，强调技术至上。"❶横向地来对比，巴艺模式和包豪斯教学体系在传入各国后，又各自经历了一个本土化的"变异"过程，这种变异的过程是和各国各地的文化和社会背景紧密相关的，如在美国这样缺少传统文化制约的国度，建筑教育在继承了巴艺和包豪斯两大体系之后，迅速被高速发展的社会所消化并被赋予时代精神，继而在世界建筑版图中迅速占据重要的角色。

2. 从实践性走向学术性

在建筑教育理论家布罗德本特（Geofrey Broadbent）看来，建筑教育自古希腊和古罗马时代就分为理论和实践两个方面，"理论，包括维特鲁威的比例问题；实践，即建筑技术方面的职业训练。在许多地方和不同历史时期，理论教育和实践训练齐头并进。"❷客观地看，建筑教育来源于建筑实践的需求，但又可以超越建筑实践的现实限制展开自由的探索与研究。因此笔者认为，事实上在建筑教育的实践性与学术性之间存在着一个

❶ 邵郁、邹广天，《国外建筑设计创新教育及其启示》，《建筑学报》10/2008，p.66。

❷ 转引自贾贝思著，《型和现代主义》，中国建筑工业出版社，2003，p.83。

螺旋形进化的过程,即建筑实践的"麻木"、"妥协"与建筑学术的"前瞻"、"理想"之间的斗争不断升级,此起彼伏,最终无论是建筑实践,还是建筑教育都从中获得养分,得到发展。但总的趋势是一个从实践性走向学术性的良性发展过程。

3. 艺术性与技术性的结合

关于建筑学科的"技术性"与"艺术性"之争也延续到建筑教育领域,与此相对应,现代建筑教育也在某种程度上可以划分为"实践派"与"学术派"两种基本思路。1960 年代以来,以"德州骑警"、库珀联盟与伦敦建筑联盟学院(AA)为代表的一些建筑院校采取开放式的教育模式,一方面从主观上回避了这种争论,另一方面又在对建筑客体的研究与关注中解放了思想,从而发展了建筑教育。这种教学思路也可以视为当代建筑教育多元化的直接体现,或者说,与其处于无休无止的争论之中,还不如务实地将建筑实践与建筑学术真正地结合在一起,实现建筑实践与建筑教育的共同发展。

4.1.2　中国建筑教育的历史沿革及其核心

对于中国建筑教育,尤其是中国建筑教育史研究在一定程度上是落后于建筑学研究的。一般认为中国的建筑教育体系主要源自巴艺体系(1940 年代初至 1952 年间出现过巴艺的古典主义教育与包豪斯的现代主义教育并存的状态),并经历了一个从移植到本土化再到抵抗的这个过程。[1] 基于这个认识,中国的建筑教育目前面临的核心主要有:

1. 建筑教育在传统学院派与现代派之间徘徊的现状

长期以来,国内的建筑教育往往将学院主义与现代主义混合进行并在整体上倾向于学院派教育,而未能明确现代主义的历史地位,或者说,国内的现代主义建筑教育从某种程度上看在总体上是存在一定的缺失和不足的。事实上,近 20 年来的教学实践已经表明,中国建筑教育的现代派至少应该在以下五个方面对传统学院派有所超越:[2] ①设计模式中的创新精神;②对形式源泉的探究来抵制一味的功能主义;③形式与技术的结合来强调技术转移;④建筑问题与社会问题的结合来实现社会责任;⑤建筑师对思想方法的追求来实现建筑教学与创作的理性主义。[3]

2. 关于教学中设计与研究的关系问题

2007 年荷兰建筑学家亚历山大·佐尼斯(Alexnder Tzonis)在《重塑建筑教育》一文中提出了当代建筑教育的三个核心问题:[4] ①关于科研与教学之间的关系问题;②关于知识的构架问题;③关于经验的必要性,而不是纯粹的知识。如果对照中国建筑教育的沿革及其现状,可以发现这三个核心问题直接指向国内目前建筑教学的首要问题,即在教学中如何将设计与研究相结合。

[1] 参见顾大庆,《中国的"布杂"建筑教育之历史沿革——移植、本土化和抵抗》,《建筑师》2/2007,p.5-15。

[2] 参见缪朴,《什么是同济精神?——论重新引进现代主义建筑教育》,《时代建筑》6/2004,p.39-40。

[3] 缪朴在《什么是同济精神?——论重新引进现代主义建筑教育》一文中将我国 1950 年代至今的建筑教育归纳为学院派、现代派与实践派这三种流派,并认为实践派主要关注于建筑中房屋设计的一面以及解决实际问题的能力,因此是三个流派中相对学术性最弱的。笔者在此沿用这个观点,主要讨论学院派与现代派在教育取向上的异同。

[4] 亚历山大·佐尼斯,包志禹译,《重塑建筑教育》,《建筑学报》2/2008,p.5。

这三个核心问题一方面再次强调了在建筑教育灌输研究结合设计进行的必要性，另一方面这些核心问题如果和中国的建筑教育体系联系在一起，就愈加凸显出重新引进现代主义教育的必要性，而在重新引进或者重新认识现代主义教育的过程中，对于现代主义建筑的重新认识与理性的教学方法同样重要；对设计概念的学习与对建造技术的学习同样重要；对起源于欧洲（巴艺）的形式主义和建构训练与完善于美国（后包豪斯）的空间概念与现代艺术练习同样重要。❶ 而"抽象介入"作为两者的共同特征，一定有其存在与发扬的必然性。

4.2 "抽象介入"在现代建筑教育中的发展与演变

对于建筑的抽象性的认识、研究和实践是随着 20 世纪 20 年代早期现代建筑教育的发展而展开的。如果从正式成立于 1819 年的第一所建筑学院——巴黎高等艺术学院算起，回顾近 200 年来的现代建筑教育历史，可以清晰地看到"抽象介入"经历了一个概念引入到空间操作再到综合介入的发展过程：

1. 概念引入：现代建筑教育的启蒙阶段；
2. 空间操作：现代建筑教育的发展阶段；
3. 综合介入：现代建筑教育的反思阶段。

4.2.1 现代建筑教育的启蒙阶段——从形式训练到空间训练

在现代建筑教育的初始阶段，"抽象"经历了一个由工具性抽象向观念性抽象的转变过程，与之相对应的是现代建筑教学的核心由形式训练向空间训练的转变过程。

4.2.1.1 巴艺时期——工具性抽象、不自觉的抽象

1671 年路易十四在法国开办了皇家建筑学院，学院的目的是反击当时的建筑行会，将建筑师从工匠提高到哲学家的思想水平。1819 年学院正式改名为国立高等艺术学院（巴黎美术学院，简称"巴艺"）。虽然巴艺本身有绘画和雕刻专业，艺术不是一个独立或主要的建筑学专业课程，但是巴艺建筑学将设计图视为艺术作品，并极尽其精艺巧绘之能力。"巴艺之重要，不仅在于它 20 世纪 20 年代以前对建筑教育思想的长期主导地位，而且在于它坚持将建筑学带出建筑行会、商业性建筑师和建筑职业团体的控制，并将建筑学变成精神追求。"❷

在以巴艺为中心的学院派建筑中，新古典主义的影响从弗朗索瓦·布隆代尔开始，一直传承下来，构成了学院派教学的理性基础。从以布雷和列杜为主的"几何体量与形式结构派"到迪朗的"要素—构图"设计方法，

❶ 在葛明《路漫漫兮建筑设计教学》（《时代建筑》3/2009，p.51）一文中，葛明将中国近期的建筑教学突破概括为三个方向：

1. 现代建筑基本命题的研究：形式主义训练的普及及深化；

2. 越界的建筑学研究：吸收当代艺术的成就，承认材料世界的扩大；

3. 当代建筑文化使命的研究：中国设计问题的提出。

对照这个分类，笔者自认为本书的研究工作主要结合了前两个方向的理论思考与教学实践。

❷ 贾贝思著，《型和现代主义》，中国建筑工业出版社，2003，p.23。

这一切本身就是一个从古典走向现代的抽象过程，而将建筑作为各自分离的部分再加以组合的思想，更被理论家考夫曼看作为新古典主义的一大特征和传统，并指出它在 20 世纪仍然继续重现。将空间作为体量组织的设计方法，确实持续影响了 20 世纪现代主义初期以柯布西耶、格罗皮乌斯为代表的现代建筑师和现代建筑教育家的建筑设计和建筑观念，它无疑已经成为建筑空间设计的一种基本方法和模式。

同时，在巴艺时期，建筑师和建筑学生完全通过绘图来思考和表达设计，具体课程又分为基础练习和设计课题两个阶段：基础练习的重点在于基本表现技巧的训练和对建筑基本构成要素的认识，设计课题则有一个从易到难的过程，从二维的立面构图设计到更加复杂的建筑设计。应该说，在这些练习和设计的过程中，都有艺术与设计中的抽象技巧在其中，"抽象"更多的是作为一种实用的学习和练习的工具而存在的，因此可以说这个时期的抽象还是一种不自觉的抽象。

4.2.1.2 现代主义时期——抽象原型到抽象模型

1907 年成立于慕尼黑的德意志制造联盟为扶植和贯彻艺术设计和社会关系方面的新思想提供协助。在其成立之前，德国已有的几所艺术设计学校率先采取了与传统的培养艺术家和工匠的教育思想不同的教学计划。这些激进的教学计划的真正目的不在于他们反对传统的教育方法，而在于改变艺术家的地位，即艺术家及其职业与社会的关系。课程强调艺术家的个性和自由，同时要求他们通过对形式和结构的专注来获得与抽象的自然结合，从而掌握自然表象后面的规律和原理。由此可见，在现代主义萌芽时期，抽象已经成为一种主动意识中的抽象。

柯布西耶的"多米诺结构"和凡·杜伊斯堡的"空间构成"分别代表了现代主义建筑所提出的两种基本的空间形式。这两种空间图式均出现于 20 世纪 20 年代，它们既是现代主义建筑的两个抽象原型，也是建筑教育的两个抽象模型。

4.2.1.3 现代艺术与包豪斯——抽象观念与抽象训练

包豪斯的创立的最重要意义在于它对前卫艺术的信念以及对实现这一信念的决心。1919 年到 1933 年由格罗皮乌斯在德国创立的包豪斯设计学校使艺术教育领域发生了一场革命，这场革命的影响至今依然存在。❶包豪斯最早开设的"预备课程"（Vokurs），其目的是为即将进入设计专业学习的学生提供一个广泛的视觉和技能的基础，课程前后三位任课老师：约翰·伊顿、莫霍伊·纳吉和约瑟夫·阿尔伯斯均是当时的著名艺术家，他们将现代艺术的表现形式如拼贴、立体主义绘画、抽象雕塑等用来作为设计视知觉训练的练习手段，发展了各自不同的设计课题。❷包豪斯的预备课程后来以"基础设计"（Basic Design）之名传播到世界各地，成为包括

❶ 学者刘东洋认为，包豪斯的基础教程的来源较为复杂："它部分地源自秘教、新宗教，部分地源自新科学、新视觉，部分地源自德国体系的教育法，部分地源自俄罗斯的构成主义，部分地源自语言学。"

❷ 包豪斯的课程体系：包豪斯注重基础课的理论与实践并举，通过一系列理性、严格的视觉训练程序来塑造学生观察世界的崭新方式。这种教学方式在当时的传统学院派看来十分另类，但后来却几乎成为全世界视觉艺术和设计教学的通用模式。包豪斯的课程体系有以下三位建立者：

①约翰·伊顿（Johannes Itten）：基础课程的开创者

伊顿的基础课程虽然具有原创色彩，但其来源却是现代主义艺术。伊顿把教学从对技巧的模仿变为对艺术规律从感性到理性的体验和认识，变为学生潜在能力的发现、发掘与释放，变为一种创新意义上的综合实验。

②拉兹洛·莫霍利—纳吉（Laszlo Moholy-Nagy）：构成主义与机器理性

构成主义画家纳吉抛弃了伊顿冥想式的神秘主义，但保留了形式研究内容和实验精神。他明确提出，实验性的教学必须为实际的设计目标服务，并为设计教育奠定了构成学基础。

③约瑟夫·阿尔伯斯（Josef Albers）：张开双眼，重新观看

阿尔伯斯的思想表现出严谨的思辨性。阿尔伯斯是材料的哲学家，材料练习是他基础课的重点，他的基础课强调对材料本质的把握和对其表现力的深度挖掘，以及各种可能性的探索，最终目的是塑造和挑战学生观看的观念，他希望通过一系列实验性的材料练习来建立学生们重新看待秩序世界的思维方式。

建筑设计在内的几乎一切设计专业的主要内容，"基础设计"的一个核心内容就是正式形成了现代艺术和现代建筑设计、建筑教学中的"抽象"观念以及相应的"抽象训练"（图4-1）。

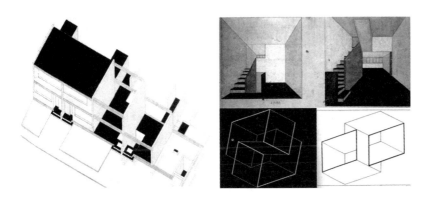

图4-1　包豪斯的练习和设计包含了抽象训练到具体建筑的每个环节

第二次世界大战后，包豪斯课程对建筑教育（特别是美国）的影响主要体现在将抽象形式语言的训练代替了传统的古典建筑语言的训练。值得说明的是，由于历史等原因，中国的抽象形式训练在1980年代初才开始在建筑设计课程中流行。

4.2.2　现代建筑教育的发展阶段——从"九宫格"到空间操作

在第二次世界大战之前，建筑学院分为两种，却都是来自欧洲。一是学院派，即传统的巴艺模式，这种教育体系的主要问题是建筑与新技术和新材料的结合薄弱。另一种模式是格罗皮乌斯由包豪斯发展而成的设计研究生院模式，虽然当时还是新精神的代表，但事实上这种模式已经存在许多缺点，对理论的否定和对学术课程的忽视是其主要问题。

1954年由纳德·赫斯利和柯林·罗为主制定的得克萨斯大学建筑学院课程计划完整地体现了他们的具有挑战传统意义的建筑教育观点：第一，建筑教育不仅是为职业需要，更重要的是确立一种学术地位。也就是说，建筑学校作为一个学院本质上应服从学术，它建立在对知识的信念和对教育理论的尊重之上。第二，巴艺和包豪斯都不是唯一的方向，应结合两者的长处。第三，坚信现代建筑是可教（teachable）的，通过对现有现代建筑实例的分析和理解，可以产生一套实用的建筑理论。

在这些新的教学理念的影响和带动下，现代建筑教育进入了一个发展时期，关于形式主义的研究进入高潮。一些经典的教学工具，如"九宫格"也在这个时期应运而生，"抽象"也在这个时期正式成为以"空间操作"为主题的教学手段。

4.2.2.1　柯林·罗——形式主义研究与"透明性"

20世纪50年代，柯林·罗等人开启了二战后的现代建筑形式主

义研究，对当时以格罗皮乌斯为代表的功能主义的"泡泡图"（Bubble
Diagram）模式提出了质疑。对于柯林·罗和他的得克萨斯州同事来说，
有关抽象形式的关注，最直接的影响来自于立体主义绘画。虽然这种新的
绘画艺术所引起的空间和形式方面的变化更早可追溯到亨利—罗素·希区
柯克的著作《走向建筑的绘画》，但 1956 年由柯林·罗和斯路茨基完成的
论文集《透明性》则概括了他们在得克萨斯的思想和教学法。因此，《透
明性》可谓是希区柯克的著作《走向建筑的绘画》之后的第一本分析立体
主义绘画和现代建筑关系的重要著作。

　　从空间设计的角度来看，柯林·罗对画面空间的抽象分析中产生的透
明性概念的直接有效的运用离不开画面或建筑图纸的讨论，而由此展开的
从二维的图面空间到三维的现实空间的研究，在现代建筑空间设计中影响
深远，并直接影响了 1950 年代至今的建筑教学思想（图 4-2）。

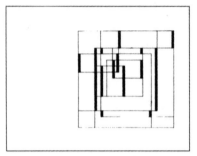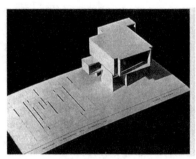

图 4-2　柯林·罗在《透明性》
中展示的一个基于透明性的设计
研究

4.2.2.2　"九宫格"——抽象化的经典练习工具

　　1950 年代美国得克萨斯建筑学院的一批年轻教师，包括柯林·罗和
伯纳德·赫斯利、罗伯特·斯路茨基、约翰·海杜克、李·赫希等，他们在
回顾现代建筑空间形式的基础上制定了具有改革意义的教学计划并由此探
索了一种新型的现代建筑教授方法，由于他们的刻意创新和狂野突破，而
被冠以"德州骑警"这一具有美国西部传奇色彩的称号。

　　"德州骑警"在建筑设计与教学研究上的主要贡献是将设计理论的研
究与设计教学的研究结合起来，并使现代建筑教学成为对设计过程和方法
的一种研究。在得克萨斯建筑学院，先是在斯路茨基和赫希的基础课程
中，最终在约翰·海杜克的建筑设计课程中，于 1950 年代中期逐渐由"抽
象形式"到"具体建造"，设立和发展起来的"九宫格"（the nine-square
problem）练习最为代表和经典（图 4-3）。在对九宫格的介绍中，海杜克说：
"九宫格作为一个对建筑新生的教学工具（pedagogical tool）而存在，这
个工具有助于让学生发现和理解建筑的基本元素：网格、框架、杆件、梁、
板、中心、边缘、领域、线、面、体积、延伸、压缩、张力、剪切等等。
学生通过这个练习可以探索建筑的平面、立面、剖面和细节，可以学习绘

图，可以开始领会平面绘画、轴测图和三维形式（模型）之间的关系。对
于元素的理解导致有关结构组织（fabrication）的概念的形成。"❶

❶ Education of an Architect: a Point of View the Cooper Union School of Art & Architecture 1964-1971, the Monacelli Press, 1999, p.23.

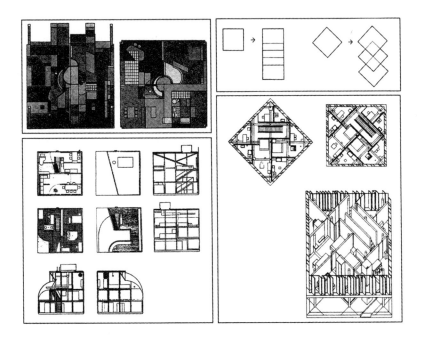

图 4-3　海杜克的"九宫格"和立方体住宅设计

　　随着九宫格练习的展开，在对建筑功能与形式的抽象简约中，平面图
解的转化和空间的处理得到了空前的强调，但是它反过来又不可避免地导
致了对建造和材料的忽视。也就是说，一方面九宫格练习对于建筑的抽象
和简约重新把设计教育聚焦于抽象空间，另一方面，这一练习又从建筑的
完整思考过程中取消了对于功能和材料方面的重视，这几乎是"九宫格"
过于抽象而带来的先天缺陷。

　　从抽象形式到具体建筑，"九宫格"练习充分发展了有关平面与空间、
图纸与模型的各个维度。作为一个延续了半个多世纪的经典教学工具，"九
宫格"的关键之处在于将抽象空间问题与具体建筑元素结合起来，从而形
成这一工具的二元性——抽象思想与具体建造的混合体。此外，"九宫格"
作为一种抽象思想还延续了有关形式主义的研究，建立了从古典主义到现
代建筑的分析基础，从而提供了建筑学讨论的一个理想框架。

　　2008 年，作为日本《新建筑》杂志主办的"新建筑住宅设计竞赛"
的出题人的拉菲奥·莫里欧以"36 米乘 36 米的十六宫格"为题表达了他
对海杜克的"九宫格"的致敬——"九宫格"是一个具有中心感的抽象模
型，而"十六宫格"则是一个丧失了中心的新的抽象模型。从这次竞赛最
终提交的作品来看，关于"九宫格"这个经典教学工具的探索即使在今天
依然是具有很大的开放性、开创性和延展性的。

4.2.3 现代建筑教育的反思阶段——教学成为研究，抽象作为工具

1966 年文丘里出版了著名的《建筑的复杂性与矛盾性》，再加上詹克斯《后现代建筑语言》的推波助澜，后现代主义成为红极一时的建筑思潮。一时间，现代建筑的抽象形式与技术主义广遭责难，后现代主义建筑充满了符号、隐喻与象征的解读，从而其大部分作品在过分舞台布景式的渲染中走向了形式主义。1996 年，弗兰姆普敦出版了《建构文化研究》，率先对后现代建筑提出异议，也就是在这个过程中，从建筑设计界到建筑教育界都陷入了深深的反思中，尤其对建筑教育界而言，这种反思直接形成了全球性的关于建筑教学的方法、建筑和建筑学本体的讨论，也直接带来了建筑教育的新理念和新方法。

抽象，作为一种概念和教学工具在这个反思过程中，逐渐分解为两种相互关联的思路：一是以现代艺术介入作为前提，在建筑教学中"抽象"成为有关现代建筑的概念性、工具性教学；二是以建构作为基本立场，"抽象"成为建筑教学中的一种方法和逻辑性训练。而直接联系这两种思路的结合体的正是将建筑教学作为一种研究，并在具体的教学中通过一系列的练习来进行系统的训练。

4.2.3.1 "苏黎世模式"——训练的抽象化与结构性

"德州骑警"的三位灵魂人物（柯林·罗、伯纳德·赫斯利和约翰·海杜克）之一的伯纳德·赫斯利（Benhard Hoesli）于 1950 年代后期离开美国，回到了他的母校瑞士苏黎世联邦理工大学（ETH-Z）。在 ETH 的教学中赫斯利继续发展了他的"建筑设计基础教学"，形成所谓的"苏黎世模式"❶。"该课程以一个建筑设计课题作为开始，给学生一个建筑设计的整体概念，然后是一系列的空间构成练习，最后以一个综合性的建筑设计课题作为结束。"❷"苏黎世模式"提出了一系列新的设计练习：诸如"空间的延伸"（Spatial Extension Problem）、"空间中的空间"（Space within Space）、"处于文脉空间中的空间"（Space within Space in Context）等等，这些练习是真正针对建筑设计的基础训练（图 4-4）。

赫斯利的建筑设计基础教学，分为建筑设计，构造、绘图与图形设计三个相互作用的部分。其继任者 H·克莱默（Herberrt Kramel）在意识到"抽象"的不利因素的基础上，将建筑设计与构造两门课程合二为一，并提出了一个新的训练架构：教学课程是一个包含不同建筑项目的设计课题，每个

❶ "苏黎世模式"（Zurich Model），最早曾被译为"苏黎世模型"，本书沿用后来常见的译法。

❷ 顾大庆、柏庭卫合著，《建筑设计入门》，中国建筑工业出版社，2010，p.18。

图 4-4 ETH 强调整体性的教学模式

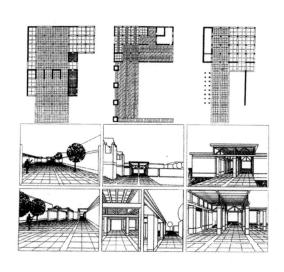

设计包含一系列的练习，设计通过练习来推进，而且不同的设计项目相互之间通过场地而互相关联。这一教学方式被称为"结构有序的教学方法"，因为这是一个高度集成的、严谨有序的设计训练方式。

此外，为了进一步弥补抽象练习的不足，ETH 的设计教学一方面强调了建构和建造的学习，另一方面设计课题往往以真实的环境和地形作为设计用地。这种设计任务书中的"真实"特点有效地和抽象练习达成了互补的教学目的。❶

4.2.3.2 库珀联盟——智力冒险与历史责任

1964 年，海杜克回到库珀联盟，随即发表《声明 1964》，这篇文章表明海杜克对建筑的研究已经融教学与研究于一体。海杜克复活了源于两千年前柏拉图学院等所代表的西方教育传统，即建筑教育不仅是一种技术训练，更是一门严谨的、有着自身发展和明确轮廓的理论性学科，投入其中就是进行智力冒险。正如海杜克所言："我认为我能给予学生最重要的事就是希望，希望他们能够改变某些事情，他们可以的。如果他们坚持他们的信仰，他们会有结果。"❷ 这也是库珀联盟长期的建筑教育态度（图 4-5）。

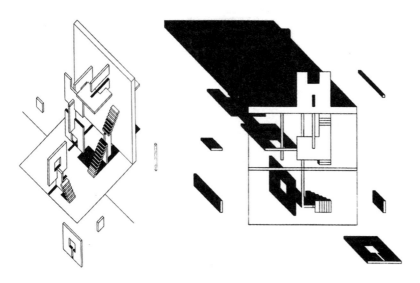

图 4-5　库珀联盟的建筑设计练习

库珀联盟邀请了大量诗人、作家、历史学家、社会学家、哲学家、艺术家来学院授课和担任教职，实现了学科的大交叉，这种大交叉一方面为建筑学引入了来自其他学科的新的智力刺激，另一方面，所有关于建筑的理解、认识、训练都可以在一个抽象的层面上进行，事实上库珀联盟的教学计划涵盖了大量的抽象诗歌、抽象文本、抽象模型、抽象绘图、抽象建筑和抽象城市。可以说，今天我们从建筑教育史的角度来回顾这段历史，甚至可以认为库珀联盟就是一个抽象的有关现代建筑学的乌托邦学院。❸

❶ 笔者在近年的设计教学中，坚持在厦门大学校园或校园周边地区等学生可以真实感知的地段作为设计用地，从教学效果来看，这种真实的环境问题是可以在强调抽象构思的同时促进学生对场所和对建造问题的思考的。

❷ Michael J.Crosbie, "ACSA, AIA Honor John Hejduk for Excellence in Education", Architecture, 3/1988, p.19.

❸ 库珀联盟的基础教学主要包括三个概念：
第一个概念是"建筑分析"，鼓励学生分析建筑经典作品，学习如何将它们迅速还原到概念的本质。
第二个概念是"立方体问题"，在"立方体问题"中，建筑并不是从一套程式中产生，恰恰相反，程式从一个物体中产生。这就激活了几何学和语言学之间的空间，也使得两者之间的关联更加自然而然。
第三个概念是"胡安·格里斯问题"，在此，学生从绘画开始，由此类推到空间、方案、建筑结构。这个概念操作在海杜克的著作《调节的基础》（Ajusting Foundations）中有着清晰的表达。

此外，尤其重要的是，库珀联盟所有的思想表达和理念呈现都是开放的，正如作为"库珀信徒"（Cooper Cult）之一的迪勒（Elizabeth Diller）在《库珀联盟——建筑师的教育》一书中所言："这个地方共同的记忆永远等待新的参与者来开发，这些人不但创造了新的主张，也深入探讨了许多个案背后不变的共同法则。"❶ 在笔者的理解中，这里的"这些人"不仅仅是库珀联盟时代的诸多参与教学实践的教师和建筑师，事实上，今天的你、我、我们都应该争取加入其中。

4.2.3.3 "建构工作室"——"抽象"成为建筑学核心价值练习的阶段性方法

受苏黎世瑞士联邦高等工科大学的直接影响，香港中文大学建筑系教授顾大庆和维托·柏庭卫（Vito Bertin）❷ 近年来在其成立的"建构工作室"开展了一系列关于建筑基本研究的教学工作。该工作室的核心研究内容是"空间、建构和设计"，工作方法是"设计工作室制度"。他们以四个阶段的"问题与方法"展开对于建筑建构的研究："研究的目的是建立一个建构设计的方法体系，这就要求不但要研究建筑物，还要研究设计建筑的方法。所谓的建构设计方法不应该是某个建筑师设计方法的翻版，或执教者个人的设计经验的总结，而应该是具有普遍意义的、广泛适用的工作方法。"❸ 在该系列研究的教案、说明和成果中，可以明显地看出"抽象"已经成为这项研究中不可缺少的阶段性方法（图4-6）。

抽象 | abstraction

图4-6 "抽象介入"是"建构工作室"练习的重要阶段性方法

2010年以来该工作室以"空间、建构与设计教学研究"工作坊的形式直接展开了对高校建筑系教师的教学训练，"该工作坊以建构工作室发展的教学体系为蓝本，针对建筑设计的一些最基本和最本质的问题进行研究，整个体系包含四个阶段和内容：概念（concept）—操作与观察、抽象（abstraction）—要素与空间、材料（materiality）—诠释与区分、建造（construction）—意图与实现。"❹ 这四个紧密相联的阶段保证了一个基本的设计教学从抽象概念到具体建造的过程，同时也体现了从"图纸设计"到"模型操作"的方法转变。

从巴艺到包豪斯再到"苏黎世模式"，现代建筑教育在自我否定与自我完善中不断发展。抽象性训练一直是包豪斯以来建筑学训练的一种重要议题。"九宫格"练习可以看成一个极致的抽象训练模型，而21世纪以来，抽象（概念）和建构（建造）共同形成了建筑学教育的主旨。

❶ 约翰·海杜克主编，林尹星、薛晧东译，《库柏联盟：建筑师的教育》，圣文书局，1998，p.9。

❷ 顾大庆先后学习、进修、任教于东南大学和瑞士苏黎世联邦理工大学，维托·柏庭卫毕业于瑞士苏黎世联邦理工大学，曾于1985-1987年学习、工作于东南大学。他们的教学理念对近年来的东南大学及南京大学也有较大影响。

❸ 朱雷著，《空间操作》，东南大学出版社，2010，p.70。

❹ 张彧、朱渊，《"空间、建构与设计教学研究"工作坊设计实践——一种新的设计及教学方法的尝试》，《建筑学报》2011/6，p.20。

从现代建筑教育的历史回顾来看，学术和实践的关系在建筑教育中一直是一个中心问题，其复杂性看来还不是将两者结合那样简单。从阿尔伯蒂的文艺复兴建筑学校、18世纪的法国巴艺到包豪斯，从得克萨斯到苏黎世，再到香港、上海……这些在历史各阶段重要的建筑学校，都明确主张建筑学术性，主张与当时把持建筑实践的主流思想对立，主张用思想来改造建筑实践中的唯利是图心态和陈规陋习。

至于抽象在这个发展过程中的作用和意义，至少可以从三个层面上来把握和理解：

（1）对于建筑学学生来说，"抽象介入"既是建筑学学习的一种"阶段性"工具，还是一种"过程性"方法；

（2）对于建筑学教师来说，"抽象介入"还是一种教学的方法和思考的方法，正是建立在这种方法基础上的建筑教学才可能使"抽象"这个教学工具产生教学相长的效果。

（3）对照前文论点，即现代建筑的抽象性可以分为表现性抽象和建筑性抽象这一点来看，在建筑教学中介入的"抽象"，既是对学习对象——建筑的形式性抽象，关注建筑的构成和表现；还是一种结构性抽象，关注的是建筑的内在逻辑性和建筑设计的思维特点。

4.3　现代建筑教学实践中的"抽象介入"环节

建筑设计实践和建筑教学实践是两个不同的概念，建筑设计属于过去，建筑教育则是面向未来的。"抽象"和"抽象性"作为现代建筑的一个基本特征而存在，同时"抽象"作为一种思维特性，也必然影响当代建筑教育中关于建筑设计训练的内容和方式。虽然在目前跨学科教育的热潮下，坚持在建筑本体内研究建筑问题将面临各方面的挑战。"抽象介入"的现代建筑设计教学当然绝对不可能解决建筑设计的所有问题，但是它为我们提供了一个研究建筑学以及建筑教学问题的新视角。

纵观围绕"抽象"展开的建筑教学现状，可以从建筑基础、建筑练习、建筑创作三个循序渐进的建筑教学过程来归纳和展开讨论（表4-2）。

抽象介入现代建筑设计教学的三个循序渐进的环节　　表4-2

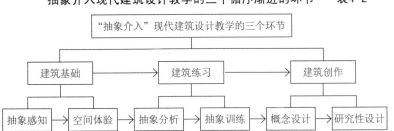

4.3.1　建筑基础——抽象感知与空间体验

对于建筑基础教学，除了要关注专业研究对象，更要关注教学的对象——学生。即建筑设计基础教育的出发点应该是培养学生形成自立整体的思维模式。包豪斯的基础设计课程明确提出了"感知的教育"这个课题，这种感知的教育是一种彻底的教育，强调一切从零开始，用一种新的眼光来观察世界。包豪斯的基础课程既包括培养学生感知能力和视觉语言能力，还包括由保罗·克利和康定斯基等现代抽象艺术家教授的视觉研究课程。正如吉迪翁所说："只有明白了现代绘画所蕴含的观念才能真正了解包豪斯作品，要是没有对新空间的感受，没有对质感和平面的兴趣，就难以研究包豪斯。"❶包豪斯成功地将现代艺术实践引入设计的感知训练。作为包豪斯教师的纳吉也认为当代艺术家直觉式的研究可以简化并运用于教学，以类似的实验使学生能建立一套新的生活观和工作观。

4.3.1.1　设计视知觉——形式感知

对于"抽象"这一概念的认识和理解不仅是掌握建筑体验和建筑意义的基础，还是让我们真正了解今天建筑文化中有关观念和行为对话的一种工具。因此，对于"抽象"的感知训练和练习一直是建筑学教育中的一个起始点。

1980 年代中期，美国布拉特建筑学院坚持以"抽象介入"的教学来引导学生建立完整的对于建筑、空间和图像的抽象感知力，并在实践的基础上概括成"抽象认知和诗意图像"（Cognitive Abstractions and the Forming of a Poetic Image）❷这个感知和学习核心，这个教学主要由以下两个部分构成：

●第一部分：六种抽象认知

A. 感知（sensations）

1. 外部的形式图像来自于对基本形体的潜意识抽象，一般表现为理想几何。这种视觉感知类似于：月球的随机性表面，一座欧洲城堡的尊贵形态，无畏号航空母舰独特的局部设计，沙里文装饰图案中的多层次性，风格派及杜伊斯堡的"空间构成"，斯卡帕的形而上的不可见形态。

2. 外部形式可以抽象为以下新意的关键词：

完整（integrity）：通过对实体的介入获得完整；

秩序（order）：不是静态的单一，而是动态的多元；

统一（unity）：只有超越外在形式，才可理解事物的原则；

复杂（complexity）：不同价值观的交集，而非简单的聚合；

平静（serenity）：潜意识中的诗意形式；

美（beauty）：由丰富的完善构成；

意味（meaning）：通过创造、实验和对固有形式的打破达成。

❶ 吉迪翁著，刘英译，《时空与建筑》，银来图书出版有限公司，1972，p.120。

❷ Gamal El-Zoghby, Cognitive Abstractions and the Forming of a Poetic Image, Architecture and Abstraction, Pratt Journal of Architecture, Rizzoli, 1985, p.42.

B. 想象力——内在的感知（Imagination——Internal Sensation）

3. 刻意地避免采用已有的建筑形式和建筑师手法，而通过想象力达成一种抽象性的关系和图像。

4. 对形式的自由想象力可以产生诗意感知力，通过这个过程，可以从意象中导出独特的抽象概念。

5. 通过内在的感知，可以从物理学、化学和生物学中去除复杂图像而形成抽象的原则本体（abstracted ontological rules）。

C. 热情（Passion）

6. 抽象来自于清醒的灵魂、对形式本体的知觉和对外部诗意图像的知觉抽象能力。

● 第二部分：感知的生成

通过第一阶段的六种抽象认知可以达成四种递进的视觉图像：

1. 通过想象建立视觉句法（visual syntax）。

手段：自由形象＋抑制渴望，几何网络的生成是想象力的视觉化反应，图像中含有想象力。这个阶段证明视觉性第一，语言性第二；这个阶段的特征是多元性（complication）。

2. 通过观察建立视觉语法（visual grammar）。

手段：特定形象＋固定渴望，通过视觉化的思考，可以判断视觉逻辑，一个图像可以同时是视觉的和感觉的，最终可以形成对于局部的整体性认识；这个阶段的特征是复杂性（complexity）。

3. 通过重组来建立视觉信息（visual message）。

手段：清晰形象＋过滤性渴望，通过对视觉网络的压缩，达成综合性的视觉图像，达成一种整体性的清晰，而丰富性被弱化；这个阶段的特征是成熟性（maturity）。

4. 通过确认来达成视觉诗意（visual poetry）。

手段：诗意形象＋潜在渴望，在放松的状态中，可以通过直觉的抽象达成诗意的想象，诗意的想象来自于清晰的复合体制；这个阶段的特征是诗意（poetry）。

客观地说，这个由两部分构成的抽象感知训练过程事实上是很晦涩的，但是它所建立的一个通过六种感知方式而达成四个层次的感知生成的目的是清晰的。当然如果跨过了这个表面深奥的理论过程，或者进一步将其视觉化、练习化，则可以建立起一种相对直观化和可教性的从建筑空间出发的形式感知教学体系。

2002 年，香港中文大学建筑系顾大庆老师在前人的教学实践的基础上以教学的方式来对设计教育理论问题提出试探性的解答，并正式提出了"设计视知觉"这个概念，强化了传统意义上的美术课程对绘画技能的训练与造型语言训练的结合，其中"抽象性"是视知觉的中心问题之一，这

❶ 顾大庆著,《设计与视知觉》,中国建筑工业出版社,2002,p.12。

种有关(建筑)设计的视知觉的抽象要点包括抽象思维和空间知觉两个方面: ❶

①抽象思维。抽象思维指凭借抽象形式语言(点、线、面、体、空间、质感、色彩和光影等)进行的视觉思维活动。由于人类对具体视觉形象的依赖性,在具体教学中必须采取特别的训练方式来培养抽象思维,在这个方面,现代抽象艺术提供了有效的手段。

②空间知觉。现代艺术的一大贡献是空间概念的突破,立体主义、构成主义等发现了对空间和时间的新见解,开始强调在一个新的时空概念中对对象的连续观察和知觉片段的同时性再现,从此空间知觉和视觉研究紧密相连。

❷ 顾大庆著,《设计与视知觉》,中国建筑工业出版社,2002,p.30-36。

在《设计与视知觉》中,顾大庆老师详细介绍了一个完整的有关"视知觉"形成的训练专题"从抽象的形式构图到抽象的形式关系"(图4-7)。❷

图4-7 形式感知的三个阶段:
抽象观看、抽象策略到抽象构图

童年伊始,我们通过运用现成的概念如"瓶子"、"椅子"、"高山"、"建筑"来解释所知觉的东西,这些形式被看成是具象的形式。这种认知和分类的倾向常常遮蔽了我们对抽象形式的鉴赏,如线条、形状、空间、明暗等。这个练习要求学生从一些图片(绘画、照片等)资料中寻找有趣味的构图关系,其目的是启发学生对形式抽象性的认识,提高发现和欣赏抽象形式的能力。

这个训练包含了以下三个阶段的练习:

● 练习1. 抽象的观看

这个练习需要首先选择一些建筑和风景的黑白照片作为素材,然后自己制作几个不同大小的"取景框"在照片上移动取景——这个取景框的作用是将照片的局部从它的整体中分离出来,使注意力离开照片的具体内容而去关注形式的抽象性内容。作业的要求是从找到的抽象构图片断中选择4个以素描的形式重现于一张A2的画纸上。

● 练习2. 抽象的策略

这个练习主要达到从无意识的、随机的抽象选择走向主动地寻找抽象形式关系这个目标。

在前一个练习的基础上，从四幅图片中选择 2 张作为抽象策略的素材，即建立这 2 张抽象素材之间的抽象形式关系，形式关系的操作策略可以包含延展、融合、重复、叠加等多种手段。

● 练习 3.建立在视觉秩序基础之上的抽象构图

这是该专题的最后一步，简化前面两个练习的设计草图发展成一幅完整的抽象构图，练习的目的是引入对抽象构图的视觉秩序的认识，同时也是对练习者所掌握的有关绘图技巧的最后检验。最后完成的作品是前期研究的逻辑发展的结果，一旦把握住设计的基本方向，练习者可以通过多种方法来强化和巩固构图关系。

从以上这个以抽象作为认知目标的完整训练中可以看出，虽然作为设计领域的视知觉必须通过具体的形式才能得到观察和感知，但在这个以阶段性练习展开的过程中，抽象能力的训练是一条时现时隐的训练核心问题。

在近年的教学实践中，对于形式感知学习的介入方式是多种角度展开和多重方向发展的。2009 年以来，东南大学和香港中文大学在研究生教学中开设"从绘画到建筑"课程，课程在研究现代绘画的基础上，强调从绘画到建筑的空间转换和转型能力，通过这一转换过程，学生可以掌握一定的空间感知方法（图 4-8）。美国布拉特设计学院罗伊娜·里德·科斯塔罗（Rowena Reed Kostellow，1900-1988）在职业生涯的 50 多年里一直致力于一种被称为"视觉构成关系"的设计教学体系的建立，在她看来："一个美术家、图文设计师和工业设计师或者建筑师在基本的视觉关系上没有什么本质的区别，区别在于各自的位置要求的视觉造型的复杂程度的不同。"[1] 在这个教学体系的系列练习中，对几何体形式的操作是形式感知的基本功之一，对于几何体内部的差异性（如:主导的、次要的、附属的）有着相对明确的分类，借助于这种形体构成的操作，学生同样可以建立基本的形式感知（图 4-9）。

❶ 盖尔·格里特·汉娜著，李乐山、韩琦、陈仲华译，《设计元素》，中国水利水电出版社、知识产权出版社，2003，p.159。

图 4-8 形式感知练习"从绘画到建筑"

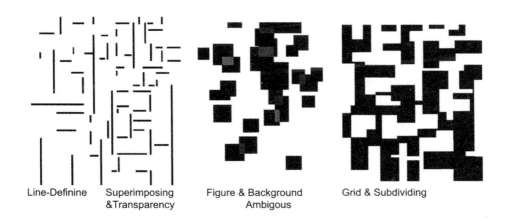

Line-Definine   Superimposing   Figure & Background   Grid & Subdividing
                 &Transparency   Ambigous

图4-9 形式感知练习"设计元素"

4.3.1.2 空间体验——与建筑相关的感知

近年来，关于现象学的关注和讨论对中国当代建筑理论、实践以及建筑教学都产生了深刻的影响，建筑从过去的关注形式开始转向关注自身的逻辑以及更普遍的本体论，更进一步关注人与建筑的关系。建筑现象学不仅研究建筑如何成形、如何产生作用，也重新关注"感知"和"体验"。

对于建筑学专业的学习而言，空间感知、体验与建筑和城市的场所密切相关。这种"空间体验"一方面体验的是产生和形成空间的地理和社会环境，另一方面也同时体验建筑和城市空间本身，两者形成完整的城市和建筑空间的概念。空间体验的方式是一种真实性与想象性相互交叠的方式，透过真实与现场，借助经验与分析，尽享想象与抽象，从而建立完整的空间体验。

当前国内大多数建筑设计基础教学模式还是把构成建筑的整体知识分解成局部、片段和节点，缺乏一个有效的环节将这些分散的知识点整合起来，客观上造成了基础教学和设计教学的脱节。从这个角度反思，引入"空间体验"的教学环节可以使低年级学生在形成建筑感知的同时从整体上了解和理解建筑学科。

就目前国内"空间体验"这一教学环节的现状来看，又可分为真实性的空间体验与想象性的空间体验两种教学思路和方法。真实性的空间体验是指个体进入真实的空间或模拟仿真的场景进行体验；想象性的空间体验是指通过对真实的空间影像（如图纸、图片、记忆片段等）和模型等进行加工抽象进而创作空间来实现体验。无论是真实性空间体验还是想象性空间体验，都需要一种抽象性的思维能力，以及在不同类型学科和艺术之间的抽象转型能力。

以同济大学本科一年级第二学期"文学作品的空间体验"任务书为例：**❶**

● 作业——诗空间意境体验

"大漠孤烟直，长河落日圆"的开阔视野，"两岸猿声啼不住，轻舟已过万重山"的疾驰感觉；"随风潜入夜，润物细无声"的春夜空气，仿佛我们稍一抬头就能感受到；李清照的竹帘撩起我们的愁绪；柳宗元又把我们带入永州小石潭的寂静之中……古人凭什么打动我们？那些流传至今的诗词文章之所以流传下去，是因为那些作者在那个时空里，他被感动了，人的情意和场境，情景交融，物我两忘——作者经过这样一种身心的时空体验，通过文学成就了不朽的诗词和文章。当后人读到这些文字时，通过想象性的空间体验，进入了作者最初体验的时空，读者获得的意境与作者的意境相契合，所以后人也被感动了。

本作业要求学生选择曾经感动过自己的文学作品，进行一次身临其境的体验，然后把自己的感受用文字与相配合的图表达出来，再尝试将这种空间意境的体验用建筑空间的模型来表达，这是一种创作的尝试，创意灵感来自非建筑，而作品是有空间的无具体功能的建筑表达。体验是个体性的，创作更是个体的表现。

格罗皮乌斯认为，设计最重要的是对形式、空间和色彩的感觉与体验，设计中的技术因素只不过是我们通过有形的东西去体现无形的概念的一种知识性的借助而已。实践也证明，学生在以"空间体验"作为铺垫和准备的基础上，改变了以往只是被动地根据任务书来进行建筑设计基础训练的模式，学生开始学会通过身临其境的体验，自觉地进行主客体功能的设定。

上文所述的"设计视知觉"和"空间体验"并不是建筑基础教学中独立分开的两个部分，将两者有机结合、合理组合到精心设计的基础教学训练中，往往可以达到更完备的训练和学习效果。事实上，近三十年来作为先进的基础教学代表的瑞士苏黎世联邦理工大学（ETH）就是沿着这条"感知＋体验＋设计操作"的思路进行日常教学的，它的思路也直接影响了当今很多建筑学院的基础教学模式。

近年来，ETH也一直致力于推广它们的教学模式和方法，2008年、2010年先后以《新突破》（作者 Marc Angelil）和《制作建筑》（作者Andrea Deplazes）为名出版了有关 ETH 基础教学的相关资料，奉献了整个 ETH 的基础教学大量教案、资料、访谈和作业成果（图 4-10）。以"1997 — 2003 年冬季学期 ETH 大一作业明细"为例，涉及以下练习及系列训练要点：手套、空间体、解体、变形、剖解图、浇注模具、构成、结构、构造学；构造 / 空间；构造 / 材料。其中第一个作业"手套"要求学生选择截然不同的两种材料（刚性和柔性）来制作手套，试图通过身体（皮

❶ 徐甘、李兴无、郑孝正，《超以象外，得其环中——基于空间体验的建筑设计基础教学模式初探》，《2009全国建筑教育学术研讨会论文集》，中国建筑工业出版社，2009，p.241。

❶ 转引自刘东洋（城市笔记人）网络"豆瓣"专题《瑞士苏黎世联邦理工建筑系大一学生作业介绍》。

肤）的接触来感知空间和材料。在整个训练的计划中，每个关键词都有详细的练习要求：❶

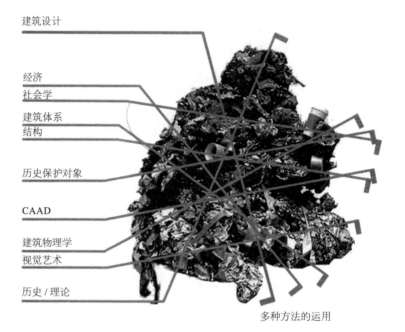

建筑设计

经济
社会学

建筑体系
结构

历史保护对象

CAAD

建筑物理学
视觉艺术

历史/理论

图 4-10　ETH 的基础教学核心示意图

多种方法的运用

● 空间体（Raumling）

您会获得一定量的黏土。请用黏土塑造出一种连续的雕塑形式，雕塑里要有可以发展的内部空间。用光您手上所有的黏土，下手做，使用各种工具。在做的过程中，尝试这一材料的对于空间创造来说的各种可能性。在打造这一黏土空间体的同时，把这个东西颠来倒去，从各个侧面去观察它，揉捏它，塑造它，扭曲它。简言之，这就是"边做边想"。思考一下，什么才是支撑您工作的策略？在您塑造的物体里，浮现出来怎样的空间质量？用草图画下您的发现。

● 肢解（Disassembling）

思考一下，怎样才能把您完成的"空间体"给拆解成为五大块，而没有任何残留部件。选择出来您要切片的位置，以便您之前所描述的那些空间质量，在切面上可以显现出来，同时，您也可以把空间体给拼回到原来的形式。

在剖切您的空间体之前，手绘一幅示意性的您想切开部分那两半的剖面图。通过这一练习，清晰区分出来哪里是空间，哪里是体块。当黏土已经足够结实之后，再干净、精确地进行您的切剖。然后，让模型分两半各自晾干。

作业：黏土做的"空间体"，等 5 大块部件晾干之后，用橡皮筋绑起来，示意性的剖面图，速写记录；个人独立完成，时间：1 天。

● 变形（Transformation）

用卡纸，以准确的比例，去建造出来您的"空间体"的五大块。在这个阶段，以尽可能清晰起来的思路，去重建您的"空间体"的原理。好好利用卡纸本身的性能，以便让卡纸尽可能支持您的空间、结构、建造的意向。琢磨一下卡纸材料的牢度和强度，想想正面和边沿的发展。我们会为您提供卡纸和瓦楞纸板。不要仅是装饰性地使用材料。

用草图画下您对用卡纸材料去实现用意的想法。为您的建造决策所基于的原则，选出关键词来。

作业成果：完成5件头可组合式的卡纸模型，对"剖切"部分的扫描，速写本；个人独立工作，时间：1日。

ETH的整个教学计划也说明了在具体教学中，以"抽象感知"展开的教学过程是可行的，但需要制定与之配套的详细的练习内容和作业要求，因为脱离了具体的"操作计划"，抽象感知是难以实现的。这些内容还必须充分考虑到低年级学生的入门性、基础性的特点，一方面课题必须体现趣味性来引导学生的学习热情，另一方面课题的专业性也需要一个精心设计的循序渐进的深入过程。

4.3.2 建筑练习——抽象分析与抽象训练

练习是现代建筑教学的常见模式。一个完整的建筑设计教学体系除了着眼于最终的设计作业的成果外，在整个教学过程中为了推进设计的进程和确保设计在构思、成型和表达的各个阶段都有实质性知识的学习和积累，就必然还会在这个全方位的学习过程中设立必要的建筑练习，以"抽象介入"作为主线的基本建筑练习主要有抽象分析和抽象训练。

4.3.2.1 抽象分析

在现代建筑设计教学中，建筑分析是设计教育与设计研究的连接点。对于设计分析来说，"一旦将设计抽象化，结果就变得相当有趣，建筑风格、造型工具与构成法则等，都能够出现在不同的背景环境中。这些试验让我们能够同时超越主题与范围的限制，重新反思建筑、都市与景观设计之间的关系。"❶

1960、1970年代，"德州骑警"在现代建筑及空间的教学中设定了一系列练习，其中除了前文的"九宫格"练习，还有著名的"建筑分析"练习。"建筑分析"练习涉及了案例问题、空间概念及操作问题、平面、剖面问题等一系列问题，其核心问题则是"结构—空间"问题，即区分承重要素和非承重要素，并要表达出结构概念和空间概念的关系。在此基础上，在当代建筑学专业教学中越来越多的人也认识到分析作为一种学习设计的方法是行之有效的，近年来，设计分析已经成为建筑设计教学中不可缺少的

❶ 伯纳德·卢本等著，林尹星、薛皓东译，《设计与分析》，天津大学出版社，2003，前言。

一个重要环节。根据设计分析的对象、目标与手段的差异，以及设计教学中的设计分析的现状来看，主要包括以下三种类型：

第一种是基础性的设计分析。这类设计分析主要以案例分析的方式适用于低年级的入门训练，如常见的"大师作品分析"、"经典建筑解读"等等，一般以规模较小的现代建筑代表性作品作为分析对象，同学在分析中掌握空间与功能、空间与形式的关联性和基本关系。

第二种是专题性的作品分析。这类分析往往以特定的系列专题模式进行，分析的结果一般不强调与设计课程的直接影响，但注重学生从空间分析的角度形成从研究到设计的转换能力。中央美术学院建筑学院长期开设"大师作品分析"课程，并在课程的基础上编著出版了"大师作品"、"美国现代主义独体住宅（Case Study Houses）"、"现代建筑在日本"等三个系列的教学研究成果，这个系列成果可以看成是这类作品分析的代表。

第三种是研究型综合性的设计分析。这类设计分析有几个特点：首先是研究性，分析对象往往以"问题"取代"类型"；第二是综合性，分析的手段和方法涵盖文本阐述、图解、图式、模型辅助等多种方式；第三是针对性，分析的目的不是分析本身，而是指向具体的研究课题和设计课题。近年来东南大学建筑学院在硕士教学中开设"设计分析与表达"课程，从环境设计、空间建构、几何与数、图解表达等方面展开对设计分析的基本理论和设计表达的方法研究，可谓研究性分析教学的代表。而同济大学王方戟教授近年来先后在南京大学和同济大学的教学活动中，以案例作为教学工具，强调案例教学与设计教学的平行关系：藏在任务书中的案例、案例的选择、案例的组合、案例的层次等问题围绕这个平行关系来展开。

如果说设计是一个从分析到建筑（建成实例或设计实例）的过程，那么设计分析就是一个由建筑到分析的逆向过程，在这个逆向的思考和表达过程中，"抽象"一直存在。

首先，从设计分析的源流来看，设计分析经历了一个"具象—概括—抽象"的发展过程：

● 具象阶段：设计分析自有建筑教育以来就存在着。19世纪初，对古典建筑样式的学习是以巴艺为代表的建筑学校的教学核心，在以渲染、临摹等方法传授古典建筑设计的同时，最早的建筑理论家迪朗（N.L.Durand）开始使用图表的方法对古典建筑的形态结构进行分类，并总结出古典建筑的构图规律，如十字构成、平行构成、L形构成等（图4-11）。这种以基本几何图形展开的结构归纳把古典建筑从纷繁复杂的表象中具象出来。"学员可以通过这种图构系统获得古典建筑体系中最重要的策略和方法。设计的元素和结构也可以相互选择、组合和添加而成为一个整体。"[1] 这种以具象的总结为主线的分析方法和当时盛行的以样式为重点的领悟式教学有着较大区别，一定程度上标志着设计分析对建筑设计教学的正式介入。同

[1] 韩冬青，《分析作为一种学习设计的方法》，《建筑师》2007/1，p.6。

时，虽然迪朗在分析中使用了简化、抽象和类型等方法，但整体上这个时期的设计分析还是以具象的建筑形象为主展开的。

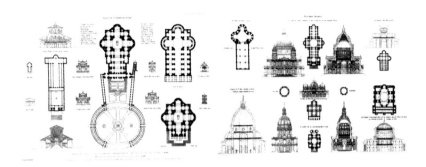

图4-11　迪朗对古典建筑的分析和分类图

● 概括阶段：包豪斯时期，伊顿在他著名的色彩造型课程中，刻意回避具体的物体，而通过几何的概括与构成来发现经典构图中的结构奥秘，保罗·克利和康定斯基则通过几何形体与画面中色块的叠加关系来理解造型构成中的元素关系和逻辑概念，并开始引入具有"同时性"特点的绘图方式，如剖切轴测图和透明轴测图等来进行对建筑空间的分析与训练。这个时期的设计分析具有一种典型的概括性，并开始出现概念性分析的萌芽。

● 抽象阶段：到了"德州骑警"时期，现代建筑的空间透明性、功能组织性、组织的层级等与当时兴起的抽象绘画一起作为设计策略被联合在一起——揭示，对建筑案例的分析成为教学的主题之一。赫斯利的系列分析性练习有着明确的以抽象概念构成的主题，包括平面分析、体积分析、结构分析、视觉连续性、空间连续性、空间与结构的关联性等等，通过这些抽象意义上的分析，学生不仅学会观察抽象经典作品，而且开始转向建筑内在逻辑结构控制的形态操作。

其次，设计分析的层次与视角中包含着主客观两个方面的抽象性介入。

设计分析的层次由两种关系构成："一是物体之间的层叠（layer）关系；二是事物结构关系中从宏观到微观的梯级（hierarchy）关系，在设计分析中，既需要分层剥离，更需要判断出分析对象的梯级位置。"❶ 层叠关系类似于物理学中的并联，梯级关系则类似于串联。设计分析的视角是指分析者观察和切入问题的角度，场地与环境、空间与形式、建构和几何、结构和类型都可以成为分析的视角。

一般说来，设计分析的层次是客观存在的，而分析视角则相对主观，如何把握两者的异同并有效结合两者，则需要整体的抽象性的把握。因为分析本身是就具有抽象性的特点，设计分析通过专业的解析方法可以使一般的对案例作品的感性认识转化为理性认识，有效的分析结果必然具有类型抽象的特征。因此，设计分析的抽象性介入可以使学习者获得

❶ 韩冬青，《分析作为一种学习设计的方法》，《建筑师》2007/1，p.7。

超越案例本身的更具普适性的设计体验，这种体验有助于真正掌握建筑设计的方法。

最后，设计分析的表达与表现中，抽象性是设计分析图解的基本特征。

图式和图解是设计分析的重要结果，因为一个完整的设计分析是必须具备总结性和交流性的。图示（graphic）是对分析对象基本特征的呈现，而图解（diagram）则是对对象的高度抽象，是对设计内在结构和本质的显示。抽象性是设计分析图解的基本特征和要求，分析图解也因此具备了抽象再现的功能（图4-12）。

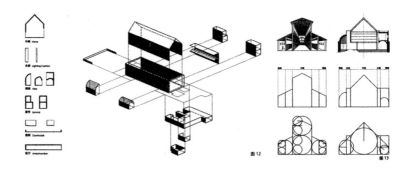

图4-12 一个建筑分析练习必须包含的图面语言

在建筑分析表达中，"抽象"是一个必不可少的方式，这包含两个层面的含义，一个是在观念中的抽象过程，就是把具体的对象或者关系在思维中进行整理和提取的过程；另一个则是表达上的抽象，是指对于客观案例的描述，在图面上进行抽象化处理，将其简化为"点、线、面"，用最简单明了的图像语言来进行分析描述。"常用的分析图解技术包括模型（model）、地图（mapping）、分层与叠合（lay and overlapping）、拆解与整合（decomposition and integrating）、透射（transparent vision）、凸现（bulging）、剖切或连续切片（slides）等等。"❶ 不同的图解技术针对不同的分析对象、分析内容和分析视角（图4-13）。

近年来，国内越来越多的建筑设计教师也开始意识到建筑分析的重要性，纷纷将其运用于建筑设计教学的各个阶段。❷ 笔者在日常的教学中，也常常以真实的案例作为设计分析的对象，以抽象分析的方法作为案例分析和建筑创作的介入点。从具体操作中可以发现，学生对此有较高的学习热情，这个分析过程被他们认为是一种对案例学习的"精读"过程，并且有助于依照建筑的空间问题来展开对经典建筑的阅读，而不仅仅是从实用的类型的角度出发。实践证明，以此方法介入整个设计课程，可以从两个方面来促进设计的发展：一是在设计最初的构思阶段，通过案例的分析有助于寻找设计的原点，可谓"从有到有"；一是在设计的最终表达阶段，建立在案例学习基础上的图纸叙述和表达方式往往比较整体和全面（图4-14）。

❶ 韩冬青，《分析作为一种学习设计的方法》，《建筑师》2007/1，p.7。

❷ 案例分析，尤其是通过对建成建筑案例来传授建筑知识一直是苏黎世联邦理工学院（ETH）几十年以来的经典教学方式。而在国内，同济大学王方戟老师是案例教学的先行者和实践者，在他看来，建筑学的知识在很大程度上具有积累性，而且在建筑学课程的设置中面临这两个方面的兼顾：偏向"叛逆精神"的教学和偏向"经验传授"的教学。在《案例作为一种学习设计的方法》一文中，王方戟总结为："叛逆和经验看上去很对立，有时候它们也关注相同的东西，靠这个东西我们可以把它们拉在一起，那就是对案例的研究。"

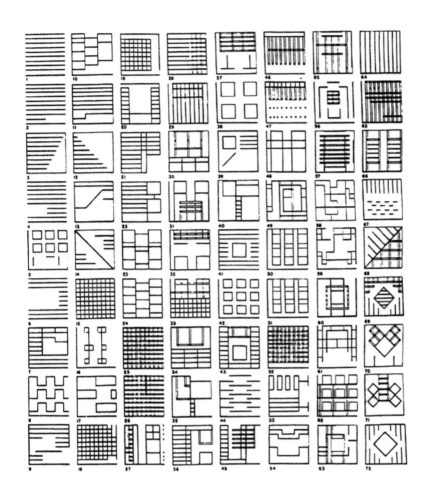

图 4-13　Franco Purini "建筑剖面分析和分类"（1968）

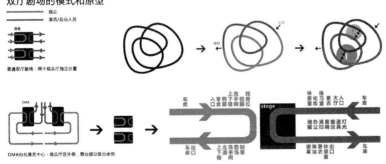

图 4-14　学生课程设计 "城市剧院" 中的图解分析（学生：王沧恺）

4.3.2.2　抽象训练

　　"在缺乏良好的设计实践基础的情况下，推动建筑学的一个重要途径就是自己发明练习——不断练习自己，这也是设计教学作为研究的基本意义之一。"❶ 一般说来，建筑设计教学方式基本上可以区分为 "练习"（exercise）和 "设计"（project）两个阶段。练习与设计的区别主要在于

❶ 葛明，《路漫漫今建筑设计教学 30 年》，《时代建筑》2009/3，p.50。

练习是专题性、探索性的，往往围绕一个设定主题展开，强调思维和构思的抽象性而不是像设计课题那样强调综合，因此主要运用于设计的基础训练阶段。

学习设计的过程，尤其是学习设计基础的过程也是一个审美经验积累的过程。虽然在此过程中我们其实一直自觉和不自觉地接触抽象，但是，有意识地来表现抽象毕竟不同于一般意义上的认识抽象。按照约翰·伯格的理解，认识抽象的过程实际上是一个"看"与"观看之道"的过程。在具体的教学中，通过教案中设计的系列的课题训练可以使学生摆脱固有的视觉经验和空间体验的束缚，尝试从不同的角度去思考抽象、认识抽象与表现抽象，将抽象元素视作设计工作的基本材料，尝试建筑设计的表现形式以及由这种形式所营造的新的空间方式和形式语言，这既是一个设计视角的问题，也是一个设计方法的问题。

在厦门大学建筑系研究生的教学中，"认识抽象"是一个常设的专题，这个专题以序列性的四个练习构成：

● 练习 1：材料知觉——接触抽象

本练习立足于对建筑材料的知觉体验的基础上，从材料的角度，通过对实物的拼贴、提炼和建构，以及质感转化的综合训练等环节来体验抽象。

质感可以理解为一种通过直接触摸或"视觉触摸"而获得的对材料的感觉经验。在以下的材质训练中，包括"真实材质—模拟材质—抽象材质—材质转化"四个阶段：真实材质是指通过各种材料本身肌理的接触而获得的一种触觉体验，要特别注意各种材质的物理、视觉和心理特点；模拟材质主要指用描绘的方式直接在纸上再现所看到的材质的真实形象，可以以造成"视错觉"为最终目标，即好像真的"触摸"到材质表面一样；抽象材质是建立在模拟材质的基础上的对材料的抽象表达，抓住事物内在的表现力，将材料的客观特点依照某种方式加以改变。

立体派发明了拼贴法，并发现材料本身可以作为一种艺术创作的手段。在这个训练专题中，试图通过实际接触和制作材料来培养一种对于材质的观察力和表现力；训练一种写实的和抽象的描绘，以及综合运用质感的能力。这个练习试图从材质的角度，从直接感知到抽象演变，在对材料的视觉接触经验的基础上探讨抽象质感的演变与生成。

● 练习 2：运动形式——视觉抽象

现实中的运动的视觉形式多种多样，凭借科技手段，我们可以轻松地将运动的瞬间凝固下来。对于建筑来说，由于人的路径和活动的不同，对于一个建筑的视觉抽象存在于建筑的空间、功能与形式中。本课题尝试将自己对某栋特定建筑的路径和运动形式作新的分析和综合，用平面或立体的方式表达和表现出来。

● 练习3：语言的形态——知觉抽象

本练习立足于对语言"文本"进行非推理性的再现或符号化表现，使它们成为具有"语言话语"的形式。将书面的文字转化为非语言的视觉形式，将造型理解为一种形式的"文本"。将话语和造型之间、想象与语言之间的关系呈现为可以理解和感觉的关系，从而在心中构筑出语言的"镜像"。

● 练习4：艺术与与科学的图式——科学的抽象化解读

科学的语言是一种受控制的语言，它的语言是用来描述那些似乎用语言无法描述的事物——方程、化学结构等。然而艺术的语言却要显得宽泛许多，而少有受到限制。在艺术与科学中，有着太多的共有的词汇，如体积、空间、质量、力、光、色、关系、密度等，这些术语共用于艺术与科学之间。在艺术的范畴下关注科学，并不是意味着将两者混为一谈。事实上，两者无法替代，两者只有在一定层面上才能够共通。

本练习要求学生以数学、物理学等自然科学的某些原理、定律、术语为依据，进行视觉和空间的抽象求证，内容可以涉及科学的各个方面，如基因的结构、相对论、克隆、公转与自转、正负粒子、微观与宏观等等（图4-15）。

此外，一个特定的建筑练习本身也是不断发展的。以海杜克的"九宫格"问题的基础之上发展起来的"方盒子"练习为例，这个经典的抽象练习原型和九宫格一样经久不衰，有着多种版本。顾大庆老师近年来在教学中以"立方体"为题，做了一些关于空间形式的研究（图4-16）。在这个研究中，"立方体"问题几十年来作为一个经过发展和变化的练习课题，体现了教学观念和方法的演进。❶

❶ 顾大庆，《关于建筑设计教学中的"练习"这种训练方式——从"立方体"练习谈起》，《2007国际建筑教育大会论文集》，中国建筑工业出版社，2007，p.210-212。

图4-15 "认识抽象"学生作业（学生：汪楠）

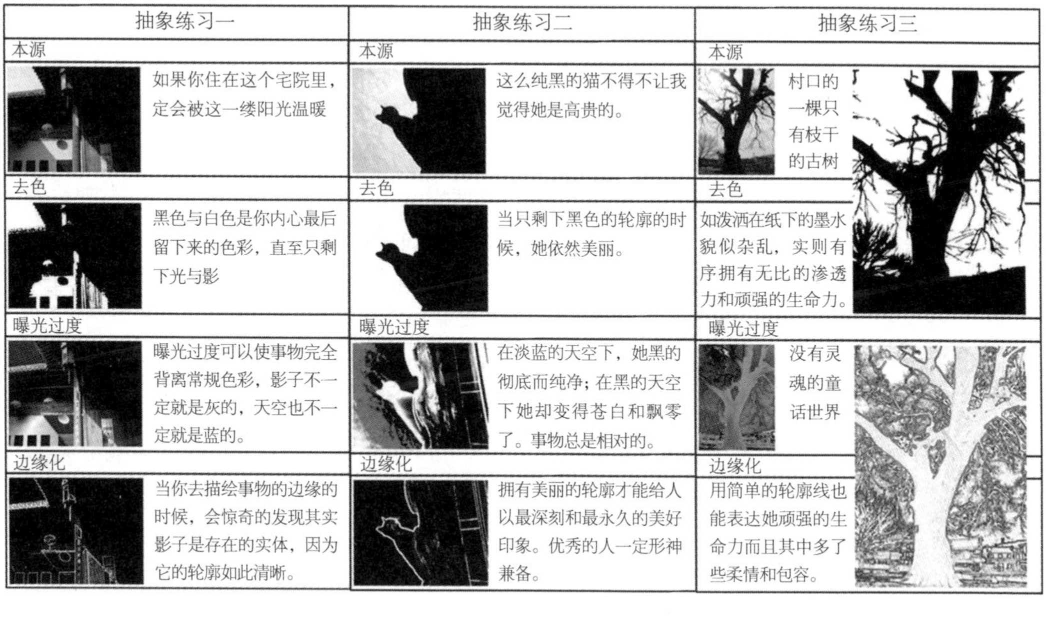

抽象练习一		抽象练习二		抽象练习三	
本源		本源		本源	
	如果你住在这个宅院里，定会被这一缕阳光温暖		这么纯黑的猫不得不让我觉得她是高贵的。	村口的一棵只有枝干的古树	
去色		去色		去色	
	黑色与白色是你内心最后留下来的色彩，直至只剩下光与影		当只剩下黑色的轮廓的时候，她依然美丽。	如泼洒在纸下的墨水貌似杂乱，实则有序拥有无比的渗透力和顽强的生命力。	
曝光过度		曝光过度		曝光过度	
	曝光过度可以使事物完全背离常规色彩，影子不一定就是灰的，天空也不一定就是蓝的。		在淡蓝的天空下，她黑的彻底以纯净；在黑的天空下她却变得苍白和飘零了。事物总是相对的。	没有灵魂的童话世界	
边缘化		边缘化		边缘化	
	当你去描绘事物的边缘的时候，会惊奇的发现其实影子是存在的实体，因为它的轮廓如此清晰。		拥有美丽的轮廓才能给人以最深刻和最永久的美好印象。优秀的人一定形神兼备。	用简单的轮廓线也能表达她顽强的生命力而且其中多了些柔情和包容。	

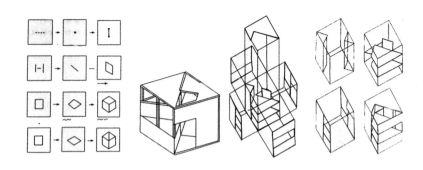

图 4-16　立方体练习的不同阶段

● 立方体一：从平面到立体的转换

立方体一主要用来训练空间概念和几何空间的构成，又同时解决基本制图概念和方法训练以及模型制作技巧训练、构造概念等一系列有关空间和建筑的基本问题。练习内容涉及平面解读、平面转换成三维体积、构成表达三个主要步骤和过程。"这个练习在教学上有三个要点：一是把空间想象力定义为从二维平面图向三维空间的转换；二是强调穷尽搜索的理性过程；三是空间构成的多样性来自于平面几何图形的多重解释。"❶

● 立方体二：空间构思的整体把握

在立方体一的基础上，可以进一步发展出关于立方体空间的基本构成特点和空间形式的主要概念：垂直与水平分割；实体与空间；围合与开启。

● 立方体三：空间和建构的研究

从立方体三开始，"建造"和"建构"作为一个命题正式介入。以模型制作作为主要工作方法——建筑材料通过建造过程生成空间，建造方式本身亦可以形成空间形式。在练习中主要学习把握两种形式：构思形式与建造形式。

● 立方体四：从绘画到建筑

抽象绘画抛弃了表现外部世界的目的，而专注于以平面空间的抽象形式表达世界和情感。"深入研究可以发现，画家在组织画面空间时所采用的方法是有规律的。如果我们再进一步考察建筑空间的组织，会发现在绘画空间的组织和建筑空间的组织方面是相通的。这种相通可以被归纳为分割、界定、占据、重叠、透明、负形、图底两可、调节等八种策略。"❷ 此外，绘画与建筑的关系还表现在设计的手段上，绘画的二维图形可以看成建筑空间平面的或剖面的抽象。

立方体四的练习可以看成是立方体一的深度回归，但是在设计手法和空间组织上提出了更高的要求——既要用不同的来自绘画或来自建筑案例的空间组织概念来塑造立方体，还要研究不同的空间组织方法与空间体验之间的内在关系。

以上"立方体练习"的四个阶段表明同样的一个立方体是可以从不同深度和不同角度来研究的。立方体作为一个无具体意义的设计练习载体，

❶ 顾大庆，《关于建筑设计教学中的"练习"这种训练方式——从"立方体"练习谈起》，《2007 国际建筑教育大会论文集》，中国建筑工业出版社，2007，p.210。

❷ 同上，p.212。

一方面可以把建筑体从特定的环境和功能中抽象出来，另一方面几何体量上的特点（无方向感、均质化）又把设计的外部体积的干扰最小化。因此，在做这一系列的练习时教学的注意力就可以集中到研究主题上，这也是抽象性建筑练习这种训练形式的特点所在。

再以新加坡国立大学建筑系 2009-2010 年度的基础教学为例，这个年度的基础教学的核心是"抽象—方案"（Abstraction—Projection），教学过程分为两个阶段展开：❶

● 阶段一：抽象

教学过程的第一个阶段主题为"抽象"，教学内容是围绕"感知、抽象和表现"（Sensing，Abstraction，Expression）三个关键词展开的一系列有关视觉感知和空间体验的训练。具体的教学则不仅仅限于建筑空间，而是涉及现代艺术、电影、文学、音乐等，目的是通过以现代艺术与媒体和建筑作为一个整体的感知对象来领悟和感知其中的抽象与表达。各个阶段和方向的主题之下会有一部相关的艺术作品、艺术现象或相关的理解性、启发性文字作为联想对象：

1. 知觉（perception）——电影《持摄影机的人》（苏联，1920 年，导演：维克托夫）

2. 变形（transformation）——蒙德里安的作品及其相关论述

3. 记忆（memory）——乡愁，有关旅行

4. 阴影（shadow）——日本传统纸灯笼的光影

5. 气氛（atmosphere）——消失的光，乡村的星光和都市的灯光

6. 形式（form）——美的形式来自感知，以奥斯卡·尼迈耶的建筑为例

7. 层（layer）——思想的层，层创造空间

8. 身体（body）——建筑和物体，建筑图和物体

9. 结构（structure）——摇滚与建筑，吉米·亨里克斯（Jimi Hendrix）的音乐的结构

10. 图形（pattern）——理解图形、阅读图形，图形并不仅仅是装饰

11. 表皮（surface）——风景与表皮，表皮与文化

12. 建构（tectonics）——超越物质性

13. 透明（transparency）——玻璃的透明和物质的透明

14. 电影（film）——电影《潜行者》（苏联，1979 年，导演：塔可夫斯基）

15. 艺术（art）——艺术和建筑：绘画、雕塑和建筑

16. 抽象（abstraction）——抽象与理性，抽象提供了一种新的理解建筑的方式

以其中的"身体——建筑和物体"环节为例，这个环节的训练目的是以一种非日常的、专业的审视角度来重新认识物体、认知建筑，或者说学习对"抽象之物"的凝视和观察——为什么原本一张普通的纸板经过想象

❶ Florian Schaetz, Abstraction 1/2, Department of Architecture, National University of Singapore, 2010, p.2.

图 4-17 新加坡国立大学建筑系"身体——建筑和物体"练习

基础上的加工可以转化为"神奇"？为什么原本极其简单的石膏体经过适当的切割可以变成一个想象的"原型"？这一切需要的正是恰到好处的、具有想象力的切割和构成，所有的具有"诗性"的物体不都是如此吗？这个练习提交的最终成果往往介于抽象雕塑和建筑模型之间，实际上想要表达的是作为一种抽象意义上的物体在自身构成上必须具备的抽象想象力和理解力（图 4-17）。

● 阶段二：方案

第二个阶段主题为具体"方案"设计，中心内容为"从几何方案走向空间"（Geometric projections into space）。在这个阶段以"几何"为载体，一方面通过对经典几何建筑案例的分析、转化来理解几何与抽象；另一方面通过自定主题的建筑物（或构筑物）的设计来学习结构与建造，通过对几何抽象的重新演绎来定义新型建筑材料和建构方式。课程中作为分析和研究以及空间操作的对象的经典案例主要包括：

1. 多什（Doshi），多什住宅，印度，1961 年

2. 阿尔瓦罗·西扎，赫尔辛基现代艺术博物馆（竞赛方案），芬兰，1998 年

3. 卡洛·斯卡帕，布里昂墓园，意大利，1969-1978 年

4. 弗兰克·盖里，温斯顿住宅，美国，1986 年

以建立在多什住宅基础上的一个学生作业为例，一个完整的练习过程分为三个阶段（图 4-18）：

1. 案例分析阶段。用草图和分析图等方式分析多什住宅中的几何及数学规则，分析侧重于平面的几何分析，涉及黄金分割比例等数学模型；同时通过分析可以发现这个住宅的空间由四个位于边缘的方形构成，四个方形通过一个中心空间组合在一起。

2. 纸版模型（cardboard model）阶段。在这个阶段要求学生把第一个阶段的分析结果转换成相应的三维纸板模型，转换成的纸板模型既是多什住宅的概念性抽象，也是概念性的三维化和实体化，纸板模型和原作有着一种暧昧的重叠关系——既和原作有着空间原型本质上的关联，又在原作的基础上加以想象、发挥和引申。

3. 杆线模型（stick and string model）阶段。在这个最后阶段，前述建筑和空间的几何和构成原理被再次演绎：一个包含四个单元的模数化单元体被设计和制作出来。这个模型重新定义了模数和结构形式，看上去和多什住宅毫无关系，但叙述的却是作为一个案例的建筑和杆线模型之间潜在的那种有关设计、构成和空间的共同原理。

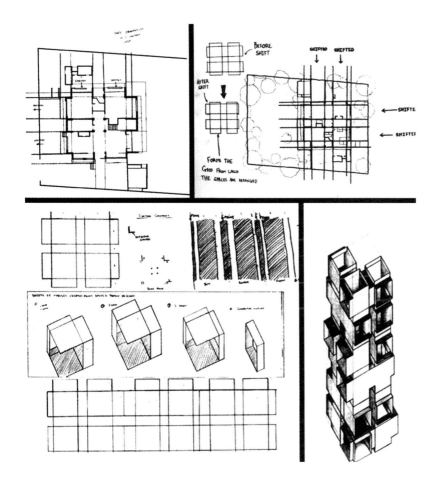

图 4-18 新加坡国立大学建筑系"多什住宅"分析的三个阶段

由此可见，这个练习的最终目的不仅仅停留在对案例的分析和引用或借鉴上，而是试图超越案例来学习、制作和体验一个案例中蕴含的关于（建筑）设计的诸多概念和内容。这个教学过程本身是极其抽象甚至难以言说的，但是经过详细制定的练习计划和教学引导，最终是可以做到用具体的练习成果（图纸、模型）来体现一个完整的设计理念的。

随着教学实践的深入，要真正实现一个"抽象化"的练习的训练目标，必须同时在设计练习的设计上体现一定的"真实化"。"抽象"与"真实"的结合是教学有效推进的保证，这是因为：

1. 设计练习"抽象化"的目的在于更有针对性地研究"真实"的建筑问题。一个设计题目的"现代性"不仅在于其形式上的"抽象"，更为核心的问题应该是这个练习题目的研究性和针对建筑核心问题的"真实性"。而在教学过程中，"抽象化"的一个优点就是可以使问题的复杂度降低，以帮助低年级学生在知识储备不足、分析能力尚欠缺的前提下抓住研究目标的重点即基本空间问题，来保证教学的针对性。

2. 抽象练习必须反映真实问题。抽象练习并不需要完全以最终的形式为评价标准，学生按照教师的指导和任务书的要求，对空间生成的每一个步骤加以观察、记录和讨论即可。当空间并没有被赋予一个具体的尺度和功能而变得"抽象化"后，学生就更容易观察到不同手法生成的空间的差异，对空间差异的观察、体验和讨论成为练习的核心。同时，空间构成物的结构问题被"抽象化"，学生通过对实体模型的操作可以直观地理解最为基础的结构原理，建立起"结构—空间"关系的基本逻辑。从这一点出发，也可以改变学生轻视技术课程，不能从建筑技术的逻辑对设计加以思考的现状。

3. 此外，从教学的角度来看，以学生观察、体验、思考为核心的教学过程也解放了老师。这样一个以讨论为核心的教学平台改变了以往教师示范、学生模仿的"师徒制"教学方式，学生通过模型的制作和抽象空间问题的实体化可以感受到模型材料的质感、空间特征和空间围合等具体问题。

4.3.3 建筑创作——抽象思维引导下的概念设计和研究性设计

一般说来，建筑创作的过程是一个抽象思维与形象思维协同作用的过程，同时，建筑设计也是一个多阶段的专业过程，建筑设计过程至少涵盖了前期调研、中期分析和后期构思三个阶段。客观地分析，一个标准的建筑设计过程中既包含"非此即彼"的精确状态，也需要"亦此亦彼"的模糊状态，这就要求在具体的建筑设计过程中有必要辩证地看待和运用精确思维和模糊思维的关系和特点。而以"抽象思维"作为两者的联系体，则有助于从整体概念上把握建筑设计教学的全过程。

近年来，随着人工和专业的不断分化，新观念、新技术带来了前所未有的高度复杂的城市和建筑的空间变化，这一切都改变了建筑的实践，也迫切要求建筑教育的改革。1999 年，荷兰代尔夫特科技大学教授林·范杜因（Leen van Duin）在欧洲建筑教育联盟（European Association for Architecture）的权威指导下，编辑出版了一本指南，指南中包括了欧洲约一百所建筑学校的课程结构和研究课题。通过对这本指南的细致研究，可以明确地看到，所有课程都是沿着两条主线来组织的："艺术—科学"和"专业—学院"。这两条主线直接对应说明了当今建筑设计教学的两个要点及针对性的教学内容："概念主导设计——概念设计"和"研究性立场——研究性设计"。

4.3.3.1 概念设计

概念的形成是一系列的思维过程，概念设计的思维具有抽象性、广阔性、总体性、灵活性等特点。人们思考和分析问题时一般遵循分析、综合、抽象、概括最后形成概念或结论的过程，在建筑创作的过程中，我们也大体遵循这一过程进行概念设计。同时，概念设计本身也意味着一个从抽象到概括的过程：抽象是指抽取事物的本质属性，撇开非本质的属性。概括是把抽取来的本质属性推广到具有这些相同属性的一切事物，形成关于这类事物的普遍概念。概念设计中的一个重要特征就是在认识上抓主干去枝叶，在构思上针对主要矛盾、主要问题来寻求解决方法。抽象和概括二者有密切关系，人们在对若干相同属性的事物进行概括时必须依靠抽象将其本质属性抽取出来，而被抽象的特征本身是以概括的形式思考的，因此概括有助于抽象。

一般说来，有两种类型的"概念设计"：一是建筑工程实践中的通过分析、判断、筛选，形成解决问题的"设计概念"，即通过建筑师的构思使抽象的设计概念物化成像，形成一个概念性的设计方案；另一种是学术研究性的概念设计，表现为一系列并不是为了具体建筑实施、提供某些具体的使用功能，而是仅供研究和探索的设计，这类概念设计着眼于探讨建筑的空间可能和发展方向，因此在现代建筑教学中常常使用。本章所涉及的"概念设计"即为第二种教学用途的概念设计。

从全球建筑教育的历史沿革和现状来看，一些传统的建筑院校本身的教育核心就是"概念设计"。此类建筑院校包括英国的建筑联盟学院、美国的匡溪学院、库珀联盟等。

位于伦敦的具有160多年历史的建筑联盟学院（Architectural Association School，简称 AA）可能是当今世界最富实验性和创造性的建筑学院。对于 AA 来说，设定的教育目标似乎就是一个虚幻或者说抽象的概念：在一个不断变化的世界里，建筑师所面对的问题是如何学习，或者说更重要的是学习如何学习。所以，"在 AA，建筑即是实验；在 AA，建筑是学习和寻找新的、无法预知的思想和观念；在 AA，建筑永远关注的是想象的未来。"❶

因此可以说，AA 所教的不是已有的建筑，而既是一种抽象图景，又是建筑自身的具体未来。AA 最被称道的年度教学模式——长时间、高强度且高度专注的教学单元体系，它不仅是对这一目标的保证，而且也使教师的议程、文化抱负或学术研究得以贯彻执行。这个教学单元本质上就是一系列的概念设计，从预科课程、一年级设计工作室到中级学院教学单元到证书学院教学单元都是如此，所有的设计都显示出一种与现实建筑几乎脱节的实验性和概念性，几乎所有的设计课题都是抽象的专题词汇：预科主要是通过合作和个人的设计方案，以艺术、电影、建筑和工艺的不同方式，教授学生进行概念性和创造性思考。一年级向学生介绍建筑设计、批判性思维和各种工作的实验性方式，并对不可预见的可能性和结果进行实验性和多样性的探索。

以设计课题"制作一个能制造城市声响的工具"为例，这个课题的任务由五个阶段构成：❷

❶ 建筑联盟学院编，李华等译，《AA 创作》，中国建筑工业出版社，2011，p.5。

❷ 同上，p.14。

1. 建造／安装：通过 1 ∶ 1 比例的装置发现制作的可能，装置放置的场地是 150 平方米的 AA 前会员大厅。

2. 制作—绘制—制造：将装置转换为图纸绘制并集结成册，重新发现对象并按比例更新它的建造设计。

3. 场地的精髓？抑或有人发现了它的场所精神？通过一段短片来了解场地。

4. 一室一世界：引入更多建筑类型学概念，这个学年将调查城市中一个犹如"磁石"般的空间。

5. 极致——重新构筑作品集：重新构想作品集的叙事方式，将它作为沟通表达整个作品的唯一渠道，使之更圆满地体现一个独特、清晰的态度。

这个课题的作业过程和最终成果显示了非凡的抽象性、开放性和理想化，既有基于现实城市空间的设计作品，也有介入建筑物与艺术品之间的想象物，还有天马行空、匪夷所思的奇想和幻想方案，可谓彻底打破了传统学院式建筑传授和学习的内容和方式，事实上这一切都展现了建筑学教育在新世纪应该具备的社会价值和时代价值（图 4-19）。

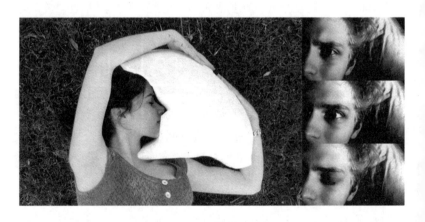

图 4-19 AA 的建筑练习引入了更多的艺术与影像概念

"概念建筑"（Conceptual Architectural）是东南大学建筑学院葛明老师 2003 年以来为本科四年级学生开设的一门设计课程，这个课程是葛明老师"用以思考建筑学的一种形式，这一形式也是思考现代性的一种方法，因此试图与思考现代性的其他方法相通。"[1] 这个课程在教学上试图发展一套制作（making）／言说（saying）／制图（drawing）相结合的综合方法，探索一种综合艺术形式以思考建筑学的学科边界。最终成果由 3-4 周的两个小制作和 4-5 周的大制作构成，2003 年以来大制作的课题依次为[2]：未完成作品的再现——路易斯·康的何伐犹太教堂与柯布西耶的威尼斯医院、雌雄同体、球与方——时空机器、道具、男女建筑、情绪三部曲、白天和黑夜／白天／黑夜。课程虽然围绕建筑、空间和行为展开，但是在知识背景和构思环节涉及大量的现代艺术、文学、诗歌、摄影等相关内容，

[1] 刘畅，《"情绪三部曲"：东南大学建筑学院 2009 概念建筑》，《时代建筑》2011/2，p.122。

[2] 同上。

抽象性和现代性是建筑与这些艺术门类之间的共性。

2000年以来，南京大学建筑学院在研究生教学中设置了"概念设计"环节，每个学年由2-3位教师主持该课程。作为研究生阶段的课程，这个教学环节的课题设定和研究内容明显具有抽象性、研究性和概念性的特点，而且课题内容已不仅仅局限于具体建筑单体的设计层次。

纵观南京大学建筑学院10年来的"概念设计"课题，可以发现在选题上有两个倾向，这两个倾向可以用"微观"和"宏观"两个层面来概括和理解：所谓"微观"是指回归建筑本质探讨的一些"小设计"，如"形式接触"、"蒙德里安"，还包括李巨川老师以建筑师和艺术家的双重身份设定的有关行为艺术和装置艺术介入建筑研究和课题；所谓"宏观"是指从城市和地理、社会等较为广泛的角度关注建筑问题，包括丁沃沃教授具有系列性和延续性的研究课题，如"地景诠释与概念设计"、"图化城市形态元素与概念设计"、"体验城市"等，周凌副教授则以抽象的词汇直接作为概念设计的课题，如"填充城市"、"奇观社会"、"山·边界"等。

2004年李巨川老师以"身体装置"作为该学年概念设计课程的研究课题，该课题是有关身体与建筑两者关系讨论的一次展开，也是一次将行为艺术和装置艺术转换成建筑装置和空间体验的一次教学。它以这样一种认识作为前提："将'建筑'理解为我们的身体与它所处的世界之间构成的某种物质性的'关系'。本课题希望通过将这一'关系'压缩为身体与特定的物质性构成之间发生的直接、具体和紧密的相互作用，来探询身体经验与通常的建筑体验之间的联系，以及在今天的物质环境中，身体经验具有怎样的意义，一种物质环境是如何限定我们身体的，身体与环境能够建立怎样的联系，这一联系在何种程度上能够成为一种建筑的体验。"❶ 该课题要求最后提交的成果是可供体验的，而非表现性（或描述性）的（图4-20）。

❶ 南京大学建筑研究所编，《南京大学建筑研究所年鉴2004—2005》，2005，p.35。

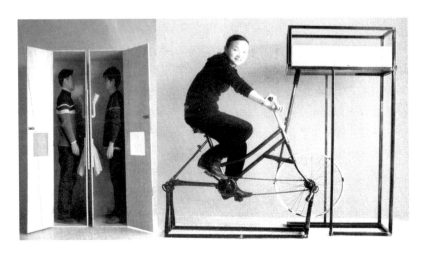

图4-20 南京大学"身体装置"研究课题

再以 2004 年"隐形城市"为例（图 4-21），该课题的任务书的假设前提是一座抽象的、虚拟的城市："一座临时的可见／不可见的城。它时而清晰可见，时而隐匿于山水与历史遗迹之间；时而鲜活生动，时而像潮水退却，消隐成一座看不见的城市。隐形城市是一种都市／村庄，依山傍水，群山连绵。它不像柏拉图的理想国，不像莫尔的乌托邦，也不像理想城和花园城。隐形城市里居民约 300 户，都市／村庄里，建筑是城市；村庄／都市里，城市是建筑。人们在这里工作、集会、休憩、居住。" ❷

❶ 南京大学建筑研究所编，《南京大学建筑研究所年鉴 2004—2005》，2005，p.44。

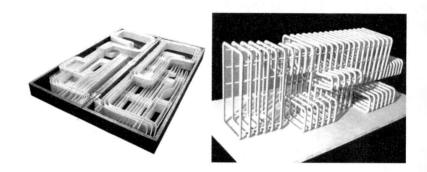

图 4-21 南京大学"隐形城市"研究课题

❷ 内在性（internality）概念是对建筑学本质的一种理解。自治（autonomy），即文学艺术中的自律性，是艺术家排除社会生产等外部因素的"艺术意志"，与自主性、自明性为同一概念。柯林·罗排除时代精神的形式主义方法是一种自治论代表，塔夫里的资本主义生产决定论式的社会批判是他治论的代表。

正是由于这一课题具有较强的抽象性和概念性，同时由于指导老师在课题的整个完成过程中强调了内在性（internality）和自治性（autonomy）❷ 的特点，导致学生完成的最终作业成果具有较强的外延性和拓展性——延伸了课题的研究范围，拓宽了课题设定的视野。学生在这个课题的主框架指导下，又设计出大量的具体城市场景，如"骨架城市"、"机器城市"、"网络城市"、"地景城市"等。

受国内外"概念设计"课程和实践的启发，笔者近年来在设计课程中，利用大设计之间的间隙以及假期前的"设计周"时间，在常规的设计课程中加入了"概念设计"环节，由于时间的限制，往往以小型空间的概念设计和类似于设计竞赛的开放性概念设计作为设计课题，近年来采用的课题主要有："兄弟住宅"（两套有着内在空间和行为关系的住宅设计，可以从两种职业、行为的差异展开设计）、"XX 的家"（特定地设计某个名人或个人的住宅，结合个人的空间要求和个性特点等）、"理想家"（设计一个纯粹的关于住宅的畅想性设计）等等。从学生的学习特点来看，学生对这种带有较大自由性和发挥性的设计具有一定的热情。从设计的成果来看，由于设计一般抛弃了具体功能的严格限制，最终的设计在整体效果上具有较为强烈的抽象构思特征（图 4-22，图 4-23）。

4.3.3.2 研究性设计

现代大学具有研究和教学两大基本功能，但是对于建筑学专业而言，建筑物研究（Building Research）和建筑学研究（Architectural Research）常常是两个容易混淆的概念。但正如英国建筑教授大卫·由曼斯（David

图 4-22　厦门大学概念设计"教父的家"（学生：潘永询）

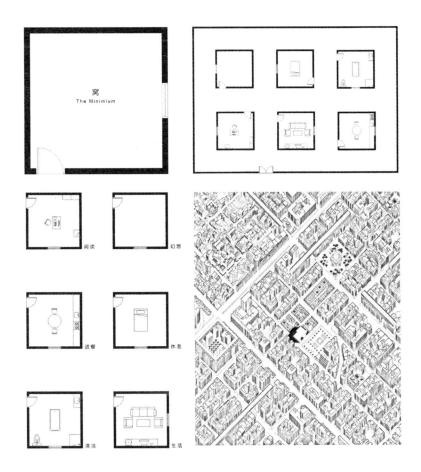

图 4-23　厦门大学概念设计"理想家"（学生：王沧恺）

Yeomans）1995 年撰文所言："建筑学校所传授的是设计过程，因此设计过程才应该是研究的主题，只有那些提出新问题、创造新形式、发展新方法的设计实践才可能被视为具有学术价值。"❶

❶ 转引自顾大庆，《作为研究的设计教学及其对中国教育发展的意义》，《时代建筑》2007/3，p.15。

　　1990 年代以来，以库哈斯为代表的一批荷兰建筑师在世界建筑舞台上大展锋芒，并且引起了评论界的极大兴趣。以 MVRDV 为代表的荷兰年轻一代建筑师随后崛起，更被称为"超级荷兰一代"。当代荷兰建筑师的成就，并不在于为建筑界增添了新的眩目的形式语汇（虽然他们的形式创造力同样惊人），也不在于在理论界的成就（虽然他们的建筑一直延续着理性特征），更不在于他们参与到流行的"数字建筑"的大潮中。可以说，荷兰建筑的独特贡献在于他们颠覆了传统设计思路，创造了鲜明的、基于研究的设计方式（Design by Research），并将其发展成为一种颇具系统性的设计方法。这种"研究式设计"的模式其实也是荷兰建筑院校的教学特色之一。

　　以荷兰代尔夫特理工大学的研究生课程构成为例，课程分为研究和设计两个部分，研究课程的目的是作为后期设计课程在概念上的先导。下文以该校一个完整的研究课程来揭示这种研究性教学的内容和研究旅程（图 4-24）：❶

❶ 张卫平著，《荷兰建筑新浪潮——"研究式设计"解析》，东南大学出版社，2011，p.178-191。

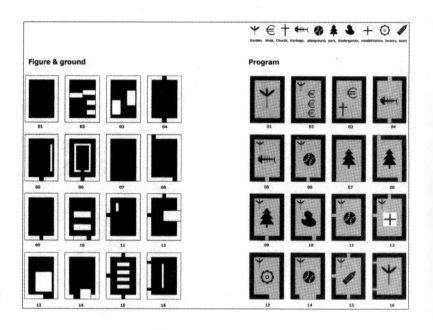

图 4-24 "墙"在界面研究中的不同属性

　　● 研究课题："墙"——关于界面的研究

　　墙作为建筑最基本的元素之一，既是一个具象的构件元素，也是一个抽象的研究对象。一个以"墙"为主题展开的研究性教学可以通过"墙"这一具体元素来认知抽象的社会和城市空间。

　　本研究为荷兰代尔夫特理工大学研究生的一项研究课程，研究成果可以直接作为后期设计的概念先导。课题的研究方式是学生首先在鹿特丹城市中搜寻具有主观研究意义的"墙"或具有类似价值的其他事物，最终，按照墙的属性进行分类，在分类中用图文描述墙在城市和建筑中的具体属性和特征。

在经过 8 周的调研、分析和整理后，城市中的墙被概括为两组属性、六种功能：

● 可见的墙——具象的墙，但是具有抽象的空间含义：

1. 媒介性的墙——界面的连接。墙的材质变化带来不同的感官刺激，墙的高度和厚度的差异也带来墙的两侧人的行为和交流的差异。

2. 围合性的墙——内与外。墙的围合产生空间的内外之分，但如果从城市尺度来看，分隔城市空间的"墙"就是建筑，而城市尺度的"房间"则是建筑之间的"缝隙"。

3. 激发性的墙——遮挡与跨越。适当处理的墙造成的视线遮挡和视觉穿越可以增加对周围事物和行为的神秘感、距离感并激发探究的冲动。

● 无形的墙——抽象的墙，更多地由人的活动和行为产生：

4. 作为"预防"的墙——监视摄像机。监视摄像机在大多数城市被普遍应用，作为预防犯罪的工具。但是监视摄像机同样带来虚假的安全感和增加的焦虑感。

5. 作为"界限"的墙——街头物具。街头的标示牌、小品建筑、街道家具等"物具"可以影响人的行为从而导致在街道上出现行为性的空间等级并引发新的事件。

6. 作为"可能"的墙——人群集聚。人群的集聚形成动态的"墙"，不同的人流形成相互作用的"墙"，这类墙是随着时间和事件而形成和变化的。

通过对这一研究性教学的过程剖析和成果解读，可以看出，在这个教学中，"墙"作为一个具体的研究对象只是一个起因，从抽象的角度来思考和理解，或者说弄清来龙去脉、理解墙所带来的空间事件才是研究的本意。同时，这个题目本身的涵盖范围也是很广泛的，研究者具有高度的自由度和伸缩性，这也保证了课题在对平常事物的抽象观察和抽象研究上进行深度挖掘。

近年来，这种"研究式教学"的理念也逐渐引起了国内一些建筑院系老师的关注，并开始在具体教学中实践和操作这样方式。顾大庆老师2007 年在《作为研究的设计教学及其对中国建筑教育发展的意义》一文中对研究式教学和中国建筑教育的历史和现状做了比较全面的阐述，他认为这种研究性教学有助于摆脱长期以来在中国建筑教育中实行的"师徒制"的不足，并将冯纪忠教授在 1960 年代在同济大学的关于空间设计的教学大纲《空间原理》作为中国建筑设计教学研究的最早萌芽。❶

也正是在这样一个大前提下，国内越来越多的建筑院系认识到必须把功能操作和形式生成有机地结合在一起，以"问题"为核心、以"研究"

❶ 同济大学冯纪忠教授的《空间原理》一文最先发表于《同济大学学报》1978年第 2 期。《空间原理》是关于"建筑设计原理"课程教学的一个改革方案，但它并不是一门讲课为主的课程，而是和设计教学相结合，指导设计教学的纲领性文件。《空间原理》的学术意义体现于"空间"和"原理"这两个关键词。"空间"相对于巴艺设计教学的"类型"，而"原理"则相对于巴艺师徒制的经验式教学方法。冯先生把建筑空间的组织作为设计的一般规律来研究，"他还清楚地意识到关于空间的研究有认识论的问题，和吉迪恩的《时间、空间和建筑》相似，《空间原理》就是一个方法论的成果。所以，冯先生的《空间原理》的现代性主要体现在两点：一是抓住了现代建筑的空间概念，摒弃了巴艺的功能类型体系；二是从原理的角度来传授空间设计的方法，超越了巴艺的"师徒制"方法。

为方式来制定建筑设计的教学计划。因为现代建筑没有预设的风格，它的形式基本可以认为是建筑功能、建造方式和基地环境三者相互作用的结果。功能对应空间问题，建造对应材料与构造，基地环境则对应着建筑形式。这三大问题又包含了各种子问题，如单元与组合、高度与跨度、渗透与穿插、新旧建筑关系等等。

由于"研究式设计"具有研究性、专题性、综合性等特点，因此一般适用于本科高年级或研究生阶段的教学。同时，研究的问题类型虽然是具体的建筑或城市问题，但研究的方式往往是抽象的。研究的过程中，抽象思维也是一个必经的构思途径，只有借助于抽象思维，才能在整个研究过程中主动发现问题、解决问题，并以设计的结果来表达整个研究过程。

近年来，笔者在厦门大学建筑系的本科毕业设计中，以这种"研究式设计"的方式启动研究和设计，试图让同学在本科的综合阶段，能够从抽象的层面上学会思考和构思，而不是那种仅仅将建筑学专业的学习视为技术层面上的功能布局和空间营造。

2008年、2010年、2012年和2013年笔者所带小组毕业设计课题分别为"鼓浪屿计划"、"小嶝岛计划"、"浯屿岛计划"、"海门岛计划"（这些列岛都是位于厦门、漳州境内的居住小岛，各有地域特征），四个研究性计划之间有一定的延续性和共同点：希望从城市设计和建筑设计结合的角度对城市岛屿中旧城区的更新模式做一定的分析和研究，并提出具有一定探索意义的设计方案。

虽然这四个小岛的研究涉及一些共同课题，如城中村、村中城、旅游开发、特色保护、海岛风貌等等，但是在具体的任务书中并没有明确列出这些研究要点，而是作为具体设计构思中的一条抽象"隐线"贯穿整个设计过程。

由于本设计原则上不设定固定的技术经济指标，期望通过对现场的勘踏及研究提出包括特色建筑保护、功能空间比例、主要建筑类型等在内的设计内容，并在此基础上深入设计。因此在具体设计过程中，抽象构思作为一种思考方法贯穿于整个毕业设计的全过程，抽象构思在其中实际上是一个发现问题—解决问题的思维过程：发现问题源于对基地和地段的实地考察、感受和调查，解决问题则是从城市发展、社会进步以及文化保护的多重角度提出整体性构思，并以城市设计和建筑设计的具体手段介入对地段的空间更新和空间再生。

以2010年"造船记——小嶝岛建筑空间巡游计划"毕业设计成果为例，本设计选定小嶝岛中部南侧地块，以"空间置换"、"空间更新"、"造船巡游"作为设计的基本构思点，从设计的选址以及对设计内容和功能定位来看，较好地理解了本课题的研究和设计目的，具有较强的研究性和构思性。方案主要设计了10艘可以"漂游"的"建筑之船"：1号船——餐厅船、

2 号船——展览船、3 号船——多功能厅船、4 号船——医疗船、5 号船——商业船、6 号船——旅店船、7 号船——精加工作坊船、8 号船——活动中心船、9 号船——图书馆船、10 号船——住宅改造船。每艘船侧重不同的功能设置，共同组成一个完整的"社区单元"。"建筑之船"在功能、空间、形式上遵循整体的构思和逻辑性，一方面能较好地结合小嶝岛的地域特性展开研究，同时沿着海洋"巡游"的概念本身也可以让这些"船"脱离具体的环境，成为抽象意义上的"装置"，从而成为"地球村"式的文化大同背景之下的文化交流中的一种行为艺术（图 4-25）。

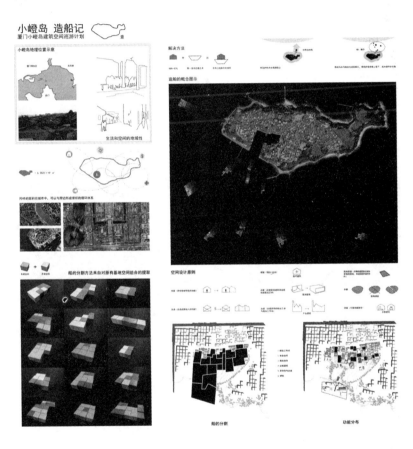

图 4-25 厦门大学毕业设计"小嶝岛计划"（学生：仇畅，孙晟，黄哲轩）

再以 2012 年"双城记——关于浯屿岛更新的六个故事"毕业设计成果为例，这里的"双城"暗含了两个概念——当地岛民的岛和游客的岛，即如何在城市更新和建筑设计中体现本土价值的同时又能兼顾旅游的行为特点。最终呈现的方案设计了六个建筑单体来解决这一双重需求，每一座建筑在时间性和空间性上都具有"双面"的特点，如"渔市"建筑，在上午是当地的渔业码头和渔业交易的市场，到了下午则成为具有地域特色的海洋与水族博物馆。即使是被保留改造的民俗建筑——关帝庙和蔡氏宗祠，也在设计中赋予这种双重功能的可能性：在保证日常的民俗活动的前提下，既考虑将民俗活动作为一种地方文化加以展示和推广，又通过室内外空间的可变性、灵活性设计，将建筑设计成具有开放空间特点的地方博物馆。这个设计成果在整体构思中以"时间—空间"的对应关系保证了设计的抽象性，但是在具体的单体设计中又引入了地方文化符号、地方材质、地方建造方法等来保证了整体建筑的地域特点（图 4-26）。

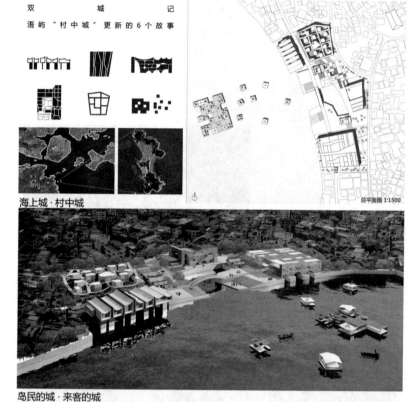

图 4-26　厦门大学毕业设计"浯屿岛计划"（学生：李斯奇，王周辉，常玥）

这种研究型设计实例也说明，作为毕业设计教学，除了关注抽象概念，对于建筑空间的营造和建筑建造的设计也应有详细涉及，这样才能够保证一个研究性的设计教学既有抽象的概念研究又有具体的设计操作。

4.4　本章小结

现代建筑教育中对"抽象"的探索是伴随着对现代建筑的探索展开的，在建筑学的教学中，"抽象介入"是一个基本问题。

本章首先回顾了抽象在现代建筑教育中的发展演变，笔者将其概括为启蒙阶段、发展阶段和反思阶段，正是借助于这三个阶段的发展，抽象完全融合于当代的建筑学教育中。这种融合体现在当代建筑教育的两个练习支流中，一个是美国的形式主义与现代艺术练习，一个是欧洲的形式主义和建构练习。事实上无论是现代艺术练习还是建构练习，"抽象介入"永远是其中的一个基点。

本章第三小节详细剖析了现代建筑教学实践中"抽象"介入的具体环节，并将之归纳为"建筑基础——抽象感知到空间体验"、"建筑练习——抽象分析与抽象训练"和"建筑创作——抽象思维引导下的概念设计和研究性设计"三个循序渐进的教学环节。这三个教学环节共同反映出在教学过程中，"抽象"既是一个研究问题的思维方式，也是一种研究过程。事实上，在目前国际上主流的一流建筑院校如瑞士苏黎世联邦理工大学（ETH）、伦敦的建筑联盟学院（AA）等的教学计划和课程设计中，"抽象"作为一个关键词是长期存在并不断得到强化的。

结论——从"大象无形"到"纵横有象"

　　　　大象无形

　　　　大白若辱

　　　　大方无隅

　　　　大器晚成

　　　　大音希声

　　《道德经》四十一章中的这五个关于"道"的比喻我们都耳熟能详，从字面上看，它们分别和造型、视觉、听觉有关，从深层意义上看，也许和我们今天所关注的哲学、艺术、设计有关。"大白若辱"一般被解释为"最洁白的白色有如污浊"，不知古人对几千年后现代建筑的"白色派"作何感想？"大方无隅"则被理解为"最方正的方形不见四角"，这一点倒是和蒙德里安的绘画和约翰·海杜克"钻石之家"的四十五度转角实验不谋而合。

　　这几句话首先体现了一种哲学的思考，"大白"、"大方"本无实意，只是事物的一种客观状态和形式，而"若辱"和"无隅"则是古人的一种体验结果，也是一种主观的对日常经验的否定。当然，这几句话还表达了一种艺术方向的追求，"大音希声"、"大器晚成"都体现了艺术观念中的"肯定—否定—否定之否定"的探求过程——如果"大音"可以解释为自然界的一切声音和人类创造和弹奏的音乐的话，"大器"则成为概念中一种物质存在的最佳状态。那么"大象"也就不仅仅是任何形象，也包括创造出的形象即艺术形象。

　　"大象无形"并不是真正的无形，而是对物体形象的一个概念加工、本质提取和主题再现，这个加工、提取和再现的过程就是"抽象"。

　　所有的艺术作品，不管是"具象"的还是"抽象"的，都是一个概念（concept）与知觉（perception）的对话，单一的"具象"或"抽象"都只能是事物意义的某种缺失。但在现实中，许多人将抽象性视为对真实存在的否定，并在此基础上建立成一种深奥的精英语系。同时，另一些人却将表现性视为对未知和未解领域的回避，表现性就成为一种功能化、适用化的语言。这两种做法都将艺术和生活割裂开，但事实上艺术源于生活、源于体验又在表达生活、表达体验。因此从建筑学的角度来看，有关艺术与体验之间的关系问题的探究非常重要，因为建筑就是一种日常化的艺术，是一种可以"进入"、可以"体验"、可以"使用"的艺术。

　　这种对抽象性的"晦涩化"和对表现性的"庸俗化"也直接导致今天的很多关于现代主义的批评都集中于相近的领域和范畴，难以沟通、难以接近，以致人为地形成"高级艺术"和"大众品味"之间的鸿沟，这些都是现代主义常常遭到的批判之处。现代艺术在流行文化和"曲高和寡"之间摇摆，而现代建筑要么成为乌托邦而形成一种脱离日常生活真实性的无场所感，要么和社会经济、大众文化错误地交织在一起，抛却实用和有效而仅仅沦为科技的前卫外衣。最终，"抽象"或"抽象建筑"成为一个贬义的对现代建筑的描述词，成为一种当对建筑问题、建筑现象缺乏令人信服的解答时例行的解释词。这个现状的存在事实上是笔者认为有必要对于现代建筑的"抽象"和"抽象性"作全面解读的初衷。

当然，在过去的一个世纪中，对于艺术语言的研究和探索涉及多种其他学科和艺术门类，不仅是艺术语言本身，还涉及科学语言，借助于我们常说的"后语言时代"（universal meta-language），"抽象"得以成为我们这个时代的重要特征，借助于对"现代建筑与抽象"的研究有助于认清这个时代文化的发展。今天的许多文化正试图去重新寻找正在丧失的现代主义的意义，在建筑界同样如此，建筑界采用的针对性手段通常包括：强调建筑对于文脉和地方文化的联系，通过美学、历史学、符号学来重新建立建筑的意义，或者重新引入当代艺术中的隐喻、叙事和写实等概念。"抽象介入"作为一个特征正是在这些手段中或隐或现的。

如果说对建筑中的"抽象"问题的推论和研究也具有一个"历史"的话，近年来，抽象似乎只具有边缘化的价值。抽象更多地被视为一种技术层面上的有关功能、科学、经济的方法论，而不是传统意义上的关于创造的象征性表达（symbolic representation）。创造和创作具有一种固有的参与性和体验性，因为创造是和个人的体验、想象有关的，而技术则是形成人文主义的理性基础——通过对知识的传递，用科技取代经验。但是正如笔者前文所言，在全球化的时代背景下，抽象或许会迎来复兴的契机。或者如柯蒂斯所言："如果有人将现代主义归纳为历史的抽象物，那是因为它正扮演着多种角色：一个超越时间限制不断作用的理想；一个不断更新的目标完章；一个尚未完成的文化工程；一个理念、形式和实际建筑不断进化的传统。"❶ 因此，以抽象性为代表的现代主义所具有的开拓行为显然还未停止，在经济全球化、技术全球化的今天一定还会继续展现它的作用和力量。

❶ 威廉 J·R·柯蒂斯著，本书翻译委员会译，《20世纪世界建筑史》，中国建筑工业出版社，2011，p.686。

在这个高速发展变化的年代，抽象往往也许比现实更具有精神上的优越性——建筑一方面有必要从各种形式和概念之中解放出来、保持中立，另一方面建筑在具有客观实在性的同时，也具有主观认识，在这种对立的关系之中，建筑成为一个具备双重性的词汇：既是实体，也是思想。

西班牙 Elcroquis 杂志 2011 年出版了瑞士建筑师瓦勒里欧·奥加提（Valerio Olgiati）的题为《和谐的冲突》的作品专辑，在序言中奥加提撰写了一篇题为《插图式自传》（Iconographic Autobiography）的自我历程回顾的文章，初看之下这篇文章在形式上较为"奇怪"：奥加提并没有大量地以文字来介绍他的设计思想和作品构思，而是详尽地引用了 55 张图片，这些图片涵盖丰富，既有人工湖、花园等自然场景，也有古典绘画和现代绘画、古代城市和现代城市，当然也有建筑，从他喜欢的古典建筑到现代建筑师罗西、斯卡帕、篠原一男、安藤忠雄的经典作品……"这些图片常驻在我的心间，当我设计或创作一座建筑时，我的思绪常常在它们中间展开。它们常常促使我深入思考，去设计一座真正抽象意义上的建筑，同时又达成稠密和丰富的效果。"❶ 奥加提在此的含义极其简单也极其深刻，即他认为一座新的设计出来的建筑在表面上看也许是"抽象"的或者新颖的，但在其背后一定有着历史的、文化的、个人的、专业性的背景和影响，因此新建筑最终也就成为"时间长河"中的自然而然的一员。从这个角度来理解，这一点也和本书第二章的总结部分的观点不谋而合：也许比"抽象性"来得更重要的是建筑的"自然性"和"真实性"。

❶ Valerio Olgiati, Iconographic Autobiography, Elcroquis156, 2011, p.6.

再次回到建筑这个本体，对现代建筑而言，抽象既是一种创造性的诗化语言，也是一种自主性的艺术过程。即使从古典建筑时期算起，布雷和列杜的作品都赋予了技术层面上的人文表达，布雷和列杜将建筑扎根于精确的数学和理性的系统之中，这是一种打破历史样式而创造个性化世界的开端，显示了一种对现实世界的控制欲和权力欲。从某种意义上可以说，现代建筑起源于布雷和列杜的"新帕拉第奥式"（neoplatonic）的抽象——布雷和列杜试图将建筑的构成元素规范化，并通过对这些构成元素的科学归类将建筑体系化，从而最终形成一个有关建筑的自治性语言（autonomous language）。所谓"抽象"，就是将这种经过提炼的概念与科技的发展相结合，形成现代建筑中不受外界影响的固有特性，同时具有创造性的象征意味，概念与科技的交汇点形成所谓建筑的"意义"，而现代建筑的关键之一便是——形式（form）与意义（meaning）的冲突与结合。

形式与意义构成了本书研究的核心，形式是物体的一种外向性视觉，意义则对应着事物（建筑）的内在性结构。抽象性的核心在于：形式源自原则，结构来自逻辑。形式性抽象和结构性抽象这两个重要的抽象取向也是笔者对现代建筑抽象类型的总体概括。

正如前文所言，20世纪初抽象主义的诞生和立体派有直接关系，而立体派的革命又始于19世纪的两位艺术家：塞尚和库贝尔——塞尚在对自然的观察中发现了自然的抽象性，库贝尔则通过他的物质主义改变了画家对自然的处理方式。如果说这是19世纪留给20世纪的革命性遗产的话，那么在进入21世纪的今天我们又应该从过去的20世纪中发现和继承什么呢？

或者说，当1910年康定斯基完成了第一幅抽象性绘画的那个瞬间，路斯、柯布西耶和密斯等第一代现代主义建筑师也正式迈进了一个整体化的现代性时代。那么一个世纪之后，在现代化的进程已经成为一张弥天大网的今天，我们又该如何在这个现实世界中推翻陈旧、对抗庸俗呢？

对于这个问题，本书是无力也无法明确地做出回答或判断的。但是我相信"以创造抵御平庸"❶也许是可以想象的方法之一，这一点也和本书的研究主题不谋而合。

作为现代建筑的表达，是一种个人视点的混合物，反衬出对于抽象的多维视点，衍生出超出其本身含义的诸多理解。当我们尝试去解读关于现代建筑中的"抽象"的诸多特征时，我们可以发现对抽象问题的不同切入点会带来不同的解读结果——有人关注于个人化的体验和艺术家的自主性，有人关注于现实形式和本质解读，有人关注于建筑师和观众的交流等等。

从这个意义来看，"大象无形"却可谓抽象性这一主题的误区之一，因为相较于纯属形而上哲学的"大象无形"，笔者更愿意以"纵横有象"这一属于抽象级别的形象思维的概念来总结本书的主题❷。即隐藏在"只可意会，不可言说"的诸多抽象属性的现代建筑之后的，却是清晰的结构、严谨的逻辑和明确的表达。如果将"纵横有象"引入到现代建筑的教学体系之中，则是一反往日传统认为的"建筑是无法讲明白的"，而是前文提及的"可教的"（teachable）。

❶ "以创造抵御平庸"是笔者借用孙周兴教授2012年6月在中山大学的演讲题目，全称为"以创造抵御平庸：后哲学时代的文化主题"。

❷ "纵横有象"一语最早是被颜真卿引用来回答书法的"求平"意图的，即将汉字写法的横划与竖划的相辅相成、冲动与互动、斜曲与正直、放松与紧张都在"纵横有象"中得到了概括。有趣的是，这个东方式的概括在西方的艺术史中，直到20世纪才在格林伯格的平面理论中得到了解释。

附录

"建筑与抽象"研讨会纪实（译文）

笔者注："建筑与抽象"研讨会英文版原文发表于 1985 年出版的布拉特学院主办的《布拉特建筑期刊》(Pratt Journal of Architecture) "建筑与抽象"专辑，这个研讨会是近 30 年来就"建筑与抽象"这一课题展开的一次较为深入的专题讨论。尽管由于文化和理念的某些差异，其中的一些讨论内容不免艰深和晦涩，但这个研讨会是在后现代主义盛行时期展开的一场关于"建筑与抽象"的意义与定义、内涵与外延、思想与实践的重要学术交流。鉴于国内学术界对此介绍较少，就此笔者将全文译成中文并将原文英文一并附上，企图一窥当年该研讨会的全貌（图 5-1）。

图 5-1　研讨会参与者，左起 Michael Hollander、Allan Wexler、Daniel Libeskind、Richard Pommer、Raimond Abraham、Siah Armajani

● 讨论会主题：建筑与抽象
● 时间：1985 年 2 月 21 日晚
● 地点：纽约布拉特学院建筑系
● 人员：

迈克尔·霍兰德（Michael Hollander），布拉特学院建筑历史助理教授，本次研讨会主持人。

阿兰·维克斯勒(Allan Wexler)，居住和工作于纽约的艺术家和建筑师，也是帕森设计学校的设计学教授。

丹尼尔·里布斯金（Daniel Libeskind），名声卓越的建筑师，获得过包括威尼斯双年展石狮奖在内的众多奖项，他曾经是匡溪艺术学院的建筑系主任。

理查德·博梅尔（Richard Pommer），瓦塞尔学院建筑历史教授。

雷蒙德·阿伯拉汉姆（Raimond Abraham），布拉特学院和库珀联盟设计学院助理教授。

希亚·阿玛贾尼 (Siah Armajani)，居住和工作于明尼苏达州明尼阿波利斯的公共艺术家。

Hollander

When we try to discuss questions like the ones posed this evening, "What is architecture?" and "What is abstraction?," it is very important that we all try to use these terms in the same way; otherwise we may become embroiled in disagreements which appear to be about our notions of reality, but which are, in fact, merely semantic. I would like to begin the discussion this evening by posing the following questions. What does the word "abstraction" in relation to architecture mean to you? In what ways do you find yourself using the word "abstraction" in referring to your work? Does the process of "abstraction" play a significant role in your design process?

霍兰德（主持人）：今晚，当我们试图讨论诸如"什么是建筑？"和"什么是抽象？"这些问题时，非常重要的一点是，我们都需要以同样的方式来使用这些术语，否则我们可能被卷入对现实的观念上的分歧，当然事实上这只是语义上的差异。我想今晚通过提出下列问题来展开讨论：

对你来说，"抽象"与建筑的关系是什么？

在哪些方面你自己使用"抽象"这个词来形容你的作品？

在你的设计过程中，"抽象"是否扮演一个重要角色？

Pommer

"As used in connection with visual methods of expression, the term 'abstract' is extremely relative. 'To abstract' something implies one of those mental activities, in contrast to emotional spontaneity, through which certain aesthetic values are isolated from the world of reality. However, when such values were realized visually and applied as purely constructive means, they became real. Thus the abstract was transformed into the real, thereby illustrating the relativity of the term 'abstract.' "

That comes from a statement in the magazine in 1926 by Theo van Doesberg. He sees abstraction as a process of with drawing art from reality until it stands in contrast to it and assumes its own reality. Painting at that time was representational, so the process of abstraction in that medium seemed to be clear by contrast. But architecture is not primarily representational; it is usually thought to be in some way abstract. Another problem is that architecture has the reality of art, but also the material reality of building, and you can't really abstract much away from that. For both of these reasons, discussions of abstraction and architecture become very difficult.

In the 1920s, however, there was little desire to talk about abstraction in architecture, in good part because architects didn't have to. The contrast with the world of reality of which van Doesberg wrote came automatically with every building you conceived in glass and steel and without ornament. The new buildings stood out from the traditional architecture, and by that means alone could be equated with the new abstract painting and its rejection of the world outside. Mies van der Rohe in the '20s always showed his glass skyscrapers set against the old stone city below. Le Corbusier set his new city smashing through Paris, so the distinction was radically clear. They also had an ideology, a set of beliefs almost taken for granted that equated the new stripped-down forms with the collective society and the machine age.

In the 1960s, with the new wave of abstraction in the work of Eisenman, Hejduk, Meier, and Graves, there was no longer an old architecture to rise against as in the '20s- the International Style was now everywhere. So these architects tried to elevate abstraction into a condition valid in itself, rather than by a radical contrast to the world outside. Their work was supposed to have some mysterious essence significant in itself and not abstracted from anything. This is really a contradiction of the definition of abstraction and led to many difficulties. They also had no ideology to which many could subscribe. Instead they formulated the belief that the abstractions of space, line and form had cultural value in themselves. You could talk about the thickening of space, or the rotation of space. Space was some sort of Thing, and it had some mysterious essence that gave it cultural viability.

More specifically, what did the architects do to overcome these contradictions and restore meaning to abstractions that no longer stood in contrast to the world? Eisenman responded by trying to invent ideologies out of the air. First he spoke of Noam Chomsky's "deep structure" as the justification of his own architecture; then he talked about the Holocaust and the Nuclear Age as the basis for his non-Humanist architecture. But not many listened. You can't invent ideologies as easily as forms; people have to believe them. Richard Meier tried to reinvest abstract architecture with specificity by making it refer to particular sites and particular functions. But it is not easy to make the universal machine into the particular house.

Does the reference of the Bronx Developmental Center to the apartment houses across the highway really emerge with much force? Michael Graves tried to solve the problem by half-abandoning abstraction. He re-established the contrast by setting abstraction in contrast to the conventionally representational elements of classicism. But now the contrast was no longer that of van Doesberg, between art and nature or the larger world of reality, but between one convention and another: between Modernity and Classicism or Abstraction and Humanism.

博梅尔："当与视觉表达方式相关时,术语'抽象'是非常相对的。'抽象'一件事物意味着一种有意识的心理活动, 而不是感情上自发的行为,通过这样的心理活动可以把特定的审美价值从现实世界中分离出来。然而,当这些价值在视觉上被发现, 并被作为纯粹的、可以推导的方式被应用,它们就成为现实。因此抽象转化为现实,从而说明了术语'抽象'的相对性。"

以上来自凡·杜伊斯堡在 1926 年《风格派》杂志上的一段陈述。他认为抽象是一个在艺术中提炼真实的过程, 直到这种提炼达到了真实的对立面,并且创造了自己的现实。当时的绘画是表现性的艺术, 所以在那个媒介中的抽象过程相比之下似乎变得明确。但建筑并不完全是表现艺术,它通常只被认为是在某些程度上的抽象。另一个问题是, 建筑不但有艺术的真实,也有建筑作为物质的真实,你不能过度抽象而偏离真实。由于以上这些原因,关于抽象与建筑的讨论变得非常困难。

然而,在 1920 年代,人们几乎没有讨论建筑的抽象化的欲望,因为建筑师一般不必讨论这个问题。与凡·杜伊斯堡所写的现实世界不一样, 现实世界中的建筑自然而然地拥有真实,比如实实在在的不加修饰的玻璃与钢材的建筑。然而新的建筑从传统建筑中脱颖而出,这种方式本身就等同于新兴抽象绘画对真实世界的反叛。密斯·凡·德·罗在 1920 年代总是将他的玻璃摩天大楼呈现在陈旧的石头城市之上,勒·柯布西耶把他的新城市片段化到巴黎城中,所以区别相当清楚。他们也有一种意识形态, 一套几乎理所当然的信仰,即把新精简形式与集体社会和机器时代等量齐观。

在 1960 年代,随着艾森曼、海杜克、迈耶和格雷夫斯等新一波的抽象作品风潮,我们不再有 1920 年代的对旧建筑的反叛——因为国际风格现在举目皆是。所以这些建筑师试图将抽象提升到一个自我内在的状态, 而不是与外界的激进对比。他们的作品自身有一些微妙的本质意义,而不是抽象于任何东西。这确实是与抽象定义相矛盾的而且导致了许多理论难题。他们还没有形成一个可以概括的思想体系。相反,他们认为空间,线和形式的抽象有其自身的文化价值。你可以谈论空间的厚度,或空间的旋转。空间成为某种特殊的事物,它的一些神秘本质赋予了它文化活力。

更具体地说,建筑师是如何克服这些抽象的矛盾性与还原性的,即抽象不再是与世界相对立的状况?艾森曼通过试图发明不存在的意识形态来作出回应。首先,他谈到诺曼·乔姆斯基的"深层结构"来作为他自己体系结构的理由,然后他谈到了大屠杀和核时代来作为他非人道主义的建筑观的出发点,但是并没有被广泛接受。你不能像创造形式一样简单地创造意识形态,因为人们不会轻信它们。理查德·迈耶试图通过特定的基础和特定的功能来重新定义抽象建筑,但是把通用的抽象机制限制在具体的某种建筑中却不那么容易。

对于今天的建筑，从纽约布鲁克斯中心的新派建筑到高速公路旁的普通住宅，它们是否意味着同样的力量？迈克尔·格雷夫斯试图通过半放任的抽象来解决这个问题，他通过设计与古典主义具象元素相对的抽象来形成对比，但现在这种对比已经不再是凡·杜伊斯堡所追求的艺术与自然或艺术与现实之间的对比，而是一种风格与另一种风格的对比：现代主义和古典主义的对比或抽象主义和人文主义的对比。

Wexler

What interests me is not abstraction but transformation. We abstract reality in order to simplify it, in order to understand it, and then to control it. Through abstraction we are able to change reality ⋯⋯Abstraction allows me to recreate the things around me now, and to recreate the things around me that were in my past. For instance, the smell of freshly painted enamel reminds me of my childhood because my grandparents painted their kitchen every spring. In my work now, I use enamel paint. I like smell of fresh wood. Is this abstraction or is this reality? I'm not sure.

维科斯勒：我感兴趣的不是抽象而是转换。我们抽象现实，以简化它，以理解它，然后来控制它。通过抽象我们能够改变现实⋯⋯抽象允许重建我周围此刻的事物，也可以重建我周围过去的事物。例如，新粉刷的陶瓷漆的气味使我想起了我的童年，因为我的祖父母每年春天都会粉刷厨房。在我现在的设计中我也使用陶瓷漆，我喜欢新鲜木材的味道。这是抽象还是真实的呢？我不确定。

Libeskind

We have come here for a colloquium on certain topics in architecture, and it's very symptomatic of today that certain code words can be used to legitimize in very obscure ways both intellectual and cultural institutions and political beliefs⋯⋯ This is not the definition of what this colloquium is all about. We must try to drop the code words and see what they say. They are involved in something quite terrifying. In order to talk about abstraction, we have to be much more abstract. We have to talk in second-level abstraction in order to make abstraction comprehensible, and if that's not comprehensible enough we have to talk in third-level abstraction, and maybe then things will become clear.

里布斯金：我们为了一个特定的建筑话题举办这个研讨会，在今天它非常有象征性，某些确定的关键词可以以非常隐晦的方式来体现知识和文化构成以及政治信仰这两个层面⋯⋯当然，现在不是定义这个讨论会到底是关于什么的时候，我们必须设法放弃那些关键词并看看它们怎么说。这些关键词的参与其实是一件很可怕的事情。为了谈论抽象，我们不得不更加抽象。为了理解抽象，我们不得不谈论二级抽象。如果那还不足以理解，我们还要再谈论第三级的抽象，也许事情才会变得清晰。

Armajani

I think if we are going to discuss abstraction, it should be based on certain concrete assumptions. It should be based on geography and on anthropology. I think art, history, or history of architecture in themselves cannot provide us with a yardstick to tackle the problem of abstraction.

阿玛贾尼：我认为如果我们要讨论抽象，它应该基于某些具体的假设，它应该基于地理和人类学。我认为艺术、历史或建筑历史本身不能给我们提供一个标准来解决有关抽象的问题。

Abraham

I see abstraction as nothing more than the process of representation through the mode of language. So when I make architecture, I think in architecture. But when I theorize, when I question what I do, then I enter the domain of other languages: literature, philosophy, painting, cinema, etc.; languages which become a philosophical challenge for the formulation of ideas. As Blanchot said "It is not a question of abusing literature, but rather of trying to understand it and to see why we can only understand it by disparaging it. It has been noted with amazement that the question 'What is literature?' has received only meaningless answers. But what is even stranger is that something about the very form of such a question takes away all its seriousness. People can and do ask 'What is poetry?,' 'What is art?,' and even 'What is the novel?' But the literature which is both poem and novel seems to be the element of emptiness present in all these serious things, and to which reflection, with its own gravity, cannot direct itself without losing its seriousness. If reflection, imposing as it is, approaches literature, literature becomes a caustic force, capable of destroying the very capacity in itself and in reflection to be imposing. If reflection withdraws, then literature once again becomes something important, essential, more important than the philosophy, the religion or the life of the world which it embraces. But if reflection, shocked by this vast power, returns to this force and asks it what is it, it is immediately penetrated by a corrosive, volatile element and can only scorn a Thing so vain, so vague, and so impure, and in this scorn and this vanity be consumed in turn…"

阿伯拉汉姆：从模式语言的角度，我认为抽象与表达无异。所以当我设计建筑时，我在建筑中思考。但当我将其理论化，问自己在做什么时，我就进入了其他语言的领域：文学、哲学、绘画、电影等；语言成为一种构成观念的哲学挑战。正如布朗肖（Maurice Blanchot）说"这不是滥用文学的问题，而是试图理解它，并明白为什么我们只能通过蔑视它的方式来理解。我们已经惊讶地了解到关于'什么是文学'的疑问只收到了毫无意义的答案。但更奇怪的是，一些问题的形式本身带走了它的所有严肃性。人们可以问：'什么是诗？'，'什么是艺术？'，甚至是'什么是小说？'

但是兼为小说和诗歌的文学作品似乎就是一种在所有严肃事务中存在的虚无的元素，要想严肃地反映这一种虚无，我们就不得不降低其严肃性。如果这种反映是庄重的并且接近文学，文学就成了一种带有腐蚀性的力量，可以消解它自身的和在反映中的庄严的力量。如果反映终止，文学则又再次成为了某种重要的、必不可少的、比哲学还要庄严的东西——它拥抱的那一部分生活或者世界的一片区域。但是，如果震慑于这种威力的反映回归这种力量并且追寻到底什么是文学，它立刻就会被一种腐蚀性的、爆炸性的元素所穿透，于是只能徒劳地、模糊地、不纯地蔑视一件事物。在这样的蔑视中和这样的徒劳中，反映自己也就反过来被消解了。"

Armajani

I don't think literature on architecture is architecture. I don't think literature on art is art.

阿玛贾尼：我不认为关于建筑的文学是建筑，关于艺术的文学是艺术。

Abraham

When I said that the term literature is exchangeable, I meant that it dealt with language. We cannot even make an attempt to talk about abstraction if we don't confront the physical world with the rules of language, with syntax, with grammar, with all the consequences of that confrontation. So abstraction is not floating around like a golden cloud, that we feel lucky if we can catch it, and describe it, and put it in our pocket. But it is a continuous process of questioning, a process of criticism. It depends on one's own critical approach toward architecture, literature, painting, sculpture. it depends on which mechanism one uses to achieve that abstraction, to penetrate the appearance of the world and reveal the occurrence of the world……

One can only talk about abstraction as a process, not as a result. It is a process to challenge the reality of perception through the reality of representation. When one perceives objects, one can only perceive their appearance, (and they would resist revealing their origins) unless we create images of these objects through the representation of language. This may be the most universal meaning of abstraction.

阿伯拉汉姆：当我说，文学是交互性的，我是指语言的处理方式。如果我们不面对现实世界的语言规则及其句法、语法，以及所有其他方面，我们甚至不能试图讨论抽象。所以抽象不是像一朵金色的浮云，如果我们能抓住并描述它，并将它放置在我们的口袋里固然很好。但它是一个质疑的持续过程，一个批判的过程。这取决于自身的对于建筑、文学、绘画、雕塑的批判方法。这取决于我们为了达成抽象、穿透世界的表象和揭示世界的本质所采用的机制……

我们只能把抽象作为一个过程谈论，而不是一种结果。它是一个通过对现实的表达来挑战现实感知的过程。当我们感知对象时，我们只会感知它们的外表（对象将不会透露它们的来源），除非我们通过表达性语言来创建这些对象的图像。这可能是抽象的最普遍意义。

Libeskind

When questions such as the one concerning the meaning of abstraction are posed, they are perhaps, in my book, the ultimate questions of the Western logos. I would just like to warn everyone that when the word "abstraction" is being used here, it is not being used in the same sense. It is like the word "reason," like the word "interest." The word "interest" derives from the Latin "*inter est.*" What is in between, and what is in between is a particular form of tension to reality. Call it whatever you want. You can call reality. You can call reality trash, you can call it architecture, you can call it the world, you can call it economic chaos. But one would then have to engage oneself in the full differentiation of the kind of tension that is involved, for example, in architecture and in art……To me, the way in which a code cerci like "abstraction" is used today is simply to discredit that word has no place yet in the manageable stock of manipulability potentialities. So that which is abstract has not yet been made into a stock, or into a stockpiling which can be used to secure an in securable future ....

Therefore whenever someone tells me that my work is abstract, it is always a way of saying that of course it does not engage itself in the real. For example, it is apparently more real to spend 30 million dollars anal make a building on Madison Avenue than to commit oneself to the unmanipulable. But I think one is really not compelled by reality; one is already participant, but at various levels of access in this participation ……

里布斯金：当一个关于抽象意义的类似问题被提出，它们可能是在我的书中提到过的具有西方标识的终极问题。我只是想提醒大家，当"抽象"这个词在这里被使用时，它往往在每次被提及时都具有不同内涵。这就像单词"原因"，就像单词"兴趣"。"兴趣"来源于拉丁语"inter"、"est"。介于两者之间的是一种带着张力的现实，你可以称它为任何你想要的：你可以叫现实，你也可以叫现实垃圾，你还可以称之为建筑，称之为世界，称之为经济混乱。但是一个人如果不得不致力于完全区别这种张力，比如在建筑或者艺术中存在的张力……对于我来说，今天人们使用类似于"抽象"这种词的方式仅仅坦白地说就是在怀疑那个词在现在可以管理的语言存货中仍然没有可以被操控的潜力。所以那些抽象的东西还没有进入储备，不能够保障一个安全的未来。

因此当有人告诉我，我的作品是抽象的，它总是"它不存在于现实"的另一种说法，例如"它显然比真实地在麦迪逊大道花费 3000 万美元建造一座建筑更不可操作。"但是我认为我们没有必要为现实所强迫，我们已经是参与者，只是参与的方式不同而已……

Abraham

Einstein asked himself two questions in his life which were rather narrative; he didn't start out with an abstract statement of the problem. He tried to imagine what would happen if he caught up with a wave of light, and how objects would behave in a free-falling elevator. These are very concrete images, perhaps images a man further from convention would not attempt to visualize, but they are very striking images. He ended up with a formula of three letters and one number. If there's any answer to abstraction, this is the answer.

阿伯拉汉姆：爱因斯坦问过自己两个很有故事性的问题，他并没有抽象地陈述这两个问题。他试图想象如果他抓住了光波会发生什么情形？以及在自由落体的电梯中物体会有何种表现？这些都是非常具体的图像，也许一个普通人是不会试图将其视觉化的，但它们却是非常引人注目的图像。爱因斯坦最终推导出一个由三个字母和一个数字组成的著名公式。如果存在对"抽象"一词的解答的话，这就是答案。

Audience

I have a problem with the idea of abstract architecture. I think that abstraction is a process of extraction and that the moment you begin to express that thing which you have abstracted, you leave the realm of abstraction and enter the world of representation; they are very separate.

听众提问：我有一个关于抽象建筑这一概念的问题，我认为抽象是一种提取的过程，但是当你开始试图表达你所抽象的事物时，你已经偏离了抽象而进入了一个表达的世界，它们是有着明显区别的。

Libeskind

Surely your "representation" is a very high form of abstraction, isn't it? We know in the history of the world, especially the non-Western world, that abstraction is not necessarily in the form of representation. I would say it is rather the reverse of what you're saying, that abstraction is a disease of representation. But one can say it the other way around, that representation itself is a perverse form of abstraction-perverse because it grounds in itself something which is unfathered and rather groundless. I think that this is a point which Raimund was making through the Blanchot argument; that abstraction is tied with emotional ground and groundlessness. ... Abstraction, as it is used, does have to do with groundlessness, but it is a groundlessness which is actually related to one's own uncertain and illegitimate existence, because one can say that one is only smelling and seeing. But even organic, physiological mechanisms are groundless for those who have studied their development: the senses, too, disclose a forgotten destiny.

里布斯金：当然你的"表达"是抽象的高层次形式，不是吗？我们知道在世界历史，尤其是非西方世界中，抽象不一定是表现的形式。我想说的是，和你的意思正好相反，抽象性是表现性的一种"病毒"。但是有的人也可以反过来说表现本身就是一种反常的抽象。说它反常是因为它的基础是来路不明且相当没有根据的。我想这就是阿伯拉汉姆在布朗肖论证中所说的那一点：抽象与"感性基础"和"感性无基础"相连。当被使用的时候，抽象确实不得不带有无根据的属性，但是这种无根据的属性其实正与个人自己不确定与不合理的存在相关，因为人只能说他可以看见东西和闻见东西。但是甚至是有机的，有生命的个体对于那些研究过他们发展的人来说也是无根据的：感觉揭露了一个被遗忘的命运。

Wexler

We live in this place called the world. Various things affect us. As architects, as potters, as sculptors, as photographers we see and touch these things, they become part of us. Then they come out in a new form. Perhaps art/architecture is shit. This is of course a necessary part of life.

维科斯勒：我们生活在这个地方叫做世界，各种东西影响着我们。作为建筑师，作为陶工、雕塑家、摄影师我们看见和触摸到事物，它们成为我们的一部分。然后它们又形成一种新的形式。也许艺术和建筑是狗屎，但都是生活的必要的 一部分。

Abraham

It's clear that whatever we do is digested, but my question is how it's digested .... I am fascinated with the abstract dimension of literature. You have a limited number of letters, a limited number of syllables, a limited number of words. If you [were to] analyze a trivial text in the *New York Post* you'd probably find many words which Shakespeare used. So why Shakespeare? Shakespeare has confronted that language, that digested material, material analogous to bricks, stone, or marble, with the most abstract notion man has ever invented: syntax. There is a different syntax in every language and in architecture that syntax is geometry, but geometry itself can never be architecture because it has no memory.

Geometry can only deliver memory, geometry always remains geometry. So a circle, to quote in a transformative sense Gertrude Stein, "is a circle is a circle is a circle." It doesn't change its character. But when the circle is formed with stone, with concrete, with steel, then it has memory⋯⋯ The only way one can define architectural space is as continuous conflict between the ideal world of geometry and the physiological world of material and of our senses. The issue is the degree of abstraction. It is one's ability to be persistent in that confrontation, that one never yields to the physiological world of utility.

阿伯拉汉姆：有一点很明显，无论我们做什么，它都会被消化，但我的问题是它是如何被消化的⋯⋯我沉醉于文学的抽象维度。你有一个有限的字母，数量有限的音节，数量有限的词汇。如果你分析一个《纽约邮报》简单的文本，你可能会发现莎士比亚运用的很多单词。那么为什么你不是莎士比亚？莎士比亚面对的那种语言，文学中被消化的素材类似于建筑中的砖、石或大理石，人类就此曾经发明了最抽象的概念：语法。每一种语言都有不同的语法，而建筑中几何就是语法，但几何本身不是建筑，因为它没有记忆。

几何只能传递记忆，但几何只能是几何本身。所以正如格特鲁德·斯特恩的变革性感觉所言："一个圆圈是一个圆圈，一个圆圈就是圆圈本身。"这并没有改变它的特性。但是当圆圈是由石头、混凝土、钢组成的，它就有了记忆⋯⋯我们可以定义建筑空间的唯一方法是连续的理想几何世界和我们的感官以及材料构成的生理世界。每个人都有在这样的对抗（物质和感觉）中坚持下去的能力，人永远不会向纯功用的生理的世界屈服。

Libeskind

Raimund brought mathematics to mind······Mathematics is simultaneously Myth and Mystery······ Niels Bohr, during the formulation of the theory of relativity, spoke explicitly about the fact that scientists can calculate and know exactly that the calculations are coherent, but have no idea what they could possibly refer to, and that the idea of reference actually occurred retrospectively in modern physics：a cause which is an outcome of its own results.

里布斯金：阿伯拉汉姆将数学带入思维领域······数学同时是神话和神秘······尼尔斯·玻尔在制定相对论时，明确地讲述这一事实：科学家们可以计算出和确切知道计算结果是一致的，但不知道结果有所指向，这一点想法可以回顾性地参考实际发生在现代物理学中的：原因也可作为结果的结局。

Armajani

There is also the notion of postulation in science. The structure of modern science is not based on the continuum of logic and reason.

阿玛贾尼：还有科学概念中的假定，现代科学的结构并不是基于连续的理性和逻辑。

Libeskind

I think, Siah, what you're saying is true, that it is a matter of postulation. But I ultimately don't think it's a matter of human postulation. In other words I don't think when the Greeks examined their conditions of reality, very early on, when they said *is and is not*, they were simply postulating a condition of their subjectivity. I would say that there is something other in reality which is not controllable. Therefore, all discussions about reality, just like all discussions of abstraction, are ultimately absurd. One is already participating in something which already has an amplitude which is unmanageable.

里布斯金：我认为阿玛贾尼说的是事实，它是一个假定的问题。但我不认为最终这是一个关系人类的假定。换句话说，我不认为当希腊人在很早以前审视了他们的现实条件，当他们说是和不是，他们只是假设了条件的主观条件。我想说，有一些其他因素在现实中这是不可控的。因此，所有的关于现实的讨论，就像所有的关于抽象的讨论，最终都是荒谬的。我们已经参与其中，但每个人的参与度难以控制。

Audience

I don't understand how abstraction is useful today.

听众提问：我不理解抽象在今天为什么有用？

Abraham

That's a very curious question……I had said before that I don't believe that abstraction is a commodity which can be used. It has no quality, and that is something we haven't even talked about.

阿伯拉汉姆：这是一个非常奇妙的问题……我之前说过，我不相信抽象是一种商品，可以使用，它没有商品的特质，这一点我们还没有谈到。

Libeskind

It is especially in a totalitarian climate that one questions something which has to do with utility, or with lack of utility. I think it is the one thing which cannot be swallowed by a consuming society. Therefore, it is the one thing that must be eliminated from discourse, because it is perhaps the one thing that breaks an entire chain of reasoning, and without this particular condition, the entire chain is irrational. Everything that one is engaged in, from drawing straight lines, to calculating, to building buildings, and to making money, hangs on an untenable condition. I would just like to point this out because it's not easy to face. That kind of accusation has been made over and over again. It is the accusation of all realism against abstraction, it is the denial of abstraction, it is the pejorative use of abstraction as reductionism, and of course whether it is Stalin or Hitler or anybody else, it is the prime target for silence and control.

里布斯金：尤其是在一个极端主义的大环境下，我们会提出关于实用性或无实用性的问题，我认为这是一件消费社会也不能淹没的事实。因此，这是一个必须从讨论中消除的问题，因为它也许是一个打破整个推理链的问题，没有这个特殊的条件，整个链是非理性的。我们所从事的一切，从画直线、计算，盖房子，赚钱，都悬置在一个站不住脚的前提条件下。我只是想指出这一点，因为它是不容易去面对的，这样的声讨发生了一次又一次。这是所有现实主义对抽象的指控，它是对抽象的否定，它是贬义的使用抽象的简化论，当然，无论是斯大林、希特勒或其他任何人，它的头号目标是沉默和掌控。

Pommer

The idea that, if you abstract architecture or art efficiently, you can pull it away from the appropriation of the oppressors or the capitalist exploiters, was a common belief in the '70s. It was part of the conceptual art movement which thought that by making things proof against use-so abstract that no one could use them-you would remove the taint of capitalist exploitation. We know very well that nothing can be kept from the buyers. It doesn't matter really if it's abstract or not. I think the whole business of appropriation is a totally phony issue and has nothing to do with abstraction or non-abstraction ······

博梅尔："你可以很有效率地把建筑和艺术抽象化，你就可以把它们（建筑或者艺术）从压迫者或者剥削者的手中解放出来。"这种想法在1970年代曾是一个普遍观点。这曾是观念艺术运动的一部分，艺术运动认为，如果你把一个东西变成一个与使用物相反的证明物——抽象到任何人都没法使用它们的程度——你就可以把资本主义剥削的污点从它们身上移去。我们非常明白没有什么可以阻止买者接近，是不是抽象根本无关紧要。我认为所有关于艺术的挪用只是一个虚假的问题，与抽象或者不抽象无关。

Abraham

I don't believe one can talk casually about "use"; I believe it is a crucial phenomenon and a crucial philosophical issue in architecture. Architecture cannot carry any narrative messages, but it can be identified by use. The sculptor is not obliged to confront his formal manifestations with use, as the architect does. When I say "confrontation," that means the architect can also deny use, but this denial has to be manifested in his architecture. If the form arrives at the level of universality at which it can encompass use, embrace use without yielding to use, that is what I would call architecture······ Ultimately, the root of architecture is not the primitive hut as Mr. Ryckwert tried to tell us in his book *Adam s House in Paradise*, but it is the tomb, it is the house for the dead. There was no reason to build a tomb other than to symbolize death and to deal with the paradoxical notion of approaching an eternal condition, of nothingness ······ I believe there cannot be a casual argument about use; use versus form is life versus death, Use deals with life and death. When use disappears it is signified by architecture: architecture becomes its signifier.

阿伯拉汉姆：我不认为我们可以如此消遣性地谈"使用"，我认为这是建筑中的一个至关重要的现象，一个至关重要的哲学问题。建筑无法携带任何叙事的信息，但它可以被使用而被识别到。雕塑家不需要面对形式构成的实用问题，但作为建筑师却要。当我说"对抗"，这意味着建筑师也可以否认实用性，但是这种否认必须体现在他的建筑中。如果形式到达普遍性的程度，它可以包含使用，接受使用而不造成使用，这就是我所说的建筑……最终，建筑的来源不是雷克维特（Ryckwert）试图在他的《天堂里的亚当屋》描述的那种建筑，而是为死人设计的房子——坟墓。我们没有理由去建造一座坟墓除了象征死亡和处理永恒与虚无的矛盾状态……我相信关于坟墓的实用性不能随意地讨论，因为它的功能与形式是生与死，是关于生活和死亡。当它的实用性消失的时候，它就被建筑标签化，建筑最终成为它的符号。

Audience

You [Siah] mention the "context" in which an act of creation may take place, and list "location" and "place" as criteria to which an object can relate. There are, however, other forces which influence creation, namely, historical, intellectual or ideological intents, as well as political forces. So when you mention the site or context of the work, there are actually many layers of consideration which can be brought into play. Thus, when you mention public art and call for a formal response to a specific site, are you not then denying other realms of activity or meaning?

听众提问：阿玛贾尼先生在关于创造性行为发生时，提到了"文脉"概念，并且将"地点"和"场所'"作为物体与外界联动的标准。然而，历史、知识或意识形态的意图，以及政治力量等也是影响创作的其他力量。所以，当你提到设计中的场所和文脉时，其实有很多层的考虑可以进一步考量。因此，当你提到公共艺术和呼吁对特定场所的正式回应时，你是不是否认了其他的行为领域或意义？

Armajani

I would like to establish some parameters in order to be able to answer your question. First of all, as a public artist I am here to accommodate; this is based upon social needs. So the idea of site, place and location, in themselves, do not project anything. As a public artist I am not involved in creating something unusual. l'm not here in order to shock or intimidate or control the viewer and the participant. As Walter Benjamin said, "The aura of the participants should be respected."

阿玛贾尼：为了能够回答你的问题，我想设立一些界限。首先，作为一个公共艺术家我被容纳进这个研讨会，这是基于社会的需求。所以场所、地点和位置的概念本身不依赖于任何东西，作为一个公共艺术家我没有参与创作一些不同寻常的事。 我参加这个研讨不是为了制造耸人听闻或控制观众和参与者。正如沃尔特·本杰明说："参与者的'光环'应该得到尊重。"

Libeskind

You claim that it is the role of society to accommodate itself to the non-artist and therefore to identify what you're calling a willful expression with the refuse of society. I think you're on an incredibly dangerous intellectual course if you accept the fact that society is to legislate what is accommodating in terms of what you call neighborliness. Because, after all, the kitchen and the backyard and all those sort of small things are ultimately extendable right into the right or left and therefore into the center of power. Therefore, I don't really buy the argument that public art is neutral, and by becoming neutral accommodates the best of all possible worlds……I think there is an underlying tone in your argument, Siah, against universality, or always grounding that universal in something like a consensus of reconciliation.

里布斯金：您声称适应非艺术家是社会自身的责任，因此您用社会的拒绝来证明您声称的那个存心的表达法。我想如果你接受这个事实，认为是社会在你所说的亲切性之下判定什么才是通融的，那么是你正在一条极其危险的道路上。因为无论如何，厨房和后院以及所有这种小事情是可以延伸到如左派、右派中，并且最终深入政治权力中心的。因此，我真的不认同"公共艺术是中立的"这个论点，也不认同中立化可以更好地适应这个世界。我认为你的论述中有潜台词，关于普遍性的潜台词，或者说为诸如普遍调和的共识之类的事情设下基础。

Armajani

The problem with universality is that no matter how history is interpreted, the past achievements could become oppressive. It is presumptuous on my part to think that I could build a structure that would be meaningful in America and also in South America, Asia, Africa, and Europe. I think that it is oppressive, and this is an aspect of universality that one can do without.

阿玛贾尼：普遍性的问题是，无论历史是怎么被解读，过去的成就都可能成为压力。对我来说，认为我可以设计出一个建筑，它在美国和在南美、亚洲、非洲和欧洲具有一样的意义，这是武断的。我认为这是强制性的，但也是普遍性的一个方面。

Abraham

There is no such thing as public art and there is no such thing as public architecture; there's the art of architecture, sculpture, painting, etc. From the moment it becomes public it becomes consumed.

阿伯拉汉姆：没有所谓的公共艺术和公共建筑，只有建筑艺术、雕塑、绘画等。从它具有公共性的那刻起，它就具有一种消费性。

Armajani

When we talk about culture and democracy, we are talking about the possibilities that art, architecture, philosophy, and political systems become public. If a country is called democratic, then the architecture, which is based upon the same assumptions must be public. So what is the meaning of cultural democracy? This is what I have been trying to get at from the very beginning tonight.

阿玛贾尼：当我们谈论文化和民主时，我们就在谈论艺术、建筑、哲学和政治系统成为公共的可能性。如果一个国家被称为民主，那么建筑，它基于相同的一点，必须是公共的。所以文化民主的意义是什么？这就是我今晚在一开始就一直试图寻求的答案。

Libeskind

I am much more interested in who it is that constitutes the public, who is actually beyond, in those marginal areas, which are, of course, marginal only from the point of view of power. I would say that there is much more to participation than the kind of participation that has been reduced to merely a yes or no in terms of voting, or in terms of what you're appropriating as aesthetic liking or disliking or accommodating or not accommodating. It was Nietzsche who noted that horizons appear and disappear as a function of the Will to Power, and that on especially good days, even abstraction is possible.

里布斯金：我更感兴趣的是谁构成了公众，他们实际上是超越了边缘。当然这种边缘只是从权力者的角度来看的。我想说的是，相对于参与的方式，参与本身更重要，正如对于投票仅仅得到的赞成或否定，或是对于审美上的喜欢还是不喜欢或接受还是不接受，参与将会包含更多。尼采曾指出地平线出现或不出现是权力意志的功能，而且在美好的时代，即便抽象也是有可能的。

Abraham

I think one cannot walk away tonight without making a clear statement about the necessity for our spiritual survival, to protect the autonomy of art against any society, totalitarian or democratic. Before anybody becomes a citizen, he has to be an individual. It ultimately deals with our individual survival, and depends upon an almost anarchistic autonomy, so that unless we have the freedom to express ourselves through the means of our imagination, we are all dead.

阿伯拉汉姆：我觉得除非对我们精神生存的必要性提供一个明确的说法，来保护艺术自知，反对任何集权主义或是民主政治的社会，今晚的这个讨论不会结束。在成为公众之前，任何人都首先是一个个体。它最终涉及我们个人的生存，并且建立在一个几乎是无政府主义的自治上，所以除非拥有通过我们的想象力来表达自我的自由，我们都会死亡。

Audience：I believe that you must see yourself in a collective situation.

听众：我认为你必须把你看做是集体中的一员。

Abraham

How can you survive if you don't consider yourself singular? There are certain dimensions in human existence which can never become collective, and if we give that up, if we delete our power of being individual in terms of what we make, then we have lost our existential world.

阿伯拉汉姆：如果不认为自己独特的话，你将如何生存？人类生存中有一些特定的维度是永远都不会集体化的，如果我们将之放弃，我们将丧失作为个体的能力，我们将失去我们存在的世界。

Pommer

I would like to bring the discussion about the individual and the collective back to the topic of abstraction. Abstraction early in this century was indeed often associated with collective or socialist ideals of society. But it also carried contradictory meanings of extreme originality, of the independence of the artist from the weight of history, of collectivity in the temporal sense. My point is that you really cannot tie abstraction to any political approach, neither to individualism nor collectivism, except in certain very limited historical situations.

博梅尔：我想我们应该重新回到抽象的主题，来讨论个人和集体。20世纪初的抽象确实经常是与集体或社会主义理想中的社会相关的。但是它同时也含有极其的原创性，厚重历史中艺术家的独立与世俗意义上的集体主义是相反的含义。我所要说的是，你不能将抽象与任何政治态度挂钩，无论是个人主义还是集体主义，除非是在特定的非常局限的历史情况下。

Libeskind

One cannot homogenize or dissolve representation, because in fact what is witnessed here today is the conflict of representation, just as there is in politics a conflict of interpretation. The conflict of representation has to do with the fullness of human experience. It has to do with the fact that there is a stability to human experience, that there is a truth. It is not a matter of statistical agreement or argumentation. When you give an answer to the question, "What is the meaning of architecture?," when you try to prove that there is reality as an a *priori*, that is a trick and, as such, absurd. Either one is a participant of reality or one is a fool······ I would like to make a distinction that if anything is truly human it is not disposable, cannot find its element in a mortal or alterable condition; it can only be involved in that which ultimately cannot be manipulated, or if it is directed, it is not an event from the human side. I think everyone has an experience in architecture (and anything else for that matter) that necessitates humility. To put it in the Christian, ethical, or the ultimate Heraclitean way, that *hubris* and pride of representation should be extinguished as one would extinguish a conflagration of being.

I think the last comment I would make here is that there is a general helplessness and a need when it comes to using language itself: "abstraction," "representation," "architecture," "reality: and the "real" vs. the "unreal." For the banality of language is that it reduces the irreducible, the unswayable, to the commonplace. Or turns the primordial abyss into the muteness of consciousness and history. From there, void ness and emptiness finally spread to become all in all. If I were to say anything, it is to realize the situation one is really in, despite the extraordinary attempt to create the illusion of total fulfillment. This is perhaps a very ancient and universal wisdom.

It's there in Zoroastrianism, it's there in Confucian thought and Buddhism, it's there in the very origins of Greek thought and it's there in the older and what we consider primitive societies······Perhaps there are things to be heard in places that have not been audible for a very, very long time. We may be talking of a period of 3,000 years which is almost being extinguished. After all, in terms of world history 3,000 years is not a very long time. One should not be shocked that 3,000 years of provocation, of a provocative attitude towards dwelling, would be coming to an end, as I think it is.

里布斯金：我们不能将事物的表现性溶解或是匀质化，因为事实上我们今天见证的是表现性的冲突，就像政治中定义的冲突一样。表现性的冲突需要人类丰富的经历。人类的经验具有稳定性，这是一个真理。统计学意义上的同意抑或争论并不是问题。当你对于"建筑的意义是什么"这个问题给出一个答案并试图证明这是一个先天现实的时候，其实你被可笑地耍了，不是现实的参与者就是一个傻瓜。我想试图对此做个区分，如果所有的东西都是真正人性的，它将不是可以随意抛弃的，并且不能在凡人或是可变条件中找到它的元素；它将只存在于那些最终不能被操纵的条件中，或者它是直接的，不是人性化一面的结果。我想每个人都会有在建筑（或其他类似的事物）面前表现出谦卑的经历。把它放在基督教，道德或希腊哲学家赫拉克里特的语境中，表现性的傲慢与骄傲就会消失，就像一场大火的扑灭一样。

我想我再次做出的最后总结是：当你使用语言中的"抽象"、"表现"、"建筑"、"现实"以及"真实"与"虚假"这些词的时候，会产生一种普遍性的无助感和需要感。因为语言的平庸之处在于它将不可还原以及不可变动的事物转化为司空见惯的事物。或是将沉默的意识和历史投入原始的深渊中。在那里，空虚和虚无最终扩展成一切的一切。如果我要说些什么，那就是必须意识到我们所处的真实环境，尽管那是为了创造圆满和实现幻想的非凡尝试，但这可能才是一个非常古老且普遍的人类智慧。

在拜火教中，在儒家思想中，在佛教中，在希腊最初的思想中，也在我们认为原始的旧社会中……也许在很长很长时间没有被人听到的地方有些事情亟待我们发现。我们可能会谈论一段3000年几乎已经绝迹的历史。毕竟，在世界历史中3000年并不是一个很长的时间。正如我刚才所言，我们不应该因3000年的对于居所挑衅的态度即将会消失，而感到震惊。

Pommer

Listening to this tense discussion tonight has made me think that some more painful issues lie concealed beneath abstraction. It is something we identify culturally and historically with modernism. And it has the further meanings of collectivity, utopia, and the machine paradise. But now abstraction, modernism and all their linked ideas are slipping away from us. Now we can begin to think about them and fight over their meanings. I think that is one reason our discussion has been so strained-it is painful to see so much that was promising fade away.

　　博梅尔：听完今晚这紧张的讨论让我觉得一些更痛楚的问题隐藏在抽象背后，就是我们对现代主义文化和历史的认知。而且它进一步又有集体、乌托邦和机器化天堂的含义。然而在现在，抽象、现代主义和所有与其有关的想法都在离我们远去。现在我们可以开始思考这些并讨论它们的含义，我认为我们今天讨论如此热烈的一个原因是：看到这么多有前途的东西正在消失是一件很痛苦的事。

主要参考文献

一、外文著作

1. Pratt Journal of Architecture, Architecture and Abstraction, 1985.

2. Anna Moszynska, Abstract Art, Thames and Hudson Press, 1990.

3. David Anfam, Abstract Expressionism, Thames and Hudson Press, 1990.

4. Nikos stangos, Concepts of Modern Art, Thames and Hudson Press, 1994.

5. William J.R.Curtis, Modern Architecture Since 1900.Phaidon Press, 1996.

6. Architectural Theory from the Renaissance to the Present, Taschen Press, 2003.

7. Adrian Forty, Words and Buildings :A vocabulary of Modern Architecture, Thames and Hudson Press, 2004.

8. Henry-Russell Hitchcock, Painting Toward Architecture, the Miller Company, 1948.

9. Robert Storr, Tony Smith, the Museum of Modern Art, New York, 1998.

10. Kate Nesbitt, Theorizing a New Agenda for Architecture 1965-1995, Princeton Architectural Press, 1996.

11. Lebbeus Woods, OneFiveFour, Princeton Architectural Press, 1989.

12. Simon Unwin, Twenty Buildings Every Architect Should Understand, Routledg Press, 2010.

13. Susanne Deicher, Mondrian, Taschen, 1994

14. Frederick A.Horowitz and Brenda Danilowitz, Josef Albers:to Open Eyes, Phaidon, 2006.

15. Marc Angelil, Dirk Hebel, Deviations:Designing Architecture, a Manual, Birkhauser, 2008.

16. Cynthia Davidson, Tracing Eisenman, Rizzoli, 2006.

17. Pamphlet Architecture 1-10, Princeton Architectural Press, 1998.

18. Pamphlet Architecture 11-20, Princeton Architectural Press, 2011.

19. Education of an Architect: a Point of View the Cooper Union School of Art&Architecture 1964-1971, the Monacelli Press, 1999.

20. Image of the Not-Seen: Search for Understanding, the Rothko Chapel Art Series, 2007.

21. Bob Nickas, Painting Abstraction:New Elements in Abstract Painting, Phaidon, 2011.

22. Daniel Libeskind, Countersign, Rizzoli, 1992.

二、外文文章

1. Tadao Ando , Representation and Abstraction, Tadao Ando Complete Works, Phaidon Press, 1995: 454.

2. Toyo Ito , Diagram Architecture, Elcroquis 77+99, 2003: 326.

3. Pier Vittorio Aureli & Gabriele Mastrigli, Architectural After the Diagram, Lotus 127, 2006: 96.

4. Valentina Ricciuti, Architectural Scripts, Lotus 127, 2006: 114.

5. Bruno Marchand, Inspired by Ruis: Representation and Temporary of Architecture, A+U 4/2000: 48.

6. Arata Isozaki, The Road Not Taken, GA Document, 77: 8.

7. Toyo Ito, Analysis on Kazuo Shinohara, GA Houses, 100: 101.

8. Grey Lynn, The Talented Mr.Tracer, Tracing Eisemen, Thames and Hudson Press, 2006: 177.

9. Guido Zuliani, Evidence of Things Unseen, Tracing Eisemen, Thames and Hudson Press, 2006: 319.

10. Arata Isozaki, Suprematism/Zero Degree, GA Document 77, 2004: 58.

三、中文译著

1.【俄】瓦西里·康定斯基.点·线·面——抽象艺术的基础.罗世平译.北京：人民美术出版社，1988.

2.【英】爱德华·路希·史密斯.西方当代艺术——从抽象表现主义到超级写实主义.柴小刚、周庆容译.南京：江苏美术出版社，1992.

3.【德】阿尔森·波里布尼.抽象绘画.王端廷译.北京：金城出版社，2013.

4.【德】阿道夫·希尔德布兰德.造型艺术中的形式问题.潘耀昌等译.北京：中国人民大学出版社，2004.

5.【美】米兰达·麦克柯林迪克.现代主义和抽象艺术.周光尚、王惠译.桂林：广西师范大学出版社，2003.

6.【法】米歇尔·瑟福.抽象派绘画史.王昭仁译.桂林：广西师范大学出版社，2002.

7.【法】勒·柯布西埃.走向新建筑.陈志华译.西安：陕西师范大学出版社，2004.

8.【英】约翰·伯格.毕加索的成败.连德诚译.桂林：广西师范大学出版社，2007.

9.【意】曼弗雷多·塔夫里/弗朗切斯科·达尔科.现代建筑.刘先觉等译.北京：中国建筑工业出版社，2000.

10.【意】布鲁诺·赛维.现代建筑语言.席云平、王虹译.北京：中国建筑工业出版社，2005.

11.【英】尼古拉斯·佩夫斯纳、J·M·理查兹、丹尼斯·夏普.反理性主义者与理性主义者.邓敬等译.北京：中国建筑工业出版社，2003.

12.【英】尼古拉斯·佩夫斯纳.现代建筑与设计的源泉.殷凌云等译.北京：三联书店，2005.

13.【美】查尔斯·詹克斯、卡尔·克罗普夫.当代建筑的理论和宣言.周玉鹏等译.北京：中国建筑工业出版社，2005.

14.【英】彼得·柯林斯.现代建筑设计思想的演变.英若聪译.北京：中国建筑工业出版社，2003.

15.【美】鲁道夫·阿恩海姆.艺术与视知觉.腾守尧、朱疆源译.成都：四川人民出版社，1998.

16.【美】鲁道夫·阿恩海姆.建筑形式的视觉动力.宁海林译.北京：中国建筑工业出版社，2006.

17.【荷】赫曼·赫兹伯格.建筑学教程：设计原理.仲德崑译.天津：天津大学出版社，2003.

18.【荷】赫兹伯格.建筑学教程2：空间与建筑师.刘大馨、古红缨译.天津：天津大学出版社，2003.

19.【荷】伯纳德·卢本等.设计与分析.林尹星、薛皓东译.天津：天津大学出版社，2003.

20.【日】黑川纪章.新共生思想.覃力等译.北京：中国建筑工业出版社，2009.

21.【英】莫里斯·德·索斯马兹.基本设计：视觉形态动力学.莫天伟译.上海：上海人民美术出版社，1989.

22.【美】库柏联盟艾文·钱尼建筑学院.库柏联盟——建筑师的教育.林尹星、薛皓东译.圣文书局，1998.

23.【西】洛菲尔·莫内欧.八位当代建筑师——作品的理论焦虑及设计策略.林芳慧译.田园城市，2008.

24.【日】伊东丰雄.衍生的秩序.谢宗哲译.田园城市，2008.

25.【日】五十岚太郎.关于现代建筑的16章.谢宗哲译.田园城市，2010.

26.【日】香山寿夫.建筑意匠十二讲.宁晶译.北京：中国建筑工业出版社，2006.

27.【英】西蒙·昂温.解析建筑.伍江、谢建军译.北京：中国水利电力出版社，2002.

28.【日】隈研吾.自然的建筑.陈菁译.济南：山东人民出版社，2010.

29.【美】肯尼斯·弗兰姆普敦.现代建筑——一部批判的历史.张钦楠等译.北京：三联书店，2004.

30.【美】肯尼斯·弗兰姆普敦 .20 世纪建筑学的演变：一个概要陈述 . 张钦楠译 . 北京：中国建筑工业出版社，2007.

31.【美】肯尼斯·弗兰姆普敦 . 建构文化研究——论 19 世纪和 20 世纪建筑中的建造诗学 . 王骏阳译 . 北京：中国建筑工业出版社，2007.

32.【美】贡布里希 . 艺术的故事 . 范景中译 . 北京：三联书店，1999.

33.【瑞士】吉迪翁 . 时空与建筑 . 刘英译 . 银来图书出版有限公司（台湾），1972.

34.【日】西泽立卫 . 西泽立卫对谈集 . 谢宗哲译 . 田园城市（台湾），2010.

35.【日】安藤忠雄 . 安藤忠雄都市彷徨 . 谢宗哲译 . 宁波：宁波出版社，2006.

36.【美】柯林·罗、罗伯特·斯拉茨基 . 透明性 . 金秋野、王又佳译 . 北京：中国建筑工业出版社，2008.

37.【荷】亚历山大·佐尼斯 . 圣地亚哥·卡拉特拉瓦：运动的诗篇 . 张育南、古红樱译 . 北京：中国建筑工业出版社，2005.

38.【瑞士】维尔纳·布雷泽 . 东西方的会合 . 苏怡、齐勇新译 . 北京：中国建筑工业出版社，2006.

39.【美】彼得·埃森曼 . 彼得·埃森曼：图解日志 . 陈欣欣、何捷译 . 北京：中国建筑工业出版社，2005.

40.【英】威廉 J·R·柯蒂斯 .20 世纪世界建筑史 . 本书翻译委员会译 . 北京：中国建筑工业出版社，2011.

41.【德】W·沃林格 . 抽象与移情 . 王才勇译 . 辽宁人民出版社，1987.

42.【英】哈罗德·奥斯本 .20 世纪艺术中的抽象和技巧 . 阎嘉、黄欢译 . 成都：四川美术出版社，1987.

43.【美】内森·卡伯特·黑尔 . 艺术与自然中的抽象 . 沈揆一、胡知凡译 . 上海：上海人民美术出版社，1988.

44.【日】五十岚太郎、菅野裕子 . 建筑与音乐 . 马林译 . 武汉：华中科技大学出版社，2012.

45.【英】理查·魏斯顿 . 改变建筑的 100 个观念 . 吴莉君译 . 脸谱出版（台湾），2012.

四、中文著作

1. 高名潞，意派论——一个颠覆再现的理论 . 桂林：广西师范大学出版社，2009.

2. 孙晶，走向抽象 . 南京：江苏美术出版社，2004.

3. 万书元，当代西方建筑美学 . 南京：东南大学出版社，2001.

4. 赵巍岩，当代建筑美学意义 . 南京：东南大学出版社，2001.

5. 沈克宁，当代建筑设计理论——有关意义的探索 . 北京：中国水利电力出版社，2009.

6. 沈克宁，建筑现象学 . 北京：中国建筑工业出版社，2008.

7. 费菁，超媒介——当代艺术与建筑 . 北京：中国建筑工业出版社，2005.

8. 贾倍思，型和现代主义 . 北京：中国建筑工业出版社，2003.

9. 顾大庆，设计与视知觉 . 北京：中国建筑工业出版社，2002.

10. 顾大庆、柏庭卫，建筑设计入门 . 北京：中国建筑工业出版社，2010.

11. 顾大庆、柏庭卫，空间、建构与设计 . 北京：中国建筑工业出版社，2010.

12. 彭怒、支文军、戴春，现象学与建筑的对话 . 上海：同济大学出版社，2009.

13. 卢永毅，建筑理论的多维视野 . 北京：中国建筑工业出版社，2009.

14. 朱雷著，空间操作 . 南京：东南大学出版社，2010.

15. 史永高著，材料呈现 . 南京：东南大学出版社，2008.

16. 何政广，曾长生，马列维奇 . 石家庄：河北教育出版社，2005.

17. 何政广，陈英德、张弥弥，莫兰迪 . 石家庄：河北教育出版社，2005.

18. 刘云卿，马格利特：图像的哲学 . 桂林：广西师范大学出版社，2010.

19. 刘松茯、李静薇，扎哈·哈迪德 . 北京：中国建筑工业出版社，2008.

20. 刘松茯、李鸽，弗兰克·盖里 . 北京：中国建筑工业出版社，2007.

21. 蔡凯甄、王建国，阿尔瓦罗·西扎 . 北京：中国建筑工业出版社，2005.

22.《建筑师》编辑部，国外建筑大师思想肖像（上、下）. 北京：中国建筑工业出版社，2008.

23.《建筑师》编辑部，从现代向后现代的路上（Ⅰ、Ⅱ）. 北京：中国建筑工业出版社，2009.

24. 张为平，荷兰建筑新浪潮——"研究式设计"解析 . 南京：东南大学出版社，2011.

25. 徐纯一，光在建筑中的安居 . 北京：清华大学出版社，2010.

26. 谢宗哲，建筑家伊东丰雄 . 天下远见，2010.

27. 张永和，非常建筑 . 哈尔滨：黑龙江科学技术出版社，1997.

36. 陈正雄，抽象艺术论 . 北京：清华大学出版社，2005.

37. 高名潞，美学叙事与抽象艺术 . 成都：四川出版集团、四川美术出版社，2007.

38. 高名潞、赵珣，现代性与抽象 . 北京：生活·读书·新知三联书店，2009.

五、中文文章

1. 莫天伟，我们目前需要"形而下"之——对建筑教育的一点感想，新建筑，2000, 1.

2. 王群（骏阳），解读弗兰普顿〈建构文化研究〉，建筑与设计，2001, 1.

3. 王骏阳，建构文化研究译后记（上、中、下），时代建筑，2011, 4/5/6.

4. 章明、张姿，当代中国建筑的文化价值认同分析（1978-2008），时代建筑，2009, 3.

5. 李翔宁、倪旻卿，24 个关键词：图绘当代中国青年建筑师的境遇、话语与实践策略，时代建筑，2011, 2.

6. 李翔宁，建筑学的自主性与当代艺术的介入，时代建筑，2008, 1.

7. 徐甘、李兴无、郑孝正，超以象外，得其环中——基于空间体验的建筑设计基础教学模式初探，2009 全国建筑教育学术研讨会论文集，北京：中国建筑工业出版社，2009.

8. 杨建华、殷正声，工科学院建筑系艺术教育中需要加强的一课——20 世纪初的抽象艺术对建筑的影响，2007 全国建筑教育学术研讨会论文集，北京：中国建筑工业出版社，2007.

9. 王方戟、王丽，案例作为建筑设计教学工具的尝试，建筑师，2006, 1.

10. 王方戟，迷失的空间——卡洛·斯卡帕设计的布里昂墓地中的谜，建筑师，2003, 5.

11. 方炜焱，范式的补充还是取代？——评塞西尔·巴尔蒙的 informal，建筑师，2006, 3.

12. 张嵩，"抽象"和"真实"——建筑设计基础教学的思考，2009 全国建筑教育学术研讨会论文集，北京：中国建筑工业出版社，2009.

13. 韩冬青，分析作为一种学习设计的方法，建筑师，2007, 1.

14. 朱雷，"德州骑警"与"九宫格"练习的发展，建筑师，2007, 5.

15. 陈曦，原型建筑之进化——浅析 BIG 的设计理念与实践方式，世界建筑，2011, 2.

16. 童明，现代性与新精神，时代建筑，2008, 3.

17. 魏皓严、郑曦，圆角玻璃，建筑师，2008, 2.

18. 李文，结构的意义——对卡拉特拉瓦建筑结构形态的解析，建筑师，2008, 3.

19. 周凌，形式分析的谱系与类型——建筑分析的三种方法，建筑师，2008, 4.

20. 王发堂，确定"不确定性"的确定性——妹岛和世和西泽立卫的建筑思想解读，建筑师，2009, 4.

21. 王发堂，密斯的建筑思想研究，建筑师，2009, 5.

22. 楚超超，空间体验概念探源，建筑师，2010, 1.

23. 方振宁，绘画和建筑在何处相逢？. 世界建筑，2008, 3.

24. 雷晶晶、周琦，抽象性：基于整合传统与现代矛盾的思考，A+C，2009, 8.

25. 陈帆、高蔚、于慧芳，思维模糊性与建筑抽象性，华中建筑，2008, 10.

26. 贺玮玲，弦外之音：海杜克的诗学建构与空间建构，时代建筑，2008, 1.

27. 刘东洋（城市笔记人），抽象，抽走了什么？. 网络文章，2008.

28. 刘东洋（城市笔记人），自言自语："抽象"的喜与忧，网络文章，2010.

29. 刘畅，"情绪三部曲"东南大学建筑学院 2009 概念建筑，时代建筑，2011, 2.

30. 胡恒，观念的意义——里布斯金在匡溪的几个教学案例，建筑师，2005, 6.

31. 虞刚，图解的力量，建筑师，2004, 4.

32. 赵恺、李晓峰，突破"形象"之围——对现代建筑设计中抽象继承的思考，新建筑，2002, 2.

33. 任康丽，抽象绘画与解构理念演绎的一种空间形式——以丹佛艺术博物馆建筑及内部展示设计为例，新建筑，2012, 6.

34. 顾大庆，作为研究的设计教学及其对中国教育发展的意义，时代建筑，2007, 3.

35. 顾大庆，中国"鲍杂"建筑教育之历史沿革，建筑师，2007, 2.

36. 顾大庆，关于建筑设计教学中的"练习"这种训练方式——从"立方体"练习谈起，2007 国际建筑教育大会论文集，北京：中国建筑工业出版社，2007.

37. 顾大庆，中国建筑教育的遗产，中国建筑教育，中国建筑工业出版社，2008, 1.

38. 杨宇振，从"空间的想像与描述"开始——谈建筑理性教育框架下的"感性意识"培养，建筑师，2007, 2.

39. 邵郁、邹广天，国外建筑设计创新教育及其启示，建筑学报，2008, 10.

40. 缪朴，什么是同济精神？——论重新引进现代主义建筑教育，时代建筑，2004, 6.

图片来源

绪论

图 0-1 高名潞主编，《美学叙事与抽象艺术》，四川出版集团、四川美术出版社，2007

图 0-2 Thierry de Duve, Bernd and Hill Becher: Basic Forms, The Neues, 1999

图 0-3 Joseph Abram, Diener&Diener, Phaidon, 2011

第一章

图 1-3 Dietmar Elger, Abstract Art, Taschen, 2008

图 1-4 Alfred H.Barr, Cubism and Abstract Art, MOMA, 1936

图 1-5 勒·柯布西埃著，陈志华译，《走向新建筑》，陕西师范大学出版社，2004

图 1-6 Dietmar Elger, Abstract Art, Taschen, 2008

柯林·罗、罗伯特·斯拉茨基著，金秋野、王又佳译，《透明性》，中国建筑工业出版社，2008

图 1-7 Dietmar Elger, Abstract Art, Taschen, 2008

图 1-8 Herbert Read, A Concise History of Modern Painting, Thames&Hudson, 1985

图 1-9，57 Henry-Russell Hitchcock, Painting Toward Architecture, the Miller company Collection of Abstract Art, 1948

图 1-10，图 1-11，图 1-20 《艺术家》（台湾），2009/9

图 1-12 布鲁诺·恩斯特著，田松、王蓓译，《魔镜：埃舍尔的不可能世界》，上海科技教育出版社，2002

图 1-13 孟建民，《失重》，中国建筑工业出版社，2009

图 1-15 何政广主编，刘永仁撰文，《封达那》，河北教育出版社，2005

图 1-16 《GA Houses》74，2003

图 1-17，图 1-18 Richard Shiff, Robert Mangold, Phaidon, 2000

《日本新建筑》11，大连理工出版社，2011

图 1-19 何政广主编，陈英德、张弥弥撰文，《莫兰迪》，河北教育出版社，2005

图 1-21，23 金伯利·伊拉姆著，李乐山译，《设计几何学——关于比例与构成的研究》，中国水利水电出版社、知识产权出版社，2003

图 1-22 Alberto Campo Baeza,Idea,Light and Gravity, Phaidon, 2009

图 1-24 Susanne Deicher, Mondrian, Taschen, 1999

图 1-26，56，58，64，66 肯尼斯·弗兰姆普顿著，张钦楠等译，《现代建筑———部批判的历史》，三联书店，2004

图 1-27，28 何政广主编，曾长生撰文，《马列维奇》，河北教育出版社，2005

图 1-29 《A+U》2003/4

图 1-30，36，37 《世界建筑》2008/3

图 1-31，33 何政广主编，张光琪撰文，《马格利特》，河北教育出版社，2005

图 1-32 张永和著，《非常建筑》，黑龙江科学技术出版社，1997

图 1-34　《世界建筑》2011/1

图 1-35　何政广主编，陈英德 张弥弥撰文，《莫兰迪》，河北教育出版社，2005

图 1-38，55，70　肯尼斯·弗兰姆普顿著，张钦楠译，《20 世纪建筑学的演变：一个概要陈述》，中国建筑工
　　　　业出版社，2007

图 1-39，40，41，42，43，44，45，46，47，48，49，50，51，52，53，54　Robert Storr, Tony Smith, the
　　　　Museum of Modern Art, New York, 1998

图 1-59　谢宗哲著，《建筑家伊东丰雄》，天下远见，2010

图 1-60　贾倍思著，《型和现代主义》，中国建筑工业出版社，2003

图 1-61　朱雷著，《空间操作》，东南大学出版社，2010

图 1-62　彼得·埃森曼编著，陈欣欣、何捷译，《彼得·埃森曼：图解日志》，中国建筑工业出版社，2005

图 1-63，65，68　Peter Gossel, Architecture in the 20th Century, Taschen, 2005

图 1-67，71，72　William J. R. Curtis, Modern Architecture Since 1900. Phaidon Press, 1996

图 1-69　Philip Jodidio, New Forms Architecture in the 1990s, Taschen, 2001

图 1-73　Lotus115, 2004

图 1-74　Architecture Design 2011/4

第二章

图 2-1　Herbert Read, A Concise History of Modern Painting, Thames & Hudson, 1985

图 2-2　《世界建筑》2011/1

图 2-3　刘松茯、李静薇著，《扎哈·哈迪德》，中国建筑工业出版社，2008

图 2-4　Elcroquis 68+69+95, Sou Fujimoto, 2006

图 2-5　鲁道夫·阿恩海姆著，宁海林译，《建筑形式的视觉动力》，中国建筑工业出版社，2006
　　　　莫里斯·德·索斯马兹著，莫天伟译，《基本设计：视觉形态动力学》，上海人民美术出版社，1989

图 2-6，14　肯尼斯·弗兰姆普顿著，张钦楠等译，《现代建筑——一部批判的历史》，三联书店，2004

图 2-7　《世界建筑导报》1999/3，4

图 2-8，图 2-9　柯林·罗、罗伯特·斯拉茨基著，金秋野、王又佳译，《透明性》，中国建筑工业出版社，2008

图 2-10，33，34　张永和著，《非常建筑》，黑龙江科学技术出版社，1997

图 2-11，62　斯蒂文·霍尔等著，谢建军、郑庆丰译，《建筑丛书 3：住宅设计》，中国建筑工业出版社，2006

图 2-12，56　Robert McCarter, Juhani Pallasmaa, Understanding Architecture, Phaidon, 2012

图 2-13，19，38　西蒙·昂温著，伍江、谢建军译，《解析建筑》，中国水利电力出版社，2002

图 2-14　肯尼斯·弗兰姆普顿著，张钦楠译，《20 世纪建筑学的演变：一个概要陈述》，中国建筑工业出版社，2007

图 2-15，16　克劳斯—彼得·加斯特编著，马琴译，《路易斯·I·康：秩序的理念》，中国建筑工业出版社，2007

图 2-17　Tadao Ando Complete Works, Phaidon Press,　1995

图 2-18　《GA Tadao Ando Recent Projects》, 2010

图 2-20　Lebbeus Woods, Onefivefour, Princeton Architectural Press, 1989

图 2-21　张在元著，《非建筑》，天津大学出版社，2001

图 2-22　 Elcroquis 136, Zaha Hadid , 2005

图 2-23 杨志疆著，《当代艺术视野中的建筑》，东南大学出版社，2003

图 2-25，35 Simon Unwin，Twenty Buildings Every Architect Should Understand, Routleges, 2010

图 2-26，52，53 《GA Houses》100, 2007

图 2-27 Elcroquis 156, Valerio Olgiati, 2011

图 2-28，50 Elcroquis 155, SANAA, 2008

图 2-29 Elcroquis 151, Sou Fujimoto, 2010

图 2-31，2-40，2-43 William J.R.Curtis, Modern Architecture Since 1900.Phaidon Press, 1996

图 2-32 《A+U》2009/12

图 2-36 《domus plus》2010/4

图 2-37 Big, Yes is More, Taschen, 2010

图 2-39 Elcroquis 124, Eduardo Souto de Moura , 2005

图 2-41 Lotus135, 2010

图 2-42 《GA Houses》101, 2008

图 2-44，45 《建筑创作》2011/9

图 2-46，47 塞西尔·巴尔蒙德著，李寒松译，《异规》，中国建筑工业出版社，2008

图 2-48 亚历山大·佐尼斯著，张育南、古红樱译，《圣地亚哥·卡拉特拉瓦：运动的诗篇》，中国建筑工业出版社，2005

图 2-49，54 Elcroquis 124, Herzog&de Meuron, 2006

图 2-51 Peter Carter, Mies van der Rohe at Work, Phaidon, 1999

图 2-55 Elcroquis 131, OMA Rem Koolhaas, 2008

图 2-57，58 蔡凯甄、王建国编著，《阿尔瓦罗·西扎》，中国建筑工业出版社，2005

图 2-59 GA Document 94, 2007

图 2-60 《世界建筑》2008/10

图 2-61 Elcroquis 135, Christian Kerez, 2009

第三章

图 3-1，2 Peter Carter, Mies van der Rohe at Work, Phaidon, 1999

图 3-3 维尔纳·布雷泽编著，苏怡、齐勇新译，《东西方的会合》，中国建筑工业出版社，2006

图 3-4，5，6，7，8，9，10 彼得·埃森曼编著，陈欣欣、何捷译，《彼得·埃森曼：图解日志》，中国建筑工业出版社，2005

图 3-11 Cynthia Davidson, Tracing Eisenman, Rizzoli, 2006

图 3-13，18，19 Paul Goldberger, Counterpoint, Birkhauser, 2011

图 3-12，14，15，16，17 Daniel Libeskind, Countersign, 1992

图 3-20 GA Document 122, 2012

图 3-21 浮世绘、枯山水图片来自网络，围棋棋谱图片来自李世石（韩）《李世石自战解说》，青岛出版社，2012

图 3-22，23 黑川纪章著，覃力等译，《新共生思想》，中国建筑工业出版社，2009

图 3-24，28 GA Document77, 2004

图 3-25，26，27 Arata Isozaki Architecture 1960-1990, Rizzoli, 1991

图 3-29，30，31，32　2G N.58/59 Kazuo Shinohara houses, 2011

图 3-33，34，35　Elcroquis 77+99, Kazuyo Sejima+Ryue Nishizawa, 2000

图 3-36，37　Elcroquis 155, SANAA, 2008

图 3-38，39，40　《GA Tadao Ando Recent Projects》，2010

图 3-41　谢宗哲著，《建筑家伊东丰雄》，天下远见，2011

图 3-42　《GA Architect》17，2001

图 3-43，44　《A+U》中文版 001，2005

图 3-45，46，48　《世界建筑》2011/1

图 3-47　Elcroquis 151, Sou Fujimoto, 2010

图 3-49　石上纯也，《建筑的新尺度》，Seigensha，2011

图 3-50　《日本新建筑 2》，大连理工出版社，2010

第四章

图 4-1　贾倍思著，《型和现代主义》，中国建筑工业出版社，2003

图 4-2　柯林·罗、罗伯特·斯拉茨基著，金秋野、王又佳译，《透明性》，中国建筑工业出版社，2008

图 4-3　朱雷著，《空间操作》，东南大学出版社，2010

图 4-4　顾大庆、柏庭卫著，《建筑设计入门》，中国建筑工业出版社，2010

图 4-5　库柏联盟艾文·钱尼建筑学院编著，林尹星、薛晧东译，《库柏联盟——建筑师的教育》，圣文书局，1998

图 4-6　顾大庆、柏庭卫著，《空间、建构与设计》，中国建筑工业出版社，2010

图 4-7　顾大庆著，《设计与视知觉》，中国建筑工业出版社，2002

图 4-8　东南大学建筑学院编，《东南大学建筑学院年鉴 2009-2010》，东南大学出版社，2011

图 4-9　盖尔·格里特·汉娜著，李乐山、韩琦、陈仲华译，《设计元素》，中国水利水电出版社、知识产权出版社，2003

图 4-10　马克·安吉利尔编著，祈心等译，《瑞士苏黎世联邦理工大学建筑学院权威精品教程》，天津大学出版社，2011

图 4-11　Architectural Theory from the Renaissance to the Present, Taschen Press, 2003

图 4-12　《建筑师》2007/1

图 4-13　Lotus127，2006

图 4-16　《2007 国际建筑教育大会论文集》，中国建筑工业出版社，2007

图 4-17，18　Florian Schaetz, Abstraction 1/2, Department of Architecture, National University of Singapore, 2010

图 4-19　建筑联盟学院编，柴舒译，《AA 创作（一）》，中国建筑工业出版社，2010

图 4-20，21　南京大学建筑研究所编，《南京大学建筑研究所年鉴 2004—2005》，2005

图 4-24　张卫平著，《荷兰建筑新浪潮——"研究式设计"解析》，东南大学出版社，2011

附录

图 5-1　Pratt Journal of Architecture, Architecture and Abstraction, 1985

注：除以上注明出处外，其他图片（图表）均为作者整理、拍摄。

后 记

　　本书基于 2013 年我在同济大学完成的博士论文《抽象介入——现代建筑和建筑教学的一个基点》。两年来，在重新审视论文的基础上，结合一些最新的思考与研究，以"精简、明晰"为原则我对论文进行了必要的修改与调整。

　　多年以来，我承认自己是一个对现代艺术似懂非懂的爱好者，而在现代艺术中，我对抽象艺术又情有独钟。正是这个原因，我走上了这条"困惑"的学习和写作之路。"困惑"在于，当我试图从现当代建筑的角度来分析、理解、阐述有关"抽象"和"抽象性"问题的时候，才知道仅仅凭着一点对抽象艺术的所谓兴趣和热情是远远不够的，而仅仅从抽象艺术的角度来展开对现代建筑抽象性的研究更是一种错位。

　　2012 年 4 月到 5 月，在论文初稿成文之后，我专程去了一趟美国对抽象艺术展开了一场"主题性"的感受之旅，从美国现代艺术发源地之一的西海岸到南部的艺术重镇休斯敦。对我来说，这趟感受之旅一方面起到了"解惑"的作用，最大的感受便是抽象（艺术）实际上是绝对来源于生活、来源于城市空间的；另一方面却又加深了我对国内设计界、学术界正在进行的现代建筑之路的怀疑和茫然，在我"朝圣"了位于休斯敦的罗斯科教堂（Rothko Chapel）之后，这一茫然到达了顶点，在这座以罗斯科的抽象绘画构成的一个极度冥想、极度感性的空间中，我感受到了宇宙、虚空、抽象、无形，乃至草原、森林、大海……

　　感谢导师莫天伟教授在我博士求学期间的悉心指导和对论文提纲挈领、一针见血的修改意见。莫老先生在我毕业后不久不幸因病驾鹤西去，实乃痛憾！感谢蔡镇钰设计大师，同济大学张建龙教授、章明教授、陈易教授，上海交通大学张健教授对论文的审阅以及在答辩过程中对论文提出的宝贵意见。

　　感谢中国建筑工业出版社黄居正老师、陈桦女士对本书出版所作的贡献！感谢何楠女士对本书的编辑工作！

　　感谢原南京大学—约翰斯霍普斯金大学中美文化研究中心张文同学（现交通银行第十期总行管理培训生）对附录译文的校对工作！

　　特别感谢家人一直以来对我的支持与关爱。大爱无言，期望在今后的日子里能给家人多一些快乐！

张燕来

2015 年 4 月 22 日